基礎から理解する化学 ④

化学工学

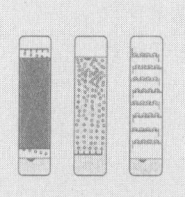

関　実　　松村幸彦
塚田隆夫　荻野博康
車田研一　菊池康紀
常田　聡　福長　博
原野安土　渡邉智秀
［著］

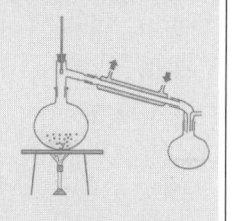

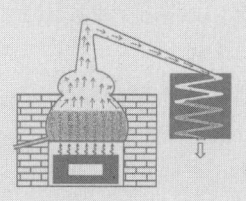

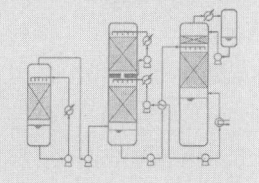

みみずく舎

企画委員

北村	彰英	千葉大学大学院工学研究科共生応用化学専攻
幸本	重男	千葉大学大学院工学研究科共生応用化学専攻
岩舘	泰彦	千葉大学大学院工学研究科共生応用化学専攻

執筆者

関	実	千葉大学大学院工学研究科共生応用化学専攻
松村	幸彦	広島大学大学院工学研究院エネルギー・環境部門
塚田	隆夫	東北大学大学院工学研究科化学工学専攻
荻野	博康	大阪府立大学大学院工学研究科物質・化学系専攻
車田	研一	福島工業高等専門学校物質工学科
菊池	康紀	東京大学大学院工学系研究科化学システム工学専攻
常田	聡	早稲田大学先進理工学部生命医科学科
福長	博	信州大学繊維学部化学・材料系材料化学工学課程
原野	安土	群馬大学大学院工学研究科環境プロセス工学専攻
渡邉	智秀	群馬大学大学院工学研究科社会環境デザイン工学専攻

(平成24年3月31日現在，執筆順)

シリーズ　刊行にあたって

　大学教育を考えるとき，学生を世の中に自信をもって送り出す教育を行うことが重要なのはいうまでもありません．そこには教育カリキュラムを充実させるということが常に課題になっています．教育カリキュラムは一貫したものでなければなりません．教養教育，専門基礎教育，専門教育，これら種々の教育が一体化してはじめて学生を自信をもって社会に送り出せるようになるのです．そうはいっても一体化が難しいのも事実です．教養教育と専門教育，あるいは専門基礎教育と専門教育の企画運営の組織が異なる場合が多くの大学で見られます．組織の違いを乗り越えて，一体化するのは大変なことと思います．また，近年，高等学校の教育と大学教育との乖離も多くいわれています．大学としては教育カリキュラムに対応できる学生を入学させているはずで，本来，乖離がないか，あったとしても学生個人が対応できる範囲のもののはずです．しかしながら，現実はそうではないのはよく知られているところです．

　これらの状況の下，少なくとも化学の分野でカリキュラムを考えたとき，どのような教科書が必要になるのか，その答えがこのシリーズと考えていただければと思います．一冊毎の内容は2単位30時間授業に対応しています．物理化学や有機化学などは高校で教わるレベルを考慮した内容になっています．したがって，これらは化学を専門としない理系の教科書としても使えます．理系専門基礎教育用といってよいでしょう．それ以外のものはもう少しレベルが高い内容になっています．すなわち，専門教育用の教科書になります．一部の教員の方はもっと高度な内容を期待されるかもしれませんが，学部教育と大学院教育との連携を考えると，学部の専門教育用としてはこのレベルで十分と我々は考えました．これ以上のレベルは大学院の教育を実質化することで対応するべきと考えるのは我々だけでしょうか．

　シリーズの位置付け，内容等にご理解いただき，利用していただければ幸いです．

企画委員
北村　彰英
幸本　重男
岩舘　泰彦

まえがき

　化学工学は，物質・エネルギーの変換・移動システムの総合的な取り扱いを体系化した工学の一分野である．歴史的には，化学産業の発展に伴って理論的な基盤が確立されたものであるが，その後，化学製品の製造プロセスにとどまらず，エネルギー・資源，食料，医療，環境などに関わるシステムにもその対象を広げてきている．また，ナノテクノロジー，エネルギー利用，生体医工学，環境浄化などの先端技術分野の発見・発明にも直接関与するようになってきたため，広範な専門分野の研究者・技術者にとって，化学工学の基礎を理解していることは必須のものとなっている．

　本書が想定している読者は，主として，大学・高専において，初めて「化学工学」を学ぶ学生，この科目だけで「化学工学」のすべての講義を終える化学系の学生，あるいは，化学工学を専門としない自然科学系の学生である．教科書だけでなく独習書としての利用も想定しており，専門外の分野として短期間で化学工学を独習する必要が生じた研究者・技術者が利用することも考慮している．
　本書は化学工学の入門書ではあるが，この1冊を学修することによって，化学工学の体系の全体像を概観できるように，基礎的事項に加えて，化学平衡論（熱力学），移動現象論，反応速度論と反応工学，粉体工学，分離工学（単位操作），プロセスシステム工学，という6つの基幹分野，生物化学工学，エネルギー化学工学，環境化学工学という3つの代表的な応用分野を網羅している．他方，全体の分量が多くなりすぎないように，大胆な取捨選択を行い，基礎的かつ重要な事柄のみ記述するように努めた．

　化学工学の特徴の一つは，複雑な現実のシステム（現象）を定量的に取り扱うことができる点にあるので，定性的な記述だけでは本質的な理解にはつながらないと考え，昨今の化学系の学生には敬遠されがちな数式を用いた記述を回避することはしなかった．一方，化学工学的な考え方が反映された具体例や模式的な説明を提示することにも努め，各章末に課題・演習などを加え，略解を付け加えて，学修・指導の補助となるようにもしている．

まえがき

　各章の執筆者は，化学工学の各分野を専門として，第一線で活躍中の比較的若手の気鋭の研究者であり，大学・高専での教育経験を踏まえて，それぞれの得意分野を分担して執筆した．しかし，表記の誤りや不備，わかりにくい記述があるかもしれない．ご叱正をいただければ誠にありがたい．

　最後に，本書の編集・出版にあたり，みみずく舎/医学評論社編集部に大変お世話になったことを記して感謝申し上げたい．

平成24年3月

著者を代表して

関　実

目次

1. 化学工学の基礎……関　実……………………………………1
   - 1.1　化学工学とは　1
   - 1.2　化学工学の変遷　2
   - 1.3　化学工学の体系　5
   - 1.4　システムと要素　7
   - 1.5　収支・流束の考え方　8
   - 1.6　単位と次元　9

2. 化学平衡論―化学熱力学―……松村幸彦……………………13
   - 2.1　化学平衡　13
   - 2.2　化学熱力学の基礎　13
   - 2.3　ギブズの自由エネルギー変化による平衡の決定　15
   - 2.4　気体の化学平衡　19
   - 2.5　固相・液相の共存　20
   - 2.6　溶液の化学平衡　21
   - 2.7　非理想性の取り扱い　22
   - 練習問題　23

3. 移動現象論……塚田隆夫………………………………………25
   - 3.1　流動　25
   - 3.2　伝熱　33
   - 3.3　物質移動　42
   - 練習問題　47

4. 反応速度論と反応工学……荻野博康…………………………49
   - 4.1　反応速度論　49
   - 4.2　反応器の種類と特徴　55
   - 4.3　定容系反応器の基本設計―設計方程式―　58
   - 4.4　回分反応器を用いた反応速度解析法　61
   - 4.5　固体触媒反応　63
   - 練習問題　67

5. 粉体工学……車田研一…………69
5.1 「粉」の「特徴」とは　70
5.2 「つまった粉」の振る舞いから何がわかるか―ダーシーの式とコゼニー-カルマンの式―　72
5.3 「沈む粉」の振る舞いから何がわかるか　76
練習問題　80

6. 分離工学……関　実…………82
6.1 分離操作の特徴　82
6.2 蒸留　86
6.3 ガス吸収　103
6.4 抽出　115
COLUMN：ギブズの相律　91
　　　　　工場鑑賞の主役　103
練習問題　123

7. プロセスシステム工学……菊池康紀…………126
7.1 化学プロセス開発とプロセスシステム工学　126
7.2 プロセスシステム工学の最近の展開　136
7.3 プロセスシステム工学の習得のために　137
練習問題　137

8. 生物化学工学……常田　聡…………140
8.1 酵素を利用するプロセス　140
8.2 微生物を利用するバイオプロセス　145
8.3 バイオプロセスの構成　150
COLUMN：ミカエリス-メンテンの式　143
　　　　　ケモスタット　152
練習問題　153

9. エネルギー化学工学……福長　博…………155
9.1 エネルギーの種類　155
9.2 エネルギー保存則―熱力学の第一法則―　156
9.3 エネルギーの変換効率―熱力学の第二法則―　157
9.4 不可逆過程による有効なエネルギーの減少　158
9.5 カルノーサイクル　159
9.6 エクセルギー　160
9.7 エネルギーの有効利用　161

9.8 火力発電とコジェネレーション　*162*
9.9 燃料電池　*163*
9.10 ヒートポンプ　*167*
練習問題　*169*

10. 環境化学工学 ……原野安土・渡邉智秀……………**171**

10.1 環境化学工学　*172*
10.2 環境汚染物質の処理技術　*172*
10.3 環境負荷を最小限にする生産プロセスの開発　*188*
10.4 環境を含めた大きなシステムの設計と解析　*192*
10.5 環境化学工学から環境システム工学へ　*197*
COLUMN：活性汚泥モデルを用いた新しい運転管理　*183*
　　　　　沈殿池のない廃水処理　*184*
　　　　　新たな微生物の発見と窒素処理　*187*
　　　　　シンガポールの再生水事業―NEWater―　*189*
　　　　　フロンの代わりは？　*195*
練習問題　*199*

練習問題解答 …………………………………………**201**

索　引 …………………………………………………**219**

1. 化学工学の基礎

1.1 化学工学とは

　化学工学 (chemical engineering) は，化学反応が関与する物質変換あるいは物理的な物質移動操作を含むプロセスの設計，解析，計測，制御などの手法を体系化した工学の一分野である．後述するように，歴史的には，化学産業の発展に伴って技術が蓄積され，特に，石油化学工業の爆発的な拡大に伴って，その理論的な基盤が確立されたものである．今日，身のまわりにある物質や製品をみれば，コンピュータや携帯電話から自動車や住宅まで，化学や材料がその製品の機能・品質に関わっていないものはなく，化学工学の対象範囲も広がってきている．その結果，化学工学は，化学工業における化学品製造プロセスのための体系にとどまらず，機能性材料，精密機械，電子部品などの製造，エネルギー，資源，食料，医療，環境などに関わる広範なプロセスをその対象にしてきている．また，プロセスやプロセス装置の設計だけでなく，ナノテクノロジー，エネルギー利用，生体医工学，環境浄化などの先端技術分野において，画期的で価値ある新しい物質や現象の発見，新技術の発明にも直接関与するようになってきた．

　化学工学に限らず，自然科学や種々の工学分野では，さまざまな現象に関連する因子（物理量）の間の関係を，理論的に，あるいは，実験的に関係づけることによって，複雑な現象を帰納的に整理し，関連する多数の個別の現象の間の本質的な因果関係を推論し，一般的原理を導くことが行われる．このような方法論（思考法）の重要性は，確立された原理や関係を利用して，演繹的にさまざまな現象の説明をすることができるようになることであり，工学的には，未だ存在しないものや実現していない事物・事象の設計（デザイン）や予測ができるようになることである．別の言い方をすれば，工学は，個別の技術を単に集めたものではなく，多くの技術課題を解決する中で見出してきた手法・方法論の共通性を整理し，できる限り一般化して体系としてまとめたものである．

　しかし，学問の位置づけというのは曖昧なもので，それを明確にすることは発展を止めることにつながるという見方もできる．上述の体系化が終わることはないし，技術が多様化し，学問が深化・発展すれば体系の再構築が必要になるともいえるので，ここでは，次節で化学工学が発展してきた歴史的な経緯に触れるとともに，化学工学の学問体系の現状について概観するにとどめる．

1.2 化学工学の変遷

a. 化学工学の始まり

近代的な化学工業は，硫酸，硝酸，苛性ソーダ，アンモニアなどの合成を目的に，19世紀後半に，主にヨーロッパで発展した．当初の経験的な製造技術を，学問として体系化する最初の試みは，1880年代にイギリスの化学者 George D. Davis（ジョージ・デーヴィス：1850-1906）が，マンチェスター技術学校（Manchester Technical School：現在の University of Manchester Institute of Science and Technology, UMIST）において始めた化学工学教育であるとされている．Davis はソーダ工場で働いた経験から，後年，Little が物質の分離プロセスをその手法ごとに整理し体系化した「単位操作」（次項参照）に近い考え方を提唱し，専門職としての化学工学者（chemical engineer）の必要性を説いている．その後，1901年に『化学工学ハンドブック』(*Handbook of Chemical Engineering*) という化学工学に関する最初のまとまった内容の本を刊行している．

b. 単位操作と化学工学教育の興隆

しかし，現在の化学工学の基盤的な考え方が確立したのは，アメリカのマサチューセッツ工科大学（Massachusetts Institute of Technology：MIT）の William Hultz Walker（ウィリアム・ウォーカー：1869-1934）と Arthur Dehon Little（アーサー・リットル：1863-1935）が1905年に新しい教育プログラムを開始してからといわれている．

1908年にアメリカ化学工学会（American Institute of Chemical Engineers：AIChE）が設立され，1915年には Little が「単位操作」(unit operation) という言葉と概念を提唱したとされる．1922年にイギリスにも化学工学協会（The Institute of Chemical Engineers）が設立される．1923年には，Walker が同じ MIT の W. K. Lewis（ルイス：1882-1975），W. H. McAdams（マックアダムス：1892-1975）とともに，単位操作を体系化した教科書 "*Principles of Chemical Engineering*" を刊行している．

一方，わが国では，内田俊一 (1895-1987)，亀井三郎 (1892-1977)，八田四郎次 (1895-1973) の各氏が1929～1930年代前半に MIT で化学工学を学び，帰国後，1930年代にそれぞれ，東京工業大学，京都大学，東北大学で化学工学（当時は化学機械学と呼んだ）の教育を開始した．日本の化学工学会の前身の化学機械協会が設立されたのは，1936年である．

c. 石油化学工業と反応工学

以上述べてきたように，化学工学は20世紀の初頭に発展を遂げ，体系の骨格が完成する．この背景には，一つには，先に述べたような化学工業の発展がある．

例えば，アンモニア合成の方法として有名なハーバー-ボッシュ法（Harber-Bosch process）による最初のプラントが建設されたのは，1913年である．一

方，Henry Ford（ヘンリー・フォード：1863-1947）がフォード自動車を設立したのは，1903年である．以降，ガソリンの需要が急増した．当初は原油を蒸留して低沸点成分のガソリン留分を回収するだけ（回収率20～30%）であったが，アメリカのインディアナ・スタンダード社に勤めていたWilliam Barton（ウィルアム・バートン：1865-1954）が開発した熱分解法が1913年に工業化され，ガソリンの生産量が2倍近くまで向上したらしい．その後，1923年にジャージー・スタンダード社のEdgar M. Clark（エドガー・クラーク）が連続分解法を開発し，生産量は2.5倍に上昇している．その際，蒸留塔や熱分解炉など，今日の化学工業にもつながる分離・精製技術が開発されている．

また，1920年代には，副生するエチレンを利用するエチレンオキサイド，エチレングリコール，エチルアルコールなどのエチレン誘導体の工業生産が開始され，本格的な石油化学工業が勃興することになる．この時期は，アメリカの大学で化学工学教育が盛んに行われるようになった時期と重なっている．

1937年には，ドイツ（ゲッチンゲン物理化学研究所）のGerhard Damköhler（ゲルハルト・ダムケラー：1908-1944）が，「反応炉の性能に対する流動・拡散・伝熱の影響」と題した有名な論文を発表し，単位操作を中心とする物理的な操作の解析に加えて，化学反応の合理的な設計という視点からの議論を提起し，今日の反応工学の基礎になったといわれている．そして1940年代以降，化学反応速度の解析に基づく反応装置の設計方法に関する研究が盛んに行われるようになった．

d. 生物化学工学の確立

生物プロセスに化学工学的な考え方が導入されたのは，ペニシリン発酵プロセスの工業化のときである．ペニシリンは，アオカビが産生する物質で，傷病者が雑菌に感染して，敗血症などで死亡するのを防ぐための特効薬である．ロンドン大学のAlexander Fleming（アレクサンダー・フレミング：1881-1955）が1928年ごろに発見したとされるが，いわば偶然の産物だったので，物質を単離して精製することをせず，どのような物質かもわからず，濃度も低く，当初は治療薬として使われることはなかった．

その後，1940年ごろにオックスフォード大学のHoward Walter Florey（ハワード・フローリー：1898-1968）とErnst Boris Chain（エルンスト・チェイン：1906-1979）らが単離・精製し，薬理効果も明確にした．このころ，ヨーロッパでは第二次世界大戦の戦火が広がり，ロンドンも空襲を受けるようになっていた．当然，戦争傷病兵の治療薬としての利用が期待されたが，当時は，アオカビのような好気性の細胞を大量に培養する技術が確立していなかったため，Floreyはアメリカに渡って研究を続け，1943年に大量培養に成功することになる．その結果，世界初の抗生物質治療薬として，戦場のみならず，多くの尊い命を救うことになる．

このときに開発した方法は，今日，深部培養法と呼んでいるきわめて一般的な方法であるが，当時は，好気性細胞に適用することができなかった．その理由

は，一つには無菌空気の製造ができなかったことにある．研究の過程で，ガラスフィルタによる気体の殺菌方法を開発し，供給した気体が液体に溶けていく過程を解析して，空気の吹き込みと撹拌方法の改良を重ね，スケールアップによる大量培養によってペニシリンを培地中に蓄積させることに成功した．さらに，不安定なペニシリンを抽出分離し，凍結乾燥する方法も考案した．これは，アメリカの化学工学者らが開発に加わった成果であると考えられている．これ以降，食品や医薬品分野のバイオプロセスも化学工学の対象となっていったことはいうまでもない．

他方，わが国でも1943年から同様の開発を始めたが，残念ながら1945年の終戦までにスケールアップができず，大量生産に漕ぎ着けることもできなかった．わが国の開発には化学工学者が参加していなかったためかもしれない．なお，戦後の1945年9月に当時の占領軍，連合国軍最高司令官総司令部（GHQ）から教わったペニシリン製造技術が，戦後の日本の化学産業の復興を少なからず助けたと考えられている．

e. 化学熱力学・輸送現象論・粉体工学・プロセスシステム工学

1950年代以降，化学繊維・プラスチック製品の使用量の爆発的な増加に伴い，石油化学工業は飛躍的な成長を遂げ，巨大な石油化学コンビナートが建設されるようになる．一方，装置設計のための道具立ての側面の強かった単位操作に共通する課題を見つけ，統一的に理解するために，より理学的な面にも関心が向けられるようになった．

1956年にウィスコンシン大学マジソン校のOlaf Andreas Hougen（オラフ・ハウゲン：1893-1986），Kenneth A. Watson（ケネス・ワトソン），Roland A. Ragatz（ローランド・ラガッツ）による『化学プロセスの原理』(*Chemical Process Principle*)」（邦題『化学反応工学』）が出版されたのもこの時期で，化学プロセス解析における化学熱力学の重要性が実証されている．

この時期のもう一つの大きな成果は，同じくウィスコンシン大学マジソン校における講義に基づいて，Robert Byron Bird（ロバート・バード），Warren E. Stewart（ワレン・スチュワート：1924-2006），Edwin N. Lightfoot（エドウィン・ライトフット）によって1960年に出版された教科書『輸送現象論』(*Transport Phenomena*)である．流体の流れ，拡散，伝熱という3つの現象を統一的に理解できるように書かれた画期的な内容であった．

また，同時期に現象の理解が進んだ分野は，粉体と呼ばれる微粒子集合体の取り扱いに関する工学分野である．化学工業では，その原料の多くが粉や粒状の固体からなる粉体（粉粒体）である．その集合体は液体・気体・固体のいずれとも異なる独特の性質をもち，付着，飛散，閉塞などのトラブルの原因となることも多い．粉体の流体としての挙動の理論的な解析に加え，その機能性や操作性を向上させるための製造方法や操作方法などに考察が加えられ，粉体工学あるいは微粒子工学と呼ばれる分野が確立されてきた．

さらに，1960年代後半からは，プロセス全体を対象として，プロセスのシミ

ュレーションに基づく,設計,解析,制御のための理論的背景を求めて,プロセス工学,プロセスシステム工学と呼ばれる分野が発展することになる.

f. 環境化学工学とエネルギー化学工学

しかし,わが国における化学産業,そして,化学工学の大きな転機は,1950年代後半から1970年代にかけてわが国で問題となった水俣病,第二水俣病,イタイイタイ病などの原因となった有機水銀やカドミウムによる水質汚染,1970年代に深刻な状況となっていた亜硫酸ガスによる四日市ぜんそく,あるいは,東京圏を中心に全国的に頻発し光化学スモッグと呼ばれた工場や自動車排ガスに起因する大気汚染などの公害問題への対応をきっかけとして起こった.大気や水を汚染するような物質を排出しないようなプロセス技術の開発は,その後の1990年代からの地球温暖化問題への取り組みへとつながり,化学産業のあり方に変革を迫ったともいえ,結果として環境化学工学と呼ばれる分野が確立されてきた.

一方,1970年代には,わが国の原油の主要な輸入元であった中東における戦禍(第四次中東戦争)とイラン革命に端を発した2回のオイルショックのために,原油価格が高騰し,エネルギー多消費型であった化学産業は,原料とエネルギーの両面から変革を迫られ,省資源,省エネルギー型のプロセス技術の開発が加速されたことは疑いない.また,脱石油型の生産プロセス,エネルギーシステムの構築が叫ばれ,エネルギー化学工学と呼ばれる分野の発展を加速してきた.さらに,地球温暖化問題に関わる二酸化炭素排出量の削減,原発事故に伴う代替エネルギーなど,再生可能資源を利用した持続型社会構築のための環境技術,エネルギー技術の開発は,喫緊の課題となっている.

環境,エネルギー,あるいは,廃棄物,リサイクル,持続型社会など,化学工学の対象とするところは,化学工場の中から,あらゆる産業へと広がり,生物を対象とした技術は,医療の分野へとアプローチをしている.一方で,ナノテクノロジーと呼ばれるような最先端の化学技術は,個々の分子を対象とした工学体系を必要としている.地球環境から分子まで包含する方法論として,化学工学には新たな体系化が必要な時期でもあるが,今後もその役割がますます増大していくことは確かである.

1.3 化学工学の体系

前節でみてきたように,化学工学の発展の歴史の中で,学問としての体系化も同時に行われてきた.本書では,すでに確立された化学工学の体系を概観できるように,内容を構成している.図1.1に概念的に各章間の関係を示した.

a. 化学熱力学と化学反応速度論

化学工学の1つの柱は,化学反応プロセスとその装置の合理的な設計である.化学反応を議論するときに必要となるのは,平衡論と速度論の考え方である.前者は,化学反応がどこに向かっていくかという最終的な行き先を,後者は,変化の速さを教えてくれる.反応プロセスの設計のためには,どちらも必要である.

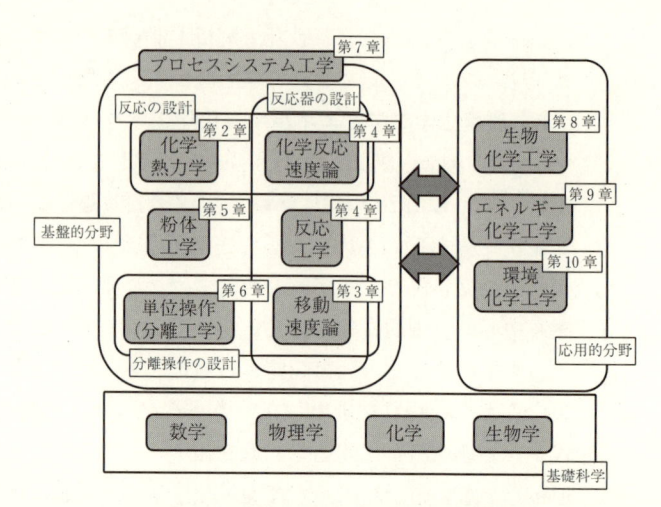

図 1.1 化学工学の体系と本書の構成

化学平衡論（化学熱力学）については第2章で，化学反応速度論については第4章で説明する．

b. 反応工学と移動速度論

反応プロセスが決まれば，反応装置を設計することが可能になる．その方法論は，第4章の反応工学の項にまとめられている．ここで，現実の反応装置の設計には，反応速度論だけでなく，反応の場に原料を供給し，反応の場から生成物を取り出すプロセス，すなわち，物質の移動過程の設計が必要になる．さらに，反応に必要なエネルギー（熱）の供給や装置内部の混合状態の解析が必要な場合もある．これらの物質，エネルギー（熱），流れの挙動をマクロな視点から扱う手法が移動速度論（移動現象論，輸送現象論）であり，第3章に詳述する．

c. 単位操作と移動速度論

単位操作の多くは，物質を分離するためのプロセスである．そして，その共通する原理は，移動速度論が教えるところである．第6章で，3つの分離操作（蒸留，ガス吸収，抽出）を例として単位操作の説明を行う．それぞれ装置設計の考え方が異なるケースを代表させている．

d. 粉体工学とプロセスシステム工学

1.2節eで述べたように，微粒子の集合体である粉体は，全体として，固体・液体・気体とは異なる流動挙動を示す．化学プロセスの原料や製品のほとんどが粉体であり，その取り扱いの重要性は高い．第5章に，その特徴的な考え方を示す．化学反応装置の安全で経済的な運転管理のためには，周到に計画された制御計画が必要である．化学プロセスの制御に関わるプロセスシステム工学の考え方と，その応用分野について，第7章で解説する．

e. 生物化学工学・エネルギー化学工学・環境化学工学

生物プロセス，エネルギー，環境に関する化学工学について，それぞれ，第8～第10章に詳述した．この3つの分野は，他の基盤的な分野に対していえば，

各論ということになるが，基盤的な分野の考え方がすべて必要となるという意味では，縦糸と横糸の関係にあるともいえる．いずれも，伝統的な化学工学から一歩踏み出して，まとまりのある体系を築きつつある分野である．

f. 基礎となる自然科学

化学工学では，関連する自然科学（化学，物理学，生物学）における原理・法則を学び十分に理解した上で，数学的な解析手法と実験的な研究手法を併せ持って，種々のプロセスを設計し，解析していく．数学的な取り扱いは，コンピュータを利用した計算・シミュレーション手法の開発と相俟って，定量的な現象の裏づけと詳細な設計を可能とする．また，化学工学が工学の一分野であることは，人類社会への何らかの貢献が念頭に置かれていることはいうまでもないが，産業上の貢献という意味では，経済学的な意味でのフィージブル（実現可能）な設計も必要である．

1.4 システムと要素

化学工学で取り扱う対象は複雑なシステムであることが多い．化学プロセスも，多くのタンクや配管が3次元的につながっていて，一体，どこを変化させると全体の性能が変わるのかわからない．化学工学では，図1.2に示したように，このような複雑なシステムを要素に切り分ける．そして，個別の要素の入力と出力の間の関係を定式化する．ここでいう定式化は，個別の要素の中がどうなっているかを知る必要はなく，入力と出力の間の関数関係を知るだけでもよい．仮に，その要素が複雑で入力と出力の関係がわからなければ，これをサブシステムと考えて，さらに，小さな要素に分割して同様のことを行う．最後に，要素と要素のつながりを数学的に表現すれば，全体のシステムの入力と出力の間の関係もわかることになる．

このようなシステム工学的な考え方をとると，相当程度に複雑な対象であっても，切り分けた個別の要素を十分に小さくすれば，部分的にその性能を調べることは可能である．どのような範囲の要素を考えるかが重要で，単位操作の考え方

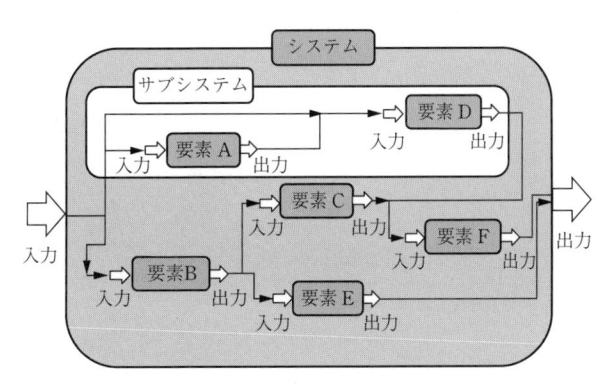

図 1.2 システムと要素

は，このような複雑系の解析手法の別な表現といってもよい．

1.5 収支・流束の考え方

化学工学では収支の考え方が重要である．というよりも，収支の考え方は，工学においては常に気にしていなければならない．定量性を保証する根拠は，収支がとれていることである．化学工学では，多くの場合，物質（各成分），エネルギー（熱），運動量の3つの物理量の収支（バランス）をとる．これら3つの物理量には，保存則があり，行方不明になってはならない．

図1.3を使って説明する．物質収支（mass balance）を例にしている（対象物質をAとする）．まず，収支をとる系（システム）を設定する．系は収支をとりやすいように設定することが多い．このとき，次の関係式が成り立つ．

$$（入力量）-（出力量）+（生成量）=（蓄積量） \tag{1.1}$$

単位時間で考え，図1.3の○を概念的に考えると，4つ入れたら，3つ出てきた．中に1つ残ったに違いない．その間に反応で1つ生成しているはずなので，中に蓄積したのは2つであるという当たり前のことである．式で書けば，次式のようになる．

$$\therefore （4個）-（3個）+（1個）=（2個） \tag{1.2}$$

もう少し正確に記述すると，系の表面積を S [m^2]，体積を V [m^3]，物質Aの濃度を C_A [mol m^{-3}]，反応によるAの生成速度を $Rate$ [mol m^{-3} s^{-1}]，入力と出力のAのフラックス（flux）をそれぞれ，F_{in} [mol m^{-2} s^{-1}]，F_{out} [mol m^{-2} s^{-1}] とすると，次式となる．

$$\therefore (SF_{in}) - (SF_{out}) + (V)(Rate) = V\frac{dC_A}{dt} \tag{1.3}$$

式（1.3）でAの生成速度 $Rate$ がAの濃度の関数として表すことができれば，微分方程式を積分することで，Aの濃度と時間の関係が求まる．このとき，Aの入出力にはフラックスを用いている．フラックスは流束ともいい，単位時間あたり，単位面積あたりの通過物質量を表す．系の収支をとるときには，入出力はフラックスとして表示することが多い．次章以降の具体例で理解を深めてほしい．

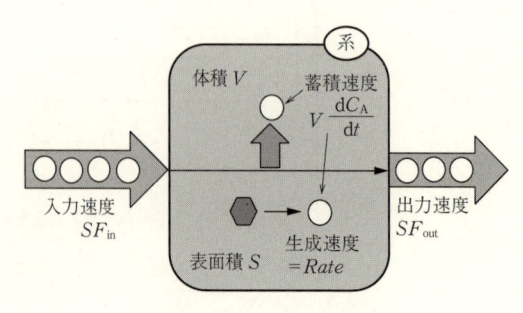

図 1.3 収支の考え方

1.6 単位と次元

a. 単 位

理工学における原理や法則は，通常，物理量を文字で代表させ，物理量の間の関係を文字式で表すことが行われる．この場合，文字には，数値と単位が含まれている．すなわち，単位は，物理量の基準となるもので，物理量の大きさは単位量の何倍であるかの数値で表される．その意味で，基準となる単位は，具体的な現象を取り扱う上では，きわめて重要である．

単位には，長さ，質量，時間のような独立した物理量を表す単位を基本単位と呼び，面積，速度，圧力，エネルギーのような基本単位の組み合わせでつくられる単位を誘導単位（あるいは組立単位）という．誘導単位には，圧力のPaやエネルギーのJのように，特別な名前と単位記号（symbol）が与えられているものもある．

単位系にはさまざまな種類がある．基本単位および基本単位の組み合わせによって誘導された単位のみを使う絶対単位系以外に，基本単位として質量の代わりに重力を利用する重力単位系（工学単位系）がある．絶対単位系にも，いくつかの基準があるが，現在，わが国の計量法（1992年制定）では，原則として，国際単位系（The International System of Units：SI単位系）を使うことになっている．SI単位系の基本単位は，表1.1に示したm（長さ），kg（質量），s（時間），A（電流），熱力学温度（K），物質量（mol），光度（cd）の7つである．この7つの物理量の定義は厳密に決まっている．たとえば，1メートル[m]は，「1秒の299 792 458（約3億）分の1の時間に，光が真空を進む距離」であり，1秒[s]は，「セシウム-133（^{133}Cs）原子の基底状態の2つの超微細準位間の遷移に対応する放射の周期の9 192 631 770（約92億）倍の時間」のように定義されている．

また，SI基本単位の組み合わせでつくられた誘導単位のうち，その利便性と理解を容易にするために特別な名前を与えられているものが22種類ある．代表的な誘導単位を表1.2に示した．さらに，SI単位を使うことによって数字の部分が極端に大きな数や小さな数になると不便なので，SI基本単位とSI誘導単位

表 1.1 SI基本単位

基本量	SI基本単位	記号
長さ（length）	メートル（meter）	m
質量（mass）	キログラム（kilogram）	kg
時間（time）	秒（second）	s
電流（electric current）	アンペア（ampere）	A
熱力学温度（thermodynamic temperature）	ケルビン（kelvine）	K
物質量（amount of substance）	モル（mole）	mol
光度（luminous intensity）	カンデラ（candela）	cd

表 1.2 主要な SI 誘導単位

誘導物理量	誘導単位	記号	基本単位による表現
力（force）	ニュートン（newton）	N	m kg s^{-2}
圧力（pressure）	パスカル（pascal）	Pa	m^{-1} kg s^{-2}
エネルギー（energy），仕事（work）	ジュール（joule）	J	m^2 kg s^{-2}
仕事率（power）	ワット（watt）	W	m^2 kg s^{-3}
電荷（electric charge）	クーロン（coulomb）	C	s A
電位差（electric potential difference）	ボルト（volt）	V	m^2 kg s^{-3} A^{-1}
電気抵抗（electric resistance）	オーム（ohm）	Ω	m^2 kg s^{-3} A^{-2}
磁束（magnetic flux）	ウェーバ（weber）	Wb	m^2 kg s^{-2} A^{-1}
磁束密度（magnetic flux density）	テスラ（tesla）	T	kg s^{-2} A^{-1}
セルシウス温度（Celsius temperature）	摂氏度（degree Celsius）	℃	K
光束（luminous flux）	ルーメン（lumen）	lm	m^2 m^{-2} cd（＝cd）
触媒活性（catalytic activity）	カタール（katal）	kat	s^{-1} mol

表 1.3 SI 接頭辞

倍数	名称	記号
10^{24}	ヨタ（yotta）	Y
10^{21}	ゼタ（zetta）	Z
10^{18}	エクサ（exa）	E
10^{15}	ペタ（peta）	P
10^{12}	テラ（tera）	T
10^{9}	ギガ（giga）	G
10^{6}	メガ（mega）	M
10^{3}	キロ（kilo）	k
10^{2}	ヘクト（hecto）	h
10^{1}	デカ（deka）	da
10^{-1}	デシ（deci）	d
10^{-2}	センチ（centi）	c
10^{-3}	ミリ（milli）	m
10^{-6}	マイクロ（micro）	μ
10^{-9}	ナノ（nano）	n
10^{-12}	ピコ（pico）	p
10^{-15}	フェムト（femto）	f
10^{-18}	アト（atto）	a
10^{-21}	ゼプト（zepto）	z
10^{-24}	ヨクト（yocto）	y

には表1.3に示した20個の接頭辞を付けることができる．唯一の例外は，kgである．SI単位系では，1つの単位に2つの接頭辞を付けることは許されていないので，基本単位に最初から接頭辞が付いているkgには，g（gram）に対して接頭辞を付けることになっている．

上述のようにSI単位系を使うことになっていても，古い文献や資料などでは，cgs単位系と呼ばれるcm（長さ），g（質量），s（時間）を基本単位とし，これを組み合わせた誘導単位も利用されているので，その定義を知って換算できる必要はある．たとえば，粘度（viscosity）を表す誘導単位は，SI単位系では通常，Pa s（$=$kg m^{-1} s^{-1}）であるが，cgs単位系ではポワズ（poise）という特別の名前の付いた単位があり，記号P（$=$g cm^{-1} s^{-1}）で表し，同じ粘度でも，ポアズの方が10倍大きな数字となる．水の粘度（20℃）は，1.00×10^{-3} Pa sなので，1.00 cP（センチポワズ）という感覚的に水との比較が容易で計算も容易な数字になるので，液体の粘度表示にcPが使用されていることも多い．

同様の理由で，1 kgの物体にかかる重力を1 kgf（あるいはkg重≒9.8 N）と書いて，力の単位とする重力単位系も使われている．さらにいえば，イギリスやアメリカでは，ヤード・ポンド法と呼ばれる慣習的な単位系が現在も使われており，たとえば，空気圧の単位として，psi（pound-force per square inch＝lbf/in^2）なども日常的には使われているが，換算は少々面倒で，1 psi≒6 895 Paである．

非SI単位は，日常的に単独で使用する場合にはそれほど問題はないが，異なる単位系に基づく物理量の間の関係を表す文字式では，換算係数と呼ばれる単位換算のための定数が含まれることがある．換算係数は関係式を複雑にし，計算間違いが多くなるので，できるだけ避けるべきである．

なお，単位記号は，単数で書き，斜体にしない（立体で書く）ことになっている．また，単位の分数表示は，分母に複数の単位記号があると誤解を招きやすいので，できるだけ，負のべき（冪）数をもつ指数表示で統一すべきである．

b. 次　　元

前述のように，物理量の単位は7つの基本単位によって表すことが可能である．そこで，物理量の次元（dimension）とは，その単位を基本単位のべき乗の積として表現したときのべき数の集まりとして定義される．表1.2の右端の欄に，いくつかの誘導単位を基本単位で表現してある．たとえば，圧力の単位は，基本単位で表現すると，m^{-1} kg s^{-2}となる．このとき，圧力の次元は，長さをL，質量をM，時間をTとおくと，L^{-1} MT^{-2}と表すことができる．つまり，圧力は（長さ，質量，時間）＝$(-1, 1, -2)$という次元をもっていることになる．

1.1節で述べたように，化学工学では，理論的な解析が難しい複雑な現象を対象とすることも多い．その際，その現象に関与する因子（物理量）が実験的にわかっていれば，その相互関係を表す文字式においても，その両辺の次元が一致する必要がある．このことから，ある因子が他の因子のべき乗積の定数倍になるというような仮定をおけば，べき数を決定することができる場合がある．このよう

な手法を次元解析（dimensional analysis）と呼んでいる．同じ次元をもっていても，仕事と力のモーメントのように物理的な意味が異なるものを同列に論じることはできないので，次元解析は万能な方法ではないが，少なくとも文字式の左右の次元の一致は必要条件である．

いくつかの物理量の組み合わせが，次元をもたないとき（基本単位のべき数がすべて0のとき），その物理量の組み合わせを無次元数（dimensionless number）と呼ぶ．化学工学では，第3章以降で説明されるように，レイノルズ数 Re やシャーウッド数 Sh のような無次元数を用いて現象に関与する因子の相互関係を説明することが多い．これは，無次元数のべき乗積や和も無次元なので，それらの関係式も次元が一致しているため，理論的な解析が難しい場合に，適用範囲の広い，一般的な関係式を見出すことが容易になるためである．当然のことながら，無次元数のもつ物理的な意味を考察した上で，現象との関連を検討する必要もある．

2. 化学平衡論―化学熱力学―

　化学反応を起こす系を十分に長い間，一定の条件下に置くと，平衡組成に到達して，反応が見かけ上，停止する．外部から仕事を加えない限り，それ以上反応を進行させることはできない．この平衡組成は，化学プロセスを設計する上で必要な知見であり，熱力学的に求めることができる．

2.1 化学平衡

　常温・常圧で，水素は酸素と反応して水を生成するが，この逆反応である水から水素と酸素が生成する反応は，外部から電気エネルギーを加えるなどの仕事をしなければみることができない．ある反応が自然に進行するかどうかは，化学反応が進行した結果，系が熱力学的に安定になるかどうかに依存している．熱力学の第二法則に示されるように，孤立系のエントロピー (entropy) は増大することが知られている．エントロピーが最大になる条件が熱力学的に安定な条件であり，これは，化学反応が進行する場合でも同じである．

　自然に進行する化学反応が起きているとき，一般に十分に長い時間の後でも反応はあるところまでしか進まず，そのときの状態を平衡状態と呼ぶ．また，平衡状態の組成を平衡組成と呼ぶ．

2.2 化学熱力学の基礎

a. 反応熱とエンタルピー・エントロピー

　化学反応がどこまで進行するかは，熱力学的な安定によって決められるので，平衡組成を知るためには，化学反応を熱力学的に表すことから始める必要がある．

　化学反応が進行すると反応熱が発生して，系の化学組成が変化する．エンタルピー (enthalpy) やエントロピーの定義は，化学反応が関係してもしなくても成立する．体積変化以外の仕事がないときに等圧変化に伴って出入りする熱が，系のエンタルピーの変化に等しい．ある系で化学反応が等温・等圧の下で進行するときに，発生する熱を定圧反応熱と呼び，これが正であれば発熱反応，負であれば吸熱反応と呼ぶが，これは化学反応に伴って，系のエンタルピーが反応熱の分だけ変化したことを意味する．

　また，ある温度で熱の出入りがあったときに，出入りした熱の量をそのときの絶対温度で割った値が系のエントロピーの変化である．ある温度で化学反応が進行し，反応熱が出入りしたとき，これをその絶対温度で割れば，この化学反応に

伴うエントロピーの変化を知ることができる．

このようにして，化学反応の進行に伴う系のエンタルピーとエントロピーの変化を知ることができる．

等温変化の場合には，エンタルピーとエントロピーの変化がわかれば，ギブズの自由エネルギー（Gibbs free energy）の変化も知ることができる．ギブズの自由エネルギーは，

$$G = H - TS$$

で定義されるので，反応前の状態を添え字 1 で，反応後の状態を添え字 2 で表すと，ギブズの自由エネルギーの変化は，

$$G_2 - G_1 = (H_2 - TS_2) - (H_1 - TS_1) = (H_2 - H_1) - T(S_2 - S_1)$$

となり，エンタルピー変化 $H_2 - H_1$ とエントロピー変化 $S_2 - S_1$ を用いて計算できることがわかる．

b. 標準生成エンタルピー・標準エントロピー・標準生成ギブズ自由エネルギー

エンタルピー，エントロピー，ギブズの自由エネルギーは，温度，圧力，化学組成が決まれば，一定の値に定められる．ある 1 種類の化学物質だけからなる系では，ある温度，ある圧力でその系のエンタルピー，エントロピー，ギブズの自由エネルギーが決まり，さらに，化学物質の量が倍になればこれらの熱力学変数の値も倍に，化学物質の量が半分になればこれらの熱力学変数の値も半分になる．そこで，標準状態（よく用いられるのは 25℃，100 kPa）における化学物質 1 mol だけが存在する系を考え，その系のもつエンタルピー，エントロピー，ギブズの自由エネルギーを，その化学物質固有のエンタルピー，エントロピー，ギブズの自由エネルギーと考えることができる．

エンタルピーは，基準を決めないと測定することができない．化学反応が関係しない系の熱力学的変化では，ある温度と圧力を基準としてエンタルピーの値を決めることができるが，化学反応が進行するときには，さらに基準となる物質も決めることが必要となる．現在採用されている基準は，標準状態で最も安定な元素の単体を基準の物質とするものである．たとえば，水素であれば標準状態の水素ガス，酸素であれば標準状態の酸素ガス，ナトリウムであれば標準状態の結晶ナトリウムが標準状態となる．つまり，標準状態の水素ガス，酸素ガス，結晶ナトリウムのエンタルピーはすべて 0 kJ mol^{-1} である．

基準となる物質が決まれば，これらの物質が反応して得られる物質のエンタルピーは，反応に伴うエンタルピー変化から求めることができる．たとえば，標準状態の液体の水のエンタルピーは，標準状態で水素 1 mol と酸素 0.5 mol を反応させて液体の水 1 mol を得るときに発生する発熱量 $285.83 \text{ kJ mol}^{-1}$ から，$-285.83 \text{ kJ mol}^{-1}$ と求められる．ここで，発熱反応の場合には系から熱が出ていくために系のエンタルピーは減少していることに注意したい．このようにして決めた各物質のエンタルピーを，標準生成エンタルピーと呼ぶ．

一方，エントロピーは絶対零度で $0 \text{ J mol}^{-1} \text{ K}^{-1}$ となることが知られているので，これを基準とする．それぞれの物質を絶対零度から考えている状態まで可逆

的に変化させたときに吸収される熱量がわかれば，この熱量吸収に伴うエントロピーの吸収量を知ることができ，ある状態のエントロピーを得ることができる．これを標準エントロピーと呼ぶ．

　ギブズの自由エネルギーは，エンタルピーと同様に基準を決める必要がある．標準生成ギブズ自由エネルギーは，標準生成エンタルピーと同様に，標準状態で最も安定な元素の単体を基準として，これらの物質を反応させて目的の物質を得るときのギブズの自由エネルギー変化として決定する．

c. 化学反応の標準熱力学関数変化

　実際の化学反応に伴ってどれだけのエンタルピー変化やエントロピー変化，ギブズの自由エネルギーの変化があるかは，温度や圧力，反応の進行度合いによって異なってくる．しかし，ある反応の代表的なエンタルピー変化やエントロピー変化，ギブズの自由エネルギー変化を定義しておくと，その後の議論がしやすくなる．そこで，まず，化学反応の標準エンタルピー変化を，生成系の物質の標準生成エンタルピーにそれぞれの化学量論係数を掛けた値の和から，原系の標準生成エンタルピーにそれぞれの化学量論係数を掛けた値の和を引いた値として定義する．すなわち，進行する化学反応を一般式

$$a\mathrm{A} + b\mathrm{B} + \cdots \longrightarrow p\mathrm{P} + q\mathrm{Q} + \cdots$$

で表すと，この反応の標準エンタルピー変化は，

$$\Delta H^\circ = (p\Delta H_f^\circ(\mathrm{P}) + q\Delta H_f^\circ(\mathrm{Q}) + \cdots) - (a\Delta H_f^\circ(\mathrm{A}) + b\Delta H_f^\circ(\mathrm{B}) + \cdots)$$

となる．ここで，$\Delta H_f^\circ(\mathrm{i})$ は物質 i の標準生成エンタルピーである．

　同様にして，化学反応の標準エントロピー変化は，標準エントロピーを使って，

$$\Delta S^\circ = (p\Delta S^\circ(\mathrm{P}) + q\Delta S^\circ(\mathrm{Q}) + \cdots) - (a\Delta S^\circ(\mathrm{A}) + b\Delta S^\circ(\mathrm{B}) + \cdots)$$

で定義する．ここで，$\Delta S^\circ(\mathrm{i})$ は，物質 i の標準エントロピーである．

　また，反応の標準ギブズ自由エネルギー変化は，同様に標準生成ギブズ自由エネルギー変化を使って，

$$\Delta G^\circ = (p\Delta G_f^\circ(\mathrm{P}) + q\Delta G_f^\circ(\mathrm{Q}) + \cdots) - (a\Delta G_f^\circ(\mathrm{A}) + b\Delta G_f^\circ(\mathrm{B}) + \cdots)$$

で定義する．ここで，$\Delta G_f^\circ(\mathrm{i})$ は，物質 i の標準生成ギブズ自由エネルギーである．

　ただし，実用的には，化学反応の標準エンタルピー変化と標準エントロピー変化は温度の影響を受けにくいことを用いて，

$$\Delta G^\circ = \Delta H^\circ(298.15\,\mathrm{K}) - T\Delta S^\circ(298.15\,\mathrm{K})$$

によって考えている温度の反応の標準ギブズ自由エネルギー変化を求めることが多い．

2.3　ギブズの自由エネルギー変化による平衡の決定

a. ギブズの自由エネルギーと化学平衡の関係

　ギブズの自由エネルギーは，エンタルピーとエントロピーを用いて，以下のよ

うに定義された．

$$G = H - TS$$

このギブズの自由エネルギーは，等温・等圧の状態での化学平衡を決めるのに使うことができる．その手順を示す．

以下，等温・等圧での反応の進行を考える．等温・等圧条件は化学反応を進行させる条件を整えるときに，最も実現しやすい条件であるためである．もちろん，これ以外の条件での化学反応の進行もあるが，この場合には，ここで述べる考え方を使って，制約条件を変えて議論を行えばよい．

まず，化学反応が進行する系Aと，そのまわりの系Bを考える．化学反応が進行する系Aだけを考えないのは，等温・等圧条件を保つためである．化学反応が進行するときには，系Aにおいて化学反応に伴うエンタルピー変化の分だけ熱が発生する．また，同時に，系Aにおいて化学反応に関わる各物質の物質量変化の分だけ体積膨張が発生する．等温・等圧を保つには，発生した熱は周囲の系に捨て，体積膨張の分だけ周囲に仕事をしなくてはならない．反応が自然に進行するかどうかを考えるときには，その分の変化も考える必要がある．もちろん，エンタルピー変化が正であれば熱は吸収され，体積変化が負であれば系に仕事がなされるが，この場合には負の熱量を放出し，負の仕事を系Bにする，と考える．

さて，反応に伴う全エントロピー変化は，系Aのエントロピー変化と系Bのエントロピー変化の和である．自発的な変化では全エントロピーが増大することが知られている．これを式で表すために，反応進行度という考え方を導入する．
化学反応

$$a\mathrm{A} + b\mathrm{B} + \cdots \longrightarrow p\mathrm{P} + q\mathrm{Q} + \cdots$$

が進行して $a\,[\mathrm{mol}]$ のA，$b\,[\mathrm{mol}]$ のB，…が消費され，$p\,[\mathrm{mol}]$ のP，$q\,[\mathrm{mol}]$ のQ，…が生成する場合，この反応の進行度を 1 mol とする．この2倍だけ反応が進めば反応進行度は 2 mol となり，3倍だけ反応が進めば反応進行度は 3 mol である．最初の状態から反応が進行すると反応進行度 $\xi\,[\mathrm{mol}]$ がどんどん増えていくが，これとともにエントロピーがどう変化するかを考える．

自然に進行する反応であれば，ξ の増加とともに全エントロピーが増加していくはずである．しかし，ξ を増加させていって，やがて全エントロピーが減少を始めるなら，反応はそれ以上には進まない．この極大点が化学平衡である．全エントロピーは系Aの物質の値だけでは計算できず，系Bの物質の値も使わなくては計算できない．このため，全エントロピーを使って直接的に平衡状態を決定することはできない．ところが，全エントロピーが増加するときには系のギブズの自由エネルギーが減少することを示すことができる．このことを使えば，全エントロピーが極大になるときには系のギブズの自由エネルギーが極小になるので，ギブズの自由エネルギーを使って平衡を計算することができる．

以下にこの手順を示す．

今，反応に伴う全エントロピー変化は，系Aのエントロピー変化と系Bのエ

ントロピー変化の和なので，
$$S_{\text{all}} = S_A + S_B$$
が成立している．反応進行度の変化に伴うエントロピーの変化をみるために両辺を反応進行度で微分すると，
$$\frac{dS_{\text{all}}}{d\xi} = \frac{dS_A}{d\xi} + \frac{dS_B}{d\xi}$$
となる．ところで，系Bのエントロピーは系Aの反応で発生した熱が伝わって増えるので，最初にS_{B0}だった系Bのエントロピーが，反応によって発生した熱Q_AによってS_Bになったとすると，
$$S_B = S_{B0} - \frac{1}{T} Q_A$$
の関係がある．ここで，温度Tは等温なので定数である．また，発生した熱は系Aの外に奪われるので，負号が付いている．この式の両辺を反応進行度ξで微分すると，S_{B0}は定数なので微分すると0になることに注意して，
$$\frac{dS_B}{d\xi} = \frac{dS_{B0}}{d\xi} - \frac{1}{T}\frac{dQ_A}{d\xi} = -\frac{1}{T}\frac{dQ_A}{d\xi}$$
が得られる．これを先の式に代入すれば，
$$\frac{dS_{\text{all}}}{d\xi} = \frac{dS_A}{d\xi} - \frac{1}{T}\frac{dQ_A}{d\xi}$$
となる．

反応によって発生し，系Aから系Bに移動した熱量は，系Aの化学反応に伴うエンタルピー変化で表される．最初にH_{A0}だった系Aのエントロピーが，反応によって発生した熱Q_Aを発生してH_Aになったとすると，
$$Q_A = H_A - H_{A0}$$
の関係がある．この式の両辺を反応進行度ξで微分すると，H_{A0}は定数なので微分すると0になることに注意して，
$$\frac{dQ_A}{d\xi} = \frac{dH_A}{d\xi} - \frac{dH_{A0}}{d\xi} = \frac{dH_A}{d\xi}$$
が得られる．これを先の式に代入すれば，
$$\frac{dS_{\text{all}}}{d\xi} = \frac{dS_A}{d\xi} - \frac{1}{T}\frac{dH_A}{d\xi}$$
となる．両辺を定数であるT倍して整理すると，
$$T\frac{dS_{\text{all}}}{d\xi} = T\frac{dS_A}{d\xi} - \frac{dH_A}{d\xi} = \frac{d}{d\xi}(TS_A - H_A) = -\frac{d}{d\xi}(H_A - TS_A)$$
となる．

さて，ギブズの自由エネルギーの定義から，
$$G_A = H_A - TS_A$$
なので，上式は，
$$T\frac{dS_{\text{all}}}{d\xi} = -\frac{dG_A}{d\xi}$$
となる．自然に進む反応であれば，反応の進行に伴って全エントロピーは増加

し，この左辺は正となる．このとき，右辺の負号をとったギブズの自由エネルギーの変化率は負となる．また，全エントロピーが極大をとって左辺が 0 となるときには，右辺も 0 となる．つまり，全エントロピーが増加するにつれて，系 A ギブズの自由エネルギーは減少し，化学平衡に達したときには極小となることがわかる．

系 A のギブズの自由エネルギーは系 B の値を使わなくても求められるので，これを使って化学平衡となる反応進行度 ξ を計算することができる．

b. 化学ポテンシャル

こう考えると，系 A のギブズの自由エネルギーが反応の進行に伴ってどう変化するか，ということが重要であることがわかる．反応の進行に伴うギブズの自由エネルギー変化は，生成系のギブズの自由エネルギーから原系のギブズの自由エネルギーを引いて得られる．多くの場合には系のギブズの自由エネルギーは系内の各物質が同じ温度，圧力の下で単独で存在する場合のギブズの自由エネルギーに量論係数を掛けた値の和で十分正確に表される．この場合には，反応のギブズの自由エネルギー変化は，

$$\Delta G = (p\Delta G_f(P) + q\Delta G_f(Q) + \cdots) - (a\Delta G_f(A) + b\Delta G_f(B) + \cdots)$$

となる．ここで，$\Delta G_f(i)$ は標準状態で最も安定な元素の単体を反応させて系の中の状態の物質 i を得るときのギブズの自由エネルギー変化である．

上式の両辺を反応進行度 ξ で微分すると，

$$\frac{d}{d\xi}(\Delta G) = \left(p\frac{d\Delta G_f(P)}{d\xi} + q\frac{d\Delta G_f(Q)}{d\xi} + \cdots\right) - \left(a\frac{d\Delta G_f(A)}{d\xi} + b\frac{d\Delta G_f(B)}{d\xi} + \cdots\right)$$

が得られる．つまり，反応が進行することに伴うギブズの自由エネルギーの変化は，反応に関係する各物質のギブズの自由エネルギーの変化の和で表される．

なお，正確には系のギブズの自由エネルギーは各物質の標準生成ギブズ自由エネルギーの和からずれてくる．この場合には，考えている化学物質のギブズの自由エネルギーが他の物質の存在によってどのように影響を受けるか，を含めて考える必要がある．このため，他の物質の組成も考慮して，考えている物質の量の変化に対するギブズの自由エネルギーの変化率を議論する．この変化率を化学ポテンシャルと呼び，μ_i で表す．

系のギブズの自由エネルギーが系内の物質の標準生成ギブズ自由エネルギーの和で表される場合には，

$$\mu_i = \frac{d\Delta G_f(i)}{dn_i}$$

であり，

$$\frac{d}{d\xi}(\Delta G) = (p\mu_P + q\mu_Q + \cdots) - (a\mu_A + b\mu_B + \cdots)$$

である．

c. 平衡の決定

以後，系のギブズの自由エネルギーは各物質のギブズの自由エネルギーの和で表されるものとする．反応が進むことによって，$G_{\mathrm{sys},0}$ であった系のギブズの自由エネルギーが G_sys となったとすると，

$$\Delta G = G_\mathrm{sys} - G_{\mathrm{sys},0}$$

である．この式の両辺を反応進行度 ξ で微分すると，$G_{\mathrm{sys},0}$ は定数なのでその微分は 0 であることに注意して，

$$\frac{\mathrm{d}}{\mathrm{d}\xi}(\Delta G) = \frac{\mathrm{d}G_\mathrm{sys}}{\mathrm{d}\xi} - \frac{\mathrm{d}G_{\mathrm{sys},0}}{\mathrm{d}\xi} = \frac{\mathrm{d}G_\mathrm{sys}}{\mathrm{d}\xi}$$

したがって，

$$\frac{\mathrm{d}G_\mathrm{sys}}{\mathrm{d}\xi} = \frac{\mathrm{d}}{\mathrm{d}\xi}(\Delta G)$$

つまり，系のギブズの自由エネルギーの変化率は，考えている化学反応のギブズの自由エネルギー変化の変化率に等しい．さらに，反応が $\xi\,[\mathrm{mol}]$ だけ進行すると，それぞれの物質はその化学両論係数倍だけ変化するので，

$$\frac{\mathrm{d}G_\mathrm{sys}}{\mathrm{d}\xi} = \left(p\frac{\mathrm{d}\Delta G_\mathrm{f}(\mathrm{P})}{\mathrm{d}n_\mathrm{P}} + q\frac{\mathrm{d}\Delta G_\mathrm{f}(\mathrm{Q})}{\mathrm{d}n_\mathrm{Q}} + \cdots\right)$$
$$- \left(a\frac{\mathrm{d}\Delta G_\mathrm{f}(\mathrm{A})}{\mathrm{d}n_\mathrm{A}} + b\frac{\mathrm{d}\Delta G_\mathrm{f}(\mathrm{B})}{\mathrm{d}n_\mathrm{B}} + \cdots\right)$$

となる．

化学平衡では，系 A のギブズの自由エネルギーが極小となり，反応進行度に対する変化率が 0 となるので，化学平衡では，

$$\left(p\frac{\mathrm{d}\Delta G_\mathrm{f}(\mathrm{P})}{\mathrm{d}n_\mathrm{P}} + q\frac{\mathrm{d}\Delta G_\mathrm{f}(\mathrm{Q})}{\mathrm{d}n_\mathrm{Q}} + \cdots\right) - \left(a\frac{\mathrm{d}\Delta G_\mathrm{f}(\mathrm{A})}{\mathrm{d}n_\mathrm{A}} + b\frac{\mathrm{d}\Delta G_\mathrm{f}(\mathrm{B})}{\mathrm{d}n_\mathrm{B}} + \cdots\right) = 0$$

が成立する．

2.4　気体の化学平衡

a. 気体の化学物質のギブズの自由エネルギー

ある圧力 P の気体の化学物質のギブズの自由エネルギー $\Delta G_\mathrm{f}(T, P, \mathrm{i})$ は，この気体の標準圧力のギブズの自由エネルギー $\Delta G_\mathrm{f}(T, P^\circ, \mathrm{i})$ に，標準圧力 P° から P まで圧力を変化させるときのギブズの自由エネルギー変化 $\Delta G(P^\circ \to P)$ を加えて求められる．したがって，

$$\Delta G_\mathrm{f}(T, P, \mathrm{i}) = \Delta G_\mathrm{f}(T, P^\circ, \mathrm{i}) + \Delta G(P^\circ \to P)$$

であるが，今，系の中には物質 i が $n_\mathrm{i}\,[\mathrm{mol}]$ 存在するとすれば，系の中のこの物質のギブズの自由エネルギーは，

$$n_\mathrm{i}\Delta G_\mathrm{f}(T, P, \mathrm{i}) = n_\mathrm{i}\Delta G_\mathrm{f}(T, P^\circ, \mathrm{i}) + n_\mathrm{i}\Delta G(P^\circ \to P)$$

理想気体の場合には，1 mol の物質の圧力が P° から P へ変化するときのギブズの自由エネルギー変化は，

$$\Delta G(P^\circ \to P) = RT \ln\frac{P}{P^\circ}$$

で表されるので，上式は，

$$n_i \Delta G_f(T, P, i) = n_i \Delta G_f(T, P°, i) + n_i RT \ln \frac{P}{P°}$$

と変形できる．

b. 気体の化学反応の平衡定数

系の物質のギブズの自由エネルギーが反応による物質量の変化に伴ってどう変わるかを知りたいので，ギブズの自由エネルギーを物質量で微分すると，

$$\frac{d}{dn_i} n_i \Delta G_f(T, P, i) = \frac{d}{dn_i}\left(n_i \Delta G_f(T, P°, i) + n_i RT \ln \frac{P}{P°}\right)$$

$$= \Delta G_f(T, P°, i) + RT \ln \frac{P}{P°}$$

が得られる．化学平衡では，

$$\left(p\frac{d\Delta G_f(P)}{dn_P} + q\frac{d\Delta G_f(Q)}{dn_Q} + \cdots\right) - \left(a\frac{d\Delta G_f(A)}{dn_A} + b\frac{d\Delta G_f(B)}{dn_B} + \cdots\right) = 0$$

であるので，ここに代入すると，

$$\left[p\left(\Delta G_f(T, P°, P) + RT \ln \frac{P_P}{P°}\right) + q\left(\Delta G_f(T, P°, Q) + RT \ln \frac{P_Q}{P°} + \cdots\right)\right]$$

$$-\left[a\left(\Delta G_f(T, P°, A) + RT \ln \frac{P_A}{P°}\right)\right.$$

$$\left. + b\left(\Delta G_f(T, P°, B) + RT \ln \frac{P_B}{P°}\right) + \cdots\right] = 0$$

となる．整理すると，

$$(p\Delta G_f(T, P°, P) + q\Delta G_f(T, P°, Q) + \cdots)$$
$$- (a\Delta G_f(T, P°, A) + b\Delta G_f(T, P°, B) + \cdots)$$
$$+ RT\left[\left(p \ln \frac{P_P}{P°} + q \ln \frac{P_Q}{P°} + \cdots\right) - \left(a \ln \frac{P_A}{P°} + b \ln \frac{P_B}{P°} + \cdots\right)\right] = 0$$

となる．最初の標準生成ギブズ自由エネルギーの化学量論係数和の部分は，温度 T における反応の標準ギブズ自由エネルギー変化であるので，さらに変形して，

$$\Delta G°(T) + RT \ln\left(\frac{\left(\frac{P_P}{P°}\right)^p \left(\frac{P_Q}{P°}\right)^q \cdots}{\left(\frac{P_A}{P°}\right)^a \left(\frac{P_B}{P°}\right)^b \cdots}\right) = 0$$

これを整理すると，

$$\frac{\left(\frac{P_P}{P°}\right)^p \left(\frac{P_Q}{P°}\right)^q \cdots}{\left(\frac{P_A}{P°}\right)^a \left(\frac{P_B}{P°}\right)^b \cdots} = \exp\left(\frac{-\Delta G°(T)}{RT}\right)$$

が得られる．これが，気体の化学平衡定数であり，平衡状態における気体の圧力の関係を示す．各圧力項は，標準圧力に対する比として現れる．

2.5 固相・液相の共存

固体や液体が気体の化学物質と反応する場合には，これらの圧力項は 1 とおけ

ばよい．これは，固体や液体のギブズの自由エネルギーは圧力の影響をほとんど受けないためである．以下，固体と液体のギブズの自由エネルギーが圧力の影響を受けないものとして議論する．すなわち，

$$\Delta G_{\text{f,sol}}(T, P, \text{i}) = \Delta G_{\text{f,sol}}(T, P^\circ, \text{i})$$
$$\Delta G_{\text{f,liq}}(T, P, \text{i}) = \Delta G_{\text{f,liq}}(T, P^\circ, \text{i})$$

である．

化学平衡では，

$$\left(p\frac{\mathrm{d}\Delta G_\text{f}(\text{P})}{\mathrm{d}n_\text{P}} + q\frac{\mathrm{d}\Delta G_\text{f}(\text{Q})}{\mathrm{d}n_\text{Q}} + r\frac{\mathrm{d}\Delta G_\text{f}(\text{R})}{\mathrm{d}n_\text{R}} + \cdots \right)$$
$$- \left(a\frac{\mathrm{d}\Delta G_\text{f}(\text{A})}{\mathrm{d}n_\text{A}} + b\frac{\mathrm{d}\Delta G_\text{f}(\text{B})}{\mathrm{d}n_\text{B}} + c\frac{\mathrm{d}\Delta G_\text{f}(\text{C})}{\mathrm{d}n_\text{C}} + \cdots \right) = 0$$

であるが，ここで，物質 Q と物質 B が固体だとすれば，

$$\left[p\left(\Delta G_\text{f}(T, P^\circ, \text{P}) + RT \ln \frac{P_\text{P}}{P^\circ} \right) + q(\Delta G_\text{f}(T, P^\circ, \text{Q})) \right.$$
$$\left. + r\left(\Delta G_\text{f}(T, P^\circ, \text{R}) + RT \ln \frac{P_\text{R}}{P^\circ} + \cdots \right) \right]$$
$$- \left[a\left(\Delta G_\text{f}(T, P^\circ, \text{A}) + RT \ln \frac{P_\text{A}}{P^\circ} \right) + b(\Delta G_\text{f}(T, P^\circ, \text{B})) \right.$$
$$\left. + c\left(\Delta G_\text{f}(T, P^\circ, \text{C}) + RT \ln \frac{P_\text{C}}{P^\circ} \right) + \cdots \right] = 0$$

となり，これを 2.4 節と同様に整理すると，

$$\frac{\left(\dfrac{P_\text{P}}{P^\circ}\right)^p \left(\dfrac{P_\text{R}}{P^\circ}\right)^r \cdots}{\left(\dfrac{P_\text{A}}{P^\circ}\right)^a \left(\dfrac{P_\text{C}}{P^\circ}\right)^c \cdots} = \frac{\left(\dfrac{P_\text{P}}{P^\circ}\right)^p (1) \left(\dfrac{P_\text{R}}{P^\circ}\right)^r \cdots}{\left(\dfrac{P_\text{A}}{P^\circ}\right)^a (1) \left(\dfrac{P_\text{C}}{P^\circ}\right)^c \cdots} = \exp\left(\frac{-\Delta G^\circ(T)}{RT} \right)$$

が得られる．固体の化学物質の圧力項は 1 となることがわかる．

2.6 溶液の化学平衡

a. 溶液の化学物質のギブズの自由エネルギー

ある溶液中のモル分率 x の化学物質 i の 1 mol あたりのギブズの自由エネルギー $\Delta G_\text{f}(T, x, \text{i})$ は，これと平衡な気相の化学物質 i の 1 mol あたりのギブズの自由エネルギーと等しい．これは，この化学物質が気相から溶液中に移動する溶解を反応として考えた場合，平衡ではギブズの自由エネルギーが極小値をとることから，溶液側から気相側に物質が移動した場合にも，逆に気相側から溶液側に物質が移動した場合にも，ギブズの自由エネルギーが大きくなることから理解できる．

以下，理想溶液を考える．理想溶液ではラウールの法則（Raoult's law：式 (6.8)）が成立し，溶液のモル分率と，平衡となる気相の分圧 P とは比例する．純物質では，

$$x = 1$$

であるが，このときに飽和蒸気圧 P^* となるので，

$$P = xP^*$$

であるため，この物質がモル分率 x で n_i [mol] 存在するときのギブズの自由エネルギーは，

$$n_i \Delta G_f(T, x, i) = n_i \Delta G_f(T, P^\circ, i) + n_i RT \ln \frac{xP^*}{P^\circ}$$

となる．より一般的には，

$$n_i \Delta G_f(T, x, i) = n_i \Delta G_f(T, P^\circ, i) + n_i RT \ln \frac{P^*}{P^\circ} + n_i RT \ln x$$
$$= n_i \Delta G_f(T, P^*, i) + n_i RT \ln x$$

である．右辺第1項は飽和蒸気圧の気相における物質 i のギブズの自由エネルギーであるが，これは平衡にある液相の物質 i のギブズの自由エネルギーに等しく，標準状態における液相のギブズの自由エネルギーとほぼ等しい．これは，液相の体積が圧力にほとんど依存しないためである．液相の体積が圧力に依存しない場合，

$$\Delta G_f(T, P^*, i) = \Delta G_{f,liq}(T, P^*, i) = \Delta G_{f,liq}(T, P^\circ, i)$$

であるため，

$$n_i \Delta G_f(T, x, i) = n_i \Delta G_{f,liq}(T, P^\circ, i) + n_i RT \ln x$$

となる．以下，この式が成立するものとして議論する．

b. 溶液反応の平衡定数

気体の化学物質のギブズの自由エネルギーは，

$$n_i \Delta G_f(T, P, i) = n_i \Delta G_f(T, P^\circ, i) + n_i RT \ln \frac{P}{P^\circ}$$

であり，溶液の成分のギブズの自由エネルギーは，

$$n_i \Delta G_f(T, x, i) = n_i \Delta G_{f,liq}(T, P^\circ, i) + n_i RT \ln x$$

であるので，気体の場合と同様に議論を展開すれば，溶液内で化学反応が進行する場合，溶液を構成する成分間の関係として，

$$\frac{x_P^p x_Q^q \cdots}{x_A^a x_B^b \cdots} = \exp\left(\frac{-\Delta G^\circ(T)}{RT}\right)$$

が得られる．

2.7 非理想性の取り扱い

実際の化学物質は必ずしも完全気体や完全溶液として振る舞わず，2.4〜2.6節で得られた式からずれてくる．この場合には，実効圧力，実効モル分率を用いる．すなわち，実際の物質について，圧力としては 5 atm だがそのギブズの自由エネルギーは 4.93 atm の完全気体に等しいという場合には，この気体の実効圧力は 4.93 atm である，と考える．また，モル分率が 0.2 である物質のギブズの自由エネルギーがモル分率 0.204 の完全溶液中のギブズの自由エネルギーと同じであれば，実効モル分率は 0.204 である，と考える．この実効圧力，実効モル分率はそれぞれ，フガシティー (fugacity)，活量と呼ばれる．また，活量とモ

ル分率の比は，活量係数と呼ばれる．

参考文献
1) Atkins, P. W., アトキンス物理化学（第8版），東京化学同人（2009）．
2) 小宮山宏，入門熱力学，培風館（1996）．
3) 日本化学会編，化学便覧基礎編（改訂4版），丸善（1993）．
4) 山口 喬，入門化学熱力学，培風館（1981）．

練習問題

2.1 一酸化炭素と水素を1：2のモル比で混合した気体を300℃，3 MPaで触媒とともに置いたところ，
$$CO(g) + 2H_2(g) \longrightarrow CH_3OH(g)$$
のメタノール合成反応が進行して平衡組成となった．このときの平衡組成を求めよ．関連する物質の熱力学関数の値を表2.1に示す．

表 2.1 各種物質の熱力学関数の値（298.15 K, 100 kPa）

物質	相	標準生成エンタルピー [kJ mol^{-1}]	標準エントロピー [J mol^{-1} K^{-1}]	標準生成ギブズ自由エネルギー [kJ mol^{-1}]
CH_3OH	g	−201.5	239.81	−162.78
CH_3COOH	l	−484.3	158.0	−388.90
CO	g	−110.53	197.67	−137.17
CO_2	g	−393.51	213.74	−394.36
C_2H_5OH	l	−277.1	159.86	−173.87
$CH_3COOC_2H_5$	l	−479.3	270	−336
$CaCO_3$	s	−1 206.92	92.9	−1 128.79
CaO	s	−635.09	39.75	−604.03
HI	g	26.48	206.59	1.70
H_2	g	0	130.68	0
H_2O	g	−241.82	188.83	−228.57
H_2O	l	−285.83	69.91	−237.13
I_2	g	62.44	250.69	19.33
O_2	g	0	205.14	0

s：固相，l：液相，g：気相．

2.2 二酸化炭素と水素を1：3のモル比で混合した気体を300℃，3 MPaで触媒とともに置いたところ，
$$CO_2(g) + 3H_2(g) \longrightarrow CH_3OH(g) + H_2O(g)$$
のメタノール合成反応が進行して平衡組成となった．このときの平衡組成を求めよ．関連する物質の熱力学関数の値は表2.1を参照．

2.3 一酸化炭素と水蒸気が1：1のモル比で混合した気体を0.1 MPaで反応させて，
$$CO(g) + H_2O(g) \longrightarrow CO_2(g) + H_2(g)$$
の水性ガスシフト反応で二酸化炭素と水素を得る．平衡組成で，一酸化炭素と水素のモル比が1：2となるのは何℃か．関連する物質の熱力学関数の値は表2.1を参照．

2.4 炭酸カルシウムを加熱すると，

$$CaCO_3(s) \longrightarrow CaO(s) + CO_2(g)$$
の反応によって酸化カルシウムと二酸化炭素に分解する．1000℃のときに，発生した二酸化炭素の圧力はいくらになるか．関連する物質の熱力学関数の値は表2.1を参照．

2.5 水の分解の化学反応式は，
$$2H_2O(g) \longrightarrow 2H_2(g) + O_2(g)$$
とも，
$$H_2O(g) \longrightarrow H_2(g) + 0.5O_2(g)$$
とも書ける．それぞれの反応式に基づいて0.1 MPa，2500℃の平衡定数を決定せよ．また，そのときの平衡組成を計算せよ．関連する物質の熱力学関数の値は表2.1を参照．

2.6 酢酸とエタノールをモル比で1：1で混合したところ，
$$CH_3COOH(l) + C_2H_5OH(l) \longrightarrow CH_3COOC_2H_5(l) + H_2O(l)$$
の反応によって酢酸エチルと水が生成した．80℃での平衡組成を計算せよ．ただし，完全溶液として取り扱うこと．関連する物質の熱力学関数の値は表2.1を参照．

2.7 水素とヨウ素が，
$$H_2(g) + I_2(g) \longrightarrow 2HI(g)$$
のように反応してヨウ化水素と0.1 MPa，60℃で平衡になっている．ここに，このガス全体と等モルのヘリウムを加えて，やはり0.1 MPa，60℃としたとき，平衡は移動するか．するならば，新しい平衡組成はどうなるか．関連する物質の熱力学関数の値は表2.1を参照．

2.8 平衡定数Kは，
$$K = \exp[-\Delta G°(T)/RT]$$
で表される．反応のエンタルピー変化とエントロピー変化はあまり温度に依存しないことが知られている．これらを定数として，平衡定数の温度依存性を求めよ．

2.9 水の沸騰は，
$$H_2O(l) \longrightarrow H_2O(g)$$
という化学反応としても考えることができる．100℃における平衡定数を求めよ．また，100℃における飽和蒸気圧を求めよ．関連する物質の熱力学関数の値は表2.1を参照．

3. 移動現象論

化学プロセスにおける混合，熱交換，ガス吸収，分離・精製，反応などの操作は，いずれも熱や物質，運動量の移動（流動）を伴う操作である．これら物理量の移動速度は移動の推進力と抵抗によって決まり，熱の移動については温度差，物質の移動は濃度差，流体の流動は運動量差が推進力となる．推進力は異なるものの，これら3者の移動過程はよく類似しており，また，その移動速度も同じ形の式で表現できることから，3者の移動過程を総称して移動現象（transport phenomena）と呼ぶ．

3.1 流　　動

a. 流体の種類と粘性

気体と液体を総称して流体と呼ぶ．これは流体が固体と異なり，変形に対して目立った抵抗を示さず，自由に流動するようにみえるところから来ている．しかし，変形の与え方の速度によっては，流体はそれ相当の抵抗を示す．

今，図3.1に示すように，2枚の平行平板間に流体が存在し，固定した下の平板に対して，上の平板を一定速度 u_0 [m s^{-1}] で x 方向に動かす場合を考える．このとき，y 軸に垂直な XX′ 面で接している流体中の微小な体積要素（流体要素）間には，物が擦れるとその運動を妨げる向きに摩擦力が働くように，速い流れが遅い流れを引きずり，また，遅い流れが速い流れを引き戻す内部摩擦力（internal friction），すなわち，せん断力が働く．このような流体の性質を粘性（viscosity）といい，結果として定常状態では図3.1のようにある一定の速度勾配 du/dy（変形速度：deformation rate）が形成される．通常の流体では，単位面積あたりのせん断力（せん断応力：shear stress）τ [N m^{-2}＝Pa] と $du/$

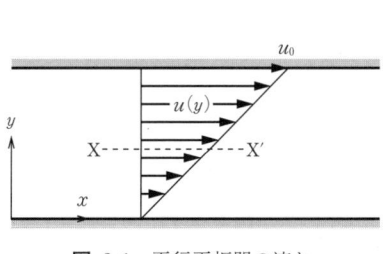

図 3.1 平行平板間の流れ

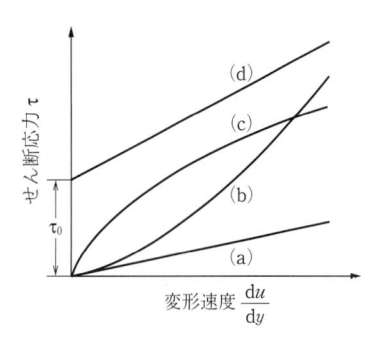

図 3.2 変形速度とせん断応力の関係
(a)〜(d) 本文参照.

dy [s^{-1}] の間には，図 3.2(a) のような原点を通る直線関係

$$\tau = -\mu \frac{du}{dy} \tag{3.1}$$

が成立する．式 (3.1) をニュートンの粘性法則（Newton's law of viscosity）といい，この法則に従う流体をニュートン流体（Newtonian fluid）と呼ぶ．また，式 (3.1) 中の比例係数 μ [Pa s] が粘度であり，その値は流体の種類によって異なり，温度が高くなると気体では大きく，液体では小さくなる．たとえば，20℃ および 40℃ における空気の粘度はそれぞれ 1.81×10^{-5} Pa s, 1.91×10^{-5} Pa s であり，水の粘度はそれぞれ 1.00×10^{-3} Pa s, 0.65×10^{-3} Pa s である．

せん断応力 τ の次元 [力/面積] が，[運動量/(時間・面積)] すなわち [kg m s^{-1}/(s m^2)] であることを考慮すると，τ は運動量流束（momentum flux）ととらえることができる．式 (3.1) を次式のように変形すると，

$$\tau = -\left(\frac{\mu}{\rho}\right)\frac{d(\rho u)}{dy} = -\nu \frac{d(\rho u)}{dy} \tag{3.2}$$

図 3.1 のように x 方向の速度 u が y 方向に勾配をもつ場合，x 方向の単位体積あたりの運動量 ρu [kg m s^{-1}/m^3] が大きい方から小さい方へ，すなわち $-y$ 方向へ移動することがわかる．これは，後述する濃度勾配下での物質の拡散と同様に運動量も拡散することを示しており，その拡散係数 ν [m^2 s^{-1}] が動粘度（kinematic viscosity）である．ここに，ρ [kg m^{-3}] は密度である．運動量，および熱や物質の拡散現象は，いずれも流体を構成する分子のランダムな運動により引き起こされるものである．

ニュートン流体に対し，式 (3.1) が成立しない流体を非ニュートン流体（non-Newtonian fluid）という．水を含んだ砂やデンプンに水を加えたものなどは，図 3.2(b) に示すように変形速度の増加とともに見かけの粘度 μ（$= \tau/(-du/dy)$）が増加するような挙動を示し，ダイラタント流体（dilatant fluid）と呼ばれる．一方，同図 (c) のような性質をもつ流体は擬塑性流体（pseudoplastic fluid）と呼ばれ，高分子溶液やコロイド溶液などがこれに属する．同図 (d) のように，降伏応力 τ_0 までは力を加えても変形せず，τ_0 を超える力が加わると流動するものをビンガム流体（Bingham fluid）と呼ぶ．

b. 層流と乱流

流れの状態は，層流（laminar flow）と乱流（turbulent flow）に分けることができる．層流は隣り合う 2 つの流体要素がその相対位置を変えることなく整然と流れる状態であり，乱流は相対位置を不規則に変えながら入り乱れて流れる状態である．たとえば，図 3.3 に示すように，透明な円管内の水流の中心にインクを注入し，流れの様子を観察すると，同図 (a) の管内流速が遅い層流の場合は，インクは乱れることなく 1 本の筋となって下流まで流れていく．このとき，半径方向の流体要素の運動量のやりとりやインクの拡散は，もっぱら分子間の相互作用によって起こり，流体要素間のせん断応力は式 (3.1) で示される流体の粘性によるもののみである．これに対して，管内流速が増大し乱流状態になる

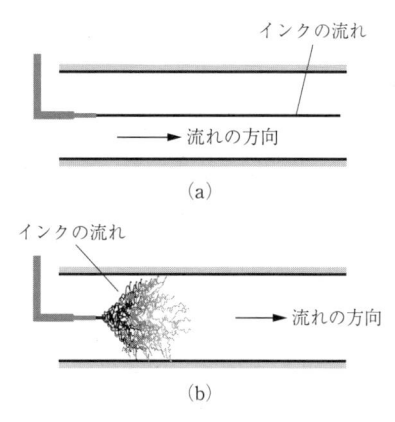

図 3.3 流れの状態
(a) 層流, (b) 乱流.

と，乱雑に入り混じった流れにより，同図 (b) のようにインクは管全体に広がる．この状態では，分子よりずっと大きな流体の塊が，時間平均速度のまわりに変動速度（乱れとも呼ぶ）をもって流れるようになり，新たに変動によってもたらされる運動量の移動が現れる．その結果，流体要素には，粘性による摩擦力のほかに，流体塊の変動による見かけの応力が働くことになる．この見かけの応力はレイノルズ応力（Reynolds stress）と呼ばれ，粘性による摩擦力に比べ格段に大きく，また，これら変動成分により流体要素のもつ熱や流体要素とともに動くインクのような物質の移動も層流に比べて大きくなる．なお，図 3.3 の実験はレイノルズの可視化実験として有名である．

円管内の流れの状態が層流になるか乱流になるかは，流体の種類（流体の密度 ρ [kg m^{-3}]，粘度 μ [Pa s]），管径 D [m] や平均流速 $\bar{u}$ [m s^{-1}] に関わりなく，レイノルズ数（Reynolds number）Re と呼ばれる無次元数によって決まる．Re は次式により定義され，

$$Re = \frac{\rho D \bar{u}}{\mu} \tag{3.3}$$

平滑な円管の場合，Re が 2 100～4 000 の範囲で層流から乱流に遷移することが知られている．

流れの状態の層流から乱流への遷移は，円管内流のほか，流体中に置かれた円柱後部の流れや速度の違う 2 つの流れの合流部など，大きな速度勾配をもつせん断流れにおいて起こる．層流から乱流への遷移メカニズムは，流れに内在した乱れや外部から加えられた攪乱が，流れからエネルギーの供給を受けて増幅することにある．これに対して流速が小さい層流の場合には，この攪乱は粘性の作用により減衰する．乱流では，流体要素間における運動量の授受が層流に比べ激しく行われるため，たとえば円管内の速度分布は，層流に比べずっと平均化される．

c. 円管内の速度分布

図 3.4 に示すように，半径 R [m] の水平円管内を流れる密度 ρ [kg m^{-3}]，粘度 μ [Pa s] の流体の速度分布を考える．まず，円管内の流れの状態が定常で層

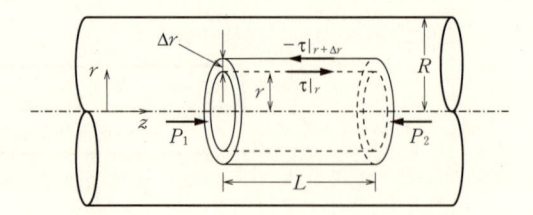

図 3.4 水平円管内の流体要素に働く力の釣り合い

流の場合の速度分布を求める．このとき，流れは管の軸方向にのみ存在する．

流れの中に半径方向に r，軸方向に z の座標系を置き，円管と同軸で内径が r [m]，厚さが Δr [m]，長さが L [m] の環状の流体要素を考える．環状流体要素の左側の断面には静圧 $(2\pi r \Delta r) P_1$ が働き，右側の断面には静圧 $-(2\pi r \Delta r) P_2$ が働く．また，流体要素の内壁面（$r=r$）にはせん断力 $(2\pi rL\tau)|_{r=r}$ が働き，外壁面（$r=r+\Delta r$）には $-(2\pi rL\tau)|_{r=r+\Delta r}$ が働くので，これらの力の釣り合いは，

$$(2\pi r\Delta r)P_1 - (2\pi r\Delta r)P_2 + (2\pi rL\tau)|_{r=r} - (2\pi rL\tau)|_{r=r+\Delta r} = 0 \quad (3.4)$$

となる．式 (3.4) の両辺を $2\pi L\Delta r$ で割り，$\Delta r \to 0$ での極限を求めると，

$$\frac{\mathrm{d}}{\mathrm{d}r}(r\tau) = \left(\frac{P_1-P_2}{L}\right)r \quad (3.5)$$

が得られるので，式 (3.5) を円管の中心での境界条件（$\tau=0$，ただし $r=0$ のとき）の下で積分することにより，せん断応力 τ [Pa] の半径方向分布に関する次式を導くことができる．

$$\tau = \left(\frac{P_1-P_2}{2L}\right)r \quad (3.6)$$

流体がニュートン流体の場合には，式 (3.1) が成り立つので，これを式 (3.6) に代入すると，

$$-\mu \frac{\mathrm{d}u}{\mathrm{d}r} = \left(\frac{P_1-P_2}{2L}\right)r \quad (3.7)$$

となるので，円管壁面での境界条件（$u=0$，ただし $r=R$ のとき）の下で積分すると，

$$u = \frac{R^2(P_1-P_2)}{4\mu L}\left[1-\left(\frac{r}{R}\right)^2\right] = u_{\max}\left[1-\left(\frac{r}{R}\right)^2\right] \quad (3.8)$$

が得られ，円管内の軸方向速度 u [m s^{-1}] は r に対して放物線形となることがわかる．

円管内の流量 Q [m^3 s^{-1}] は，式 (3.8) に基づいて以下の積分より得られる．

$$Q = 2\pi \int_0^R u r \mathrm{d}r = \frac{\pi R^4(P_1-P_2)}{8\mu L} \quad (3.9)$$

式 (3.9) をハーゲン-ポアズイユの法則（Hagen-Poiseuille law）という．なお，円管内平均速度 $\bar{u}$ と最大速度 $u_{\max}$ との間には，式 (3.8) および式 (3.9) より，

$$\bar{u} = \frac{Q}{\pi R^2} = \frac{R^2(P_1-P_2)}{8\mu L} = \frac{1}{2}u_{\max} \quad (3.10)$$

の関係がある．また，長さ L の円管内壁面に作用するせん断力は，式 (3.6) より，

$$F = (2\pi RL)\tau|_{r=R} = (\pi R^2)(P_1 - P_2) \tag{3.11}$$

となり，長さ L の円管両端に働く圧力差に等しいことがわかる．

円管内の乱流は，一般に3つの領域に分けることができる．管壁近傍には粘性の作用が支配的なきわめて薄い層があり，これを粘性底層（viscous sublayer）と呼ぶ．一方，壁面から十分に離れたところでは粘性の影響が無視できる完全乱流領域（completely turbulent region）があり，粘性底層と乱流領域の中間を過渡層（buffer zone）と呼ぶ．円管内の乱流の速度分布は，層流のときの速度分布のように解析的に求めることはできない．そこで，実験式，半経験式が利用される．代表的な実験式として以下の指数則がある．

$$u = u_{\max}\left(1 - \frac{r}{R}\right)^{1/n} \tag{3.12}$$

指数 n は Re に依存して6～10の値をとり，特に $n=7$ のときプラントル-カルマンの1/7乗則（Prandtl-von Karman 1/7th power law）と呼ばれ，$Re \approx 10^4$ ～ 10^5 の範囲で適用できる．

半経験式としては，対数則が知られている．壁からの距離により速度分布が次式のように与えられる．

・$y^+ < 5$（粘性底層）：
$$u^+ = y^+ \tag{3.13}$$

・$30 > y^+ > 5$（過渡層）：
$$u^+ = 5.0 \ln y^+ + 3.05 \tag{3.14}$$

・$y^+ > 30$（完全乱流領域）：
$$u^+ = 2.5 \ln y^+ + 5.5 \tag{3.15}$$

ここで，$u^+ = u/u^*$，$y^+ = y\rho u^*/\mu$ はそれぞれ，無次元速度および壁からの無次元距離である．また，$u^* = \sqrt{\tau_w/\rho}$ は摩擦速度（friction velocity）と呼ばれる壁付近の代表速度であり，τ_w は壁面におけるせん断応力である．

d. 摩擦損失と摩擦係数

円管内を流れている流体は，内部摩擦により力学的エネルギーを失う．このエネルギーの損失を摩擦損失（friction loss）といい，不可逆的に熱エネルギーに変換される．これを圧力の単位で表したとき，圧力損失（pressure loss）ともいう．

直径 D（半径 R）[m] の円管内を完全に発達した速度分布で定常で流れている流体を考える．長さ L [m] の区間におけるこの流体の摩擦損失 F [N] は，次式のように，形式的に流体の運動エネルギー $\rho\bar{u}^2/2$，代表面積 A（円管の場合は，管壁面積 $2\pi RL$）および摩擦係数（friction factor）と呼ばれる無次元数 f の3者の積に等しいとおくことができる．

$$F = f(2\pi RL)\left(\frac{1}{2}\rho\bar{u}^2\right) \tag{3.16}$$

ここで，$\rho\,[\mathrm{kg\,m^{-3}}]$ は流体の密度，$\bar{u}\,[\mathrm{m\,s^{-1}}]$ は流体の平均速度である．区間 L における力の釣り合いから，この摩擦損失 F を式（3.11）と等値とすると，圧力損失 $\Delta P(=P_1-P_2)\,[\mathrm{Pa}]$ に関する以下のファニングの式（Fanning's equation）が得られる．

$$\Delta P = 4f\left(\frac{L}{D}\right)\left(\frac{1}{2}\rho\bar{u}^2\right) \tag{3.17}$$

式（3.16）あるいは式（3.17）は，摩擦係数の定義式ともいえる．

層流の場合の摩擦係数 f は，式（3.10）と式（3.17）から，Re と次式の関係があることがわかる．

$$f = \frac{16}{Re} \tag{3.18}$$

平滑な円管内の乱流については，ブラシウスの式（Blasius formula）

$$f = 0.0791\,Re^{-1/4} \tag{3.19}$$

が知られており，$3\times10^3 < Re < 10^5$ の範囲で実験値とよく一致する．図 3.5 に摩擦係数と Re の関係を示した．図中の k/D は管壁面の相対粗面度であり，$k\,[\mathrm{m}]$ は粗面度を示す．

e. 流れ系の物質収支とエネルギー収支

図 3.6 に示す流れ系の断面①と②の間での定常状態における物質収支を考える．断面①および②における断面積，流体の密度，平均流速をそれぞれ，$A_1\,[\mathrm{m^2}]$，$\rho_1\,[\mathrm{kg\,m^{-3}}]$，$\bar{u}_1\,[\mathrm{m\,s^{-1}}]$ および A_2，ρ_2，$\bar{u}_2$ とすると，物質収支式は，

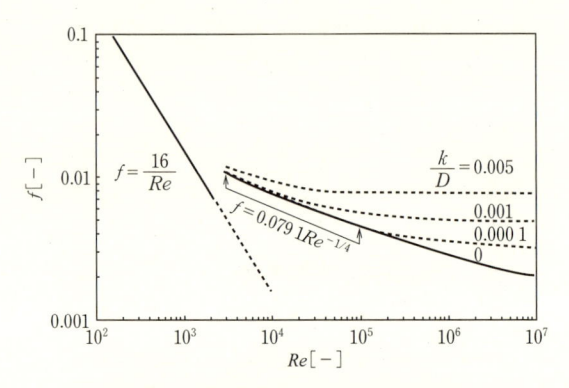

図 3.5 各種円管内の流れと摩擦係数

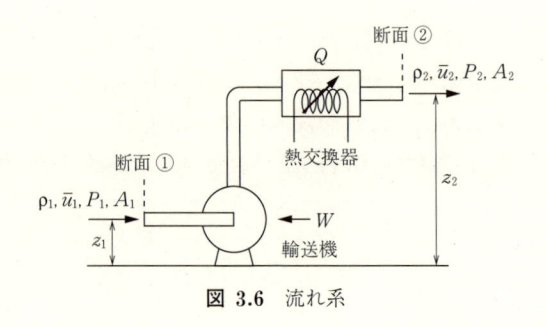

図 3.6 流れ系

$$\rho_1 \bar{u}_1 A_1 = \rho_2 \bar{u}_2 A_2 \tag{3.20}$$

となる．式 (3.20) を連続の式 (equation of continuity) という．

次に，エネルギー収支を考える．断面①および②における単位質量あたりの位置エネルギー (potential energy)，運動エネルギー (kinetic energy)，内部エネルギー (internal energy)，圧力エネルギー (pressure energy) の総和をそれぞれ E_1 [J kg^{-1}]，E_2 [J kg^{-1}] とすると，

$$E_1 = z_1 g + \frac{1}{2} \bar{u}_1^2 + U_1 + P_1 v_1 \tag{3.21}$$

$$E_2 = z_2 g + \frac{1}{2} \bar{u}_2^2 + U_2 + P_2 v_2 \tag{3.22}$$

となる．ここで，z [m] は基準面からの高さ，g [m s^{-2}] は重力加速度，U [J kg^{-1}] は流体の内部エネルギー，P [Pa] は流体の圧力，v ($=1/\rho$) [m^3 kg^{-1}] は流体の比容である．また，熱交換器を通して系に加えられる熱量を Q [J kg^{-1}]，輸送機を通して加えられる仕事を W [J kg^{-1}] とすると，熱力学の第一法則（エネルギー保存則）より，

$$z_1 g + \frac{1}{2} \bar{u}_1^2 + U_1 + P_1 v_1 + Q + W = z_2 g + \frac{1}{2} \bar{u}_2^2 + U_2 + P_2 v_2 \tag{3.23}$$

を得る．

図 3.6 の系の流体 1 kg に熱力学の第一法則を適用すると，

$$U_2 - U_1 = Q + \Sigma F - \int_{v_1}^{v_2} P \mathrm{d}v \tag{3.24}$$

を得る．ここで，ΣF [J kg^{-1}] は流体の粘性に基づく各種の摩擦損失の総和であり，$\int_{v_1}^{v_2} P \mathrm{d}v$ は流体の膨張仕事である．式 (3.24) を式 (3.23) に代入し，

$$\int_{v_1}^{v_2} P \mathrm{d}v = P_2 v_2 - P_1 v_1 - \int_{P_1}^{P_2} v \mathrm{d}P \tag{3.25}$$

の関係式を使うと，次式を導くことができる．

$$z_1 g + \frac{1}{2} \bar{u}_1^2 + W = z_2 g + \frac{1}{2} \bar{u}_2^2 + \int_{P_1}^{P_2} v \mathrm{d}P + \Sigma F \tag{3.26}$$

この式は熱エネルギーを直接含まないので，機械的エネルギー (mechanical energy) 収支式という．流体が液体のときには，比容 v ($=1/\rho$) は一定としてよいので（非圧縮性），式 (3.26) は次式のようになる．

$$z_1 g + \frac{1}{2} \bar{u}_1^2 + \frac{P_1}{\rho} + W = z_2 g + \frac{1}{2} \bar{u}_2^2 + \frac{P_2}{\rho} + \Sigma F \tag{3.27}$$

一般に，流れ系は直管路，急拡大管，急縮小管，曲がり管，継手あるいは弁などから構成されているので，それぞれの摩擦損失 F を式 (3.16) あるいは表 3.1 により評価することができれば，式 (3.27) より流体を輸送するための仕事 W，さらには動力 ωW [W] を計算することができる．ここに，ω [kg s^{-1}] は質量流量である．

式 (3.27) において，$W = \Sigma F = 0$ とすると，以下のベルヌーイの式 (Bernoulli equation) が得られる．

$$z_1 g + \frac{1}{2}\bar{u}_1^2 + \frac{P_1}{\rho} = z_2 g + \frac{1}{2}\bar{u}_2^2 + \frac{P_2}{\rho} \tag{3.28}$$

式 (3.28) を重力加速度 g で割ると，

$$z_1 + \frac{1}{2g}\bar{u}_1^2 + \frac{P_1}{\rho g} = z_2 + \frac{1}{2g}\bar{u}_2^2 + \frac{P_2}{\rho g} \tag{3.29}$$

となり，いずれの項も長さの次元をもつ．第1項を位置頭（potential head），第2項を速度頭（velocity head），第3項を静圧頭（pressure head）という．

f. 流速と流量の測定

・ピトー管流速計： 流体の流速を測定する方法はいろいろあるが，ここではピトー管（Pitot tube）流速計について説明する．ピトー管は，図3.7に示すように，先端②に小さい穴が，また，細管の周壁③にも小さい穴があいた直角に曲げられた管であり，これを流れの中に挿入して先端の位置における流速を測定するもので，原理は以下のとおりである．

表 3.1 各種摩擦損失係数

	摩擦損失係数 e_v
直管路	$4f(L/D)$
断面積が急に変化する場合*	
急縮小流れ**	$0.5(1-\beta)$
急拡大流れ***	$(1-\beta)^2$
管付属物****	$4f(L_e/D)$

摩擦損失 $F = (\bar{u}^2/2)e_v$ [J kg^{-1}]
*β＝(小さい管の断面積)/(大きい管の断面積)
**近似式．平均流速は下流の値をとる．
***平均流速は上流の値をとる．
****L_e：直管の長さに換算した相当長さ[m]．
　　各付属物の L_e/D の値は下記のとおり．
　　・45°エルボ：15
　　・90°エルボ：20～32
　　・T形継手：40～80
　　・仕切弁（全開）：0.7
　　・玉形弁（全開）：300

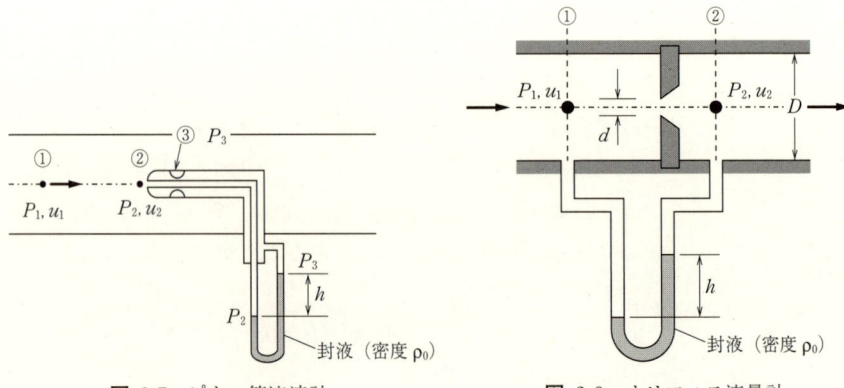

図 3.7 ピトー管流速計
①～③本文参照．

図 3.8 オリフィス流量計
①，②本文参照．

流れの中にピトー管を挿入すると，ピトー管の先端②では流れがせき止められるので，$u_2=0$ となる．ここで，ピトー管の上流①と先端②の間でベルヌーイの式（3.28）を適用すると，$z_1=z_2$ であるから，

$$\frac{1}{2}u_1^2+\frac{P_1}{\rho}=\frac{P_2}{\rho} \tag{3.30}$$

となる．ここに，$\rho\,[\mathrm{kg\,m^{-3}}]$ は流体の密度である．③における圧力 $P_3\,[\mathrm{Pa}]$ は流れの静圧 P_1 と等しいので，差圧 (P_2-P_3) を U 字管マノメータで測定し，次式より流速 $u_1\,[\mathrm{m\,s^{-1}}]$ を求める．

$$u_1=\sqrt{\frac{2gh(\rho_0-\rho)}{\rho}} \tag{3.31}$$

ここで，$g\,[\mathrm{m\,s^{-2}}]$ は重力加速度，$h\,[\mathrm{m}]$ は封液の高さの差，ρ_0 は封液の密度である．

・オリフィス流量計： ここでは，代表的な流量計であるオリフィス流量計 (orifice flowmeter) を説明する．図 3.8 に示すように，内径 $D\,[\mathrm{m}]$ の管路の途中に孔径 $d\,[\mathrm{m}]$ のオリフィス板を挟むと，オリフィス板の前後の断面①と②に圧力差が生じる．この圧力差を測定して，次式から体積流量 $Q\,[\mathrm{m^3\,s^{-1}}]$ を求める．

$$Q=\frac{CS_0}{\sqrt{1-m^2}}\sqrt{2g\frac{\rho_0-\rho}{\rho}h} \tag{3.32}$$

ここで，C は流量係数であり，次式の開口比 m とレイノルズ数 Re の関数である．Re が 3×10^4 以上のときには近似的に 0.61 となる．

$$m=\frac{S_0}{S}=\left(\frac{d}{D}\right)^2 \tag{3.33}$$

なお，$S\,[\mathrm{m^2}]$，S_0 はそれぞれ，管路およびオリフィス孔の断面積である．

3.2 伝　　熱

a. 伝導伝熱と熱伝導率

熱は温度の高いところから低いところに移動し，その移動様式には熱伝導 (conduction)，対流 (convection)，ふく射 (radiation) の 3 つがある．まず，熱伝導による熱の移動，すなわち伝導伝熱 (conductive heat transfer) について考える．

図 3.9 に示すように，面積 $A\,[\mathrm{m^2}]$，厚さ $L\,[\mathrm{m}]$ の固体板の両端面の温度をそれぞれ $T_1\,[\mathrm{K}]$ および $T_2\,(<T_1)$ とすると，熱は固体板の左（高温）側から右（低温）側へと移動し，定常状態での熱伝導による伝熱量 $Q\,[\mathrm{W}]$ は次式で与えられる．

$$Q=kA\frac{T_1-T_2}{L} \tag{3.34}$$

ここで，k は熱伝導率 (thermal conductivity) と呼ばれ，その単位は $[\mathrm{W\,m^{-1}\,K^{-1}}]$ である．単位面積あたりの伝熱量である熱流束 (heat flux) $q\,[\mathrm{W\,m^{-2}}]$ は，Q を伝熱面積 A で割った値（$=Q/A$）で定義される．図 3.9 における x 方向の温

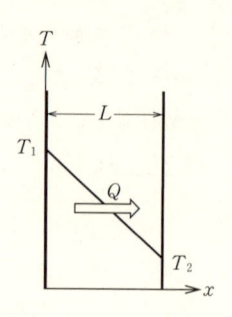

図 3.9 平板内の伝導伝熱

表 3.2 気体・液体・固体の熱伝導率

気体の種類	温度 [K]	熱伝導率 [W m^{-1} K^{-1}]	液体の種類	温度 [K]	熱伝導率 [W m^{-1} K^{-1}]	固体の種類	温度 [K]	熱伝導率 [W m^{-1} K^{-1}]
O_2	200	0.018 33	C_2H_5OH	300	0.167 6	銅	291.2	384.1
	300	0.026 57		350	0.154 4		373.2	379.9
CO_2	200	0.009 50	H_2O	300	0.608 9	コンクリート	—	0.92
	300	0.016 65		350	0.662 2	ソーダガラス	473.2	0.71

度勾配 dT/dx は $(T_2-T_1)/L$ であるが，定常状態，非定常状態を問わず，物体内の任意の位置に温度勾配 dT/dx が存在すると，その位置での x 方向の熱流束 q は，次式で表される．

$$q = -k\frac{dT}{dx} \tag{3.35}$$

式 (3.35) を熱伝導に関するフーリエの法則 (Fourier's law) という．なお，負の符号は，熱の移動方向に対して温度が下降することを示している．

今，式 (3.35) を次式のように変形すると，

$$q = -\left(\frac{k}{\rho C_p}\right)\frac{d(\rho C_p T)}{dx} = -\kappa \frac{d(\rho C_p T)}{dx} \tag{3.36}$$

図 3.9 のように x 方向に温度勾配をもつ場合，熱は熱エネルギー密度 $\rho C_p T$ [J m^{-3}] が大きい方から小さい方へ移動することがわかる．ここに，ρ [kg m^{-3}] は密度，C_p [J kg^{-1} K^{-1}] は比熱であり，また，κ は熱拡散率 (thermal diffusivity) と呼ばれ，動粘度と同じ単位 [m^2 s^{-1}] をもつ．

熱伝導率は，物質あるいは物質の温度・成分に依存する物性値であり，同じ温度勾配に対して熱伝導率が大きいほど伝熱量が大きくなるので，熱伝導率は物質の熱の伝わりやすさを表す．たとえば，表3.2に示すように，一般に金属は大きな熱伝導率を示すが，液体，気体の順で熱伝導率は小さくなる．なお，固体の熱伝導は，固体を構成している分子の格子振動に起因するが，金属の場合は，固体中に存在する自由電子も熱伝導に寄与するために，金属の熱伝導率は一般に高くなる．

b. 固体内の定常熱伝導

① 円筒： 図3.9に示す平板内の定常状態における伝熱量は，式 (3.34) に

より示される.平板の場合,伝熱面積 A [m^2] は熱の移動方向に対して一定である.一方,図3.10に示すような内径 r_1 [m],外径 r_2 [m],長さ L [m] の円筒を考え,$r=r_1$ および $r=r_2$ の壁面温度(一様)をそれぞれ T_1 [K] および T_2 [K] とし,半径方向にのみ熱が移動するものとすると,伝熱面積は半径とともに変化する.円筒内の $r=r$ における半径方向の伝熱量 Q [W] は,伝熱面積 A が $2\pi rL$ であるから,

$$Q = -kA\frac{dT}{dr} = -k(2\pi rL)\frac{dT}{dr} \tag{3.37}$$

となる.定常状態では,半径方向の位置によらず Q は一定であるから,式 (3.37) を,$r=r_1$ で $T=T_1$ から $r=r_2$ で $T=T_2$ の範囲で積分すると,

$$Q\int_{r_1}^{r_2}\frac{dr}{r} = -2\pi Lk\int_{T_1}^{T_2}dT$$

$$\therefore Q = \frac{2\pi Lk(T_1-T_2)}{\ln\frac{r_2}{r_1}} \tag{3.38}$$

を得る.式 (3.38) の分母,分子に (r_2-r_1) を掛け,$A_1=2\pi r_1 L$ および $A_2=2\pi r_2 L$ であることを考慮すると,円筒に関する次式が導ける.

$$Q = \frac{k(T_1-T_2)}{r_2-r_1}\frac{A_2-A_1}{\ln\frac{A_2}{A_1}} = A_{1m}k\frac{T_1-T_2}{r_2-r_1} \tag{3.39}$$

ここで,$A_{1m}=(A_2-A_1)/\ln(A_2/A_1)$ を対数平均面積(logarithmic mean area)と呼ぶ.

② 多層構造体: 図3.11に示すように,面積 A の3種類の平板が重なった多層平板内の定常熱伝導を考える.ここで,各層の熱伝導率を k_1,k_2,k_3 とし,各層の両面の温度は図3.11に従うものとする.定常状態では各層の伝熱量は一定であるから,これを Q とすると,各層に関する次式を得る.

$$Q = k_1 A\frac{T_0-T_1}{x_1} \quad \therefore T_0-T_1 = Q\frac{x_1}{k_1 A} \tag{3.40}$$

$$Q = k_2 A\frac{T_1-T_2}{x_2} \quad \therefore T_1-T_2 = Q\frac{x_2}{k_2 A} \tag{3.41}$$

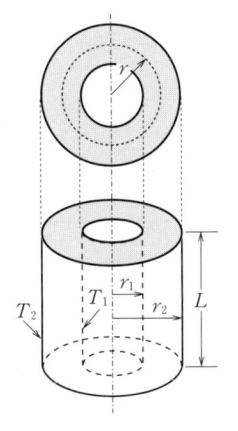

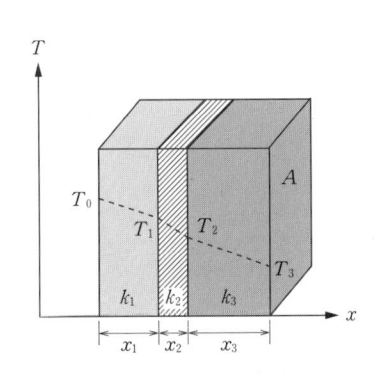

図 3.10 円筒内の熱伝導   図 3.11 多層板内の熱伝導

$$Q = k_3 A \frac{T_2 - T_3}{x_3} \qquad \therefore T_2 - T_3 = Q \frac{x_3}{k_3 A} \tag{3.42}$$

式 (3.40)〜(3.42) において，両辺を加えると，

$$T_0 - T_3 = Q \left(\frac{x_1}{k_1 A} + \frac{x_2}{k_2 A} + \frac{x_3}{k_3 A} \right) \tag{3.43}$$

となるから，これを整理すると，伝熱量 Q に関する次式を得る．

$$Q = \frac{T_0 - T_3}{\frac{x_1}{k_1 A} + \frac{x_2}{k_2 A} + \frac{x_3}{k_3 A}} \tag{3.44}$$

式 (3.44) より，伝熱量 Q は推進力である温度差 $(T_0 - T_3)$ を，各層の熱伝導による伝熱抵抗 $x_i/k_i A$ の和で割った形の式で表されることがわかる．

一般に，N 種類の層からなる多層構造体内の定常伝熱量 Q は，次式で表される．

$$Q = \frac{\Delta T}{\sum_{i}^{N} \left(\frac{x_i}{k_i A_{\mathrm{ave},i}} \right)} \tag{3.45}$$

ここで，ΔT は多層構造体の両面の温度差，また，$A_{\mathrm{ave},i}$，k_i，x_i は i 番目の層の平均伝熱面積，熱伝導率，厚さである．ただし，多層円筒の場合の $A_{\mathrm{ave},i}$ は i 番目の層の対数平均面積 $A_{\mathrm{lm},i}$ となる．

c. 対 流 伝 熱

対流伝熱（convective heat transfer）は，流体の移動に伴う熱移動であり，熱伝導に比較して大量の熱を運ぶことができ，熱交換器をはじめとする多くの伝熱機器において利用されている．

対流伝熱は，ポンプやファンなどの機械的な手段によって強制的に発生させられた強制対流（forced convection）に起因するものと，温度差による浮力で発生する自然対流（natural convection）によるものに分けられる．強制対流では流体の熱物性値が一定である限り速度分布と温度分布は独立しているが，自然対流では速度分布と温度分布は独立ではない．

図 3.12 に示すように，温度 T_w [K] の固体壁面からこれと接する温度 T_f（$< T_\mathrm{w}$）の流体への熱の移動を考える．流体が十分発達した乱流で流れているとすると，3.1 節で述べたように，固体壁面で速度は 0，そして固体壁面近傍には固

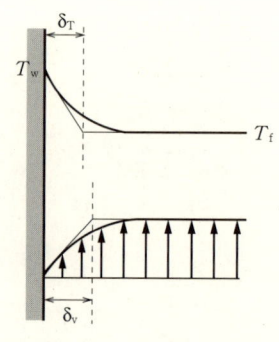

図 3.12 速度境界層と温度境界層

体壁面から離れるに従い急激に速度が変化する薄い層，いわゆる速度境界層 (velocity boundary layer)（厚さ δ_v [m]）が形成される．同様に，流体中の温度分布も，壁面近傍に温度が急激に変化する薄い層（厚さ δ_T [m]）が形成され，この層が固体壁面から流体層への熱移動に対して大きな抵抗になる．この薄い層を温度境界層 (thermal boundary layer) と呼ぶ．今，温度境界層内の熱移動が熱伝導支配と考え，図中に示すように δ_T 内の温度分布が直線で近似できるとすると，固体壁面から流体への伝熱量 Q [W] は以下のフーリエの法則により求めることができる．

$$Q = Ak \frac{T_w - T_f}{\delta_T} \tag{3.46}$$

ここで，A [m^2] は伝熱面積，k [W m^{-1} K^{-1}] は流体の熱伝導率である．式(3.46)中の厚さ δ_T は，流速の増加により減少するから，物体の形状や流れの条件に大きく依存し，正確に測定することは難しい．そこで，工業的には $h = k/\delta_T$ とおいて，

$$Q = Ah(T_w - T_f) \tag{3.47}$$

の形で伝熱量を評価する．式 (3.47) をニュートンの冷却の法則 (Newton's law of cooling) といい，h [W m^{-2} K^{-1}] を熱伝達係数あるいは伝熱係数 (heat transfer coefficient) と呼ぶ．

熱伝達係数は，種々の因子の影響を受けるが，h と各種因子の関係を理論的に導くことは困難であり，通常は，次元解析と実験結果を用いて各種無次元数からなる相関式を利用して推算する．強制対流伝熱に関しては，ヌセルト数 (Nusselt number) Nu，レイノルズ数 Re，プラントル数 (Prandtl number) Pr の3つの無次元数の関数式

$$Nu = f(Re, Pr) \tag{3.48}$$

を利用する．ここで，

$$Nu = \frac{hD}{k} \tag{3.49}$$

$$Re = \frac{\bar{u}D}{\nu} \tag{3.50}$$

$$Pr = \frac{C_p \mu}{k} \tag{3.51}$$

であり，D [m] は代表長さ，$\bar{u}$ [m s^{-1}] は平均速度，C_p [J kg^{-1} K^{-1}] は比熱，μ [Pa s] は粘度である．ヌセルト数は，$Nu = D/\delta_T$ と書き直すことができ，物体の代表長さと温度境界層の厚さの比に相当する．一方，自然対流に関しては，グラスホフ数 (Grashof number) Gr と，Pr，Nu からなる相関式

$$Nu = f(Gr, Pr) \tag{3.52}$$

を利用して h を見積もることができる．ここで，

$$Gr = \frac{\beta g D^3 \Delta T}{\nu^2} \tag{3.53}$$

であり，β [K^{-1}] は体膨張係数，g [m s^{-2}] は重力加速度，ν [m^2 s^{-1}] は動粘

度，ΔT [K] は温度差 $(T_w - T_f)$ である．なお，さまざまな幾何学形状の物体を対象とした強制対流および自然対流における相関式を表3.3に示す．

d. 総括伝熱係数と熱交換器

工業的によく用いられる伝熱機器においては，図3.13に示すように，固体壁を通して高温側の流体から低温側の流体へ熱の移動を行わせる装置が多くみられる．このような場合，①高温側の流体から固体壁面への対流伝熱，②固体壁を通しての伝導伝熱，③固体壁面から低温側流体への対流伝熱が起こる．今，定常状態を考えると，①〜③における伝熱量は等しく，これを Q [W] とすると，それぞれ次式のように表すことができる．

$$① \quad Q = h_1 A_1 (T_1 - T_{w1}) \qquad \therefore T_1 - T_{w1} = Q \frac{1}{h_1 A_1} \tag{3.54}$$

$$② \quad Q = k A_{ave} \frac{T_{w1} - T_{w2}}{l} \qquad \therefore T_{w1} - T_{w2} = Q \frac{l}{k A_{ave}} \tag{3.55}$$

$$③ \quad Q = h_2 A_2 (T_{w2} - T_2) \qquad \therefore T_{w2} - T_2 = Q \frac{1}{h_2 A_2} \tag{3.56}$$

表 3.3 熱伝達係数に関する相関式

伝熱系	相関式	適用範囲
① 円管内の発達した層流の強制対流伝熱	$Nu = 1.86 Re^{1/3} Pr^{1/3} (D/L)^{1/3} (\mu/\mu_w)^{0.14}$	$Re \leq 2.1 \times 10^3$
② 円管内の発達した乱流の強制対流伝熱 ($L/D \geq 60$)	$Nu = 0.023 Re^{0.8} Pr^{0.4}$	$10^4 \leq Re \leq 1.2 \times 10^5$ $0.7 \leq Pr \leq 120$
③ 平板上の発達した乱流の強制対流伝熱	$Nu = 0.036 Re^{0.8} Pr^{1/3}$	
④ 単一球外面の強制対流伝熱	$Nu = 2.0 + 0.6 Re^{0.5} Pr^{1/3}$	$1 \leq Re \leq 7 \times 10^4$ $0.6 \leq Pr \leq 400$
⑤ 垂直平板上の自然対流伝熱（層流）	$Nu = 0.555 (GrPr)^{1/4}$	$10^4 \leq GrPr \leq 10^8$
⑥ 同上（乱流）	$Nu = 0.129 (GrPr)^{1/3}$	$10^8 \leq GrPr \leq 10^{12}$
⑦ 水平平板上の自然対流伝熱 （上向加熱面，下向冷却，層流）	$Nu = 0.54 (GrPr)^{1/4}$	$10^5 \leq GrPr \leq 2.0 \times 10^7$
⑧ 同上（乱流）	$Nu = 0.14 (GrPr)^{1/3}$	$2 \times 10^7 \leq GrPr \leq 3.0 \times 10^{10}$
⑨ 同上（下向加熱面，上向冷却面，層流）	$Nu = 0.27 (GrPr)^{1/4}$	$3 \times 10^5 \leq GrPr \leq 3.0 \times 10^{10}$
⑩ 水平円管外面の自然対流伝熱	$Nu = 0.53 (GrPr)^{1/4}$	$GrPr \leq 10^8$

①の D および L は管内径および長さ．μ および μ_w は流体の粘度および壁温に対する流体の粘度．
⑤，⑥において Gr 中の代表長さは平板高さとする．

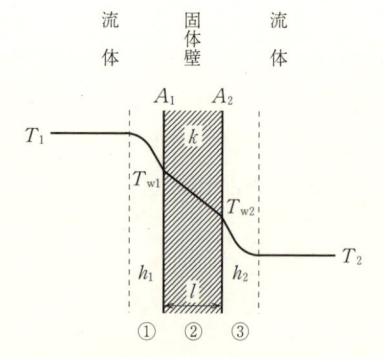

図 3.13 総括伝熱係数
①〜③本文参照．

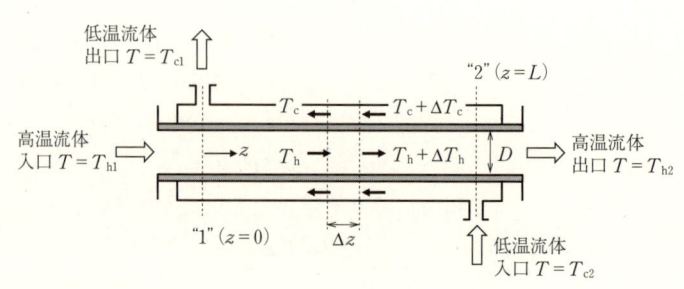

図 3.14 二重管型熱交換器（向流型）

式 (3.54)～(3.56) において，両辺を加えると，

$$T_1 - T_2 = Q\left(\frac{1}{h_1 A_1} + \frac{l}{k A_{\mathrm{ave}}} + \frac{1}{h_2 A_2}\right) \tag{3.57}$$

となる．ここで，l [m] は固体壁の厚さ，A_1 [m^2] および A_2 [m^2] は流体と接している固体壁面の面積である．また，A_{ave} [m^2] は固体壁の平均伝熱面積であり，固体壁が平板の場合は A_1 および A_2 に等しく，円管の場合は A_1 と A_2 の対数平均面積となる．式 (3.57) から，伝熱量 Q に関する次式を得る．

$$Q = U_1 A_1 (T_1 - T_2) = U_{\mathrm{ave}} A_{\mathrm{ave}} (T_1 - T_2) = U_2 A_2 (T_1 - T_2) \tag{3.58}$$

ただし，

$$\frac{1}{U_1 A_1} = \frac{1}{U_{\mathrm{ave}} A_{\mathrm{ave}}} = \frac{1}{U_2 A_2} = \frac{1}{h_1 A_1} + \frac{l}{k A_{\mathrm{ave}}} + \frac{1}{h_2 A_2} \tag{3.59}$$

であり，U_1 [W m^{-2} K^{-1}]，U_{ave}，U_2 をそれぞれ A_1，A_{ave}，A_2 基準の総括伝熱係数（overall coefficient of heat transfer）と呼ぶ．

固体壁を介して高温流体から低温流体に熱を移動する工業用装置として，熱交換器がある．図3.14は，向流型の二重管型熱交換器の概略を示したものである．今，内管を流れている高温流体の温度を T_{h1} [K] から T_{h2} [K] に冷却するために，外管を流れている低温流体（入口温度 T_{c2}）との熱交換を利用する場合を考える．図中の区間 Δz [m] において高温流体から低温流体への伝熱量 ΔQ は，内管径を D [m]，高温流体の温度を T_{h} [K]，低温流体の温度を T_{c} [K] とすると，次式で与えられる．

$$\Delta Q = U(\pi D \Delta z)(T_{\mathrm{h}} - T_{\mathrm{c}}) \tag{3.60}$$

U は内管の伝熱面積基準の総括伝熱係数である．この伝熱量 ΔQ は，定常状態では，区間 Δz において高温流体が失う熱量と低温流体が受ける熱量に等しいから，次式の関係が成り立つ．

$$\Delta Q = -C_{\mathrm{ph}} W_{\mathrm{h}} \Delta T_{\mathrm{h}} = -C_{\mathrm{pc}} W_{\mathrm{c}} \Delta T_{\mathrm{c}} \tag{3.61}$$

ここで，W_{h}，W_{c} [kg s^{-1}] はそれぞれ高温流体および低温流体の質量流量，C_{ph}，C_{pc} [J kg^{-1} K^{-1}] は高温および低温流体の比熱であり，また，ΔT_{h} (<0)，ΔT_{c} (<0) は区間 Δz における高温および低温流体の温度変化である．式 (3.60) および式 (3.61) から，$\Delta z \to 0$ の極限をとることで高温流体と低温流体の温度差 ($T_{\mathrm{h}} - T_{\mathrm{c}}$) に関する以下の微分方程式が得られるので，

$$\frac{\mathrm{d}}{\mathrm{d}z}(T_{\mathrm{h}} - T_{\mathrm{c}}) = (\pi U D)\left(\frac{1}{W_{\mathrm{c}} C_{\mathrm{pc}}} - \frac{1}{W_{\mathrm{h}} C_{\mathrm{ph}}}\right)(T_{\mathrm{h}} - T_{\mathrm{c}}) \tag{3.62}$$

これを $z=0$ から $z=L$ の範囲で積分すると，

$$\ln \frac{T_{\mathrm{h2}} - T_{\mathrm{c2}}}{T_{\mathrm{h1}} - T_{\mathrm{c1}}} = U\left(\frac{1}{W_{\mathrm{c}} C_{\mathrm{pc}}} - \frac{1}{W_{\mathrm{h}} C_{\mathrm{ph}}}\right)(\pi D L) \tag{3.63}$$

を得る．ただし，総括伝熱係数および比熱は z により変化しないものと仮定した．熱交換器全体での伝熱量 Q は，

$$Q = C_{\mathrm{ph}} W_{\mathrm{h}} (T_{\mathrm{h1}} - T_{\mathrm{h2}}) = C_{\mathrm{pc}} W_{\mathrm{c}} (T_{\mathrm{c1}} - T_{\mathrm{c2}}) \tag{3.64}$$

と表せるので，式 (3.63) を考慮すると，伝熱量 Q に関する次式を得る．

$$Q = UA(\Delta T)_{\mathrm{lm}} \tag{3.65}$$

ここで，$A(=\pi DL)$ は伝熱面積，$(\Delta T)_{\mathrm{lm}}$ は温度差 ΔT_1 と ΔT_2 との対数平均温度差であり，次式により与えられる．

$$(\Delta T)_{\mathrm{lm}} = \frac{(T_{\mathrm{h1}}-T_{\mathrm{c1}})-(T_{\mathrm{h2}}-T_{\mathrm{c2}})}{\ln\dfrac{T_{\mathrm{h1}}-T_{\mathrm{c1}}}{T_{\mathrm{h2}}-T_{\mathrm{c2}}}} = \frac{\Delta T_1-\Delta T_2}{\ln\dfrac{\Delta T_1}{\Delta T_2}} \tag{3.66}$$

式（3.64）および式（3.65）は熱交換器の設計，たとえば流体を所望の温度にするための伝熱面積あるいは管長を求めるのに利用することができる．

e. ふく射伝熱

絶対零度より高い温度を有するほとんどすべての物体は，その温度に応じた特有のスペクトル分布を有する電磁波すなわちふく射（radiation）を放射（emission）する．熱エネルギーを問題とするふく射伝熱（radiative heat transfer）では，そのうち可視および赤外域のふく射である熱ふく射（thermal radiation）が対象となる．熱ふく射は高温になるほどエネルギー密度が高いため，高温装置の伝熱において重要な役割を果たす．ふく射伝熱において，ふく射に対して不透明な物体では，表面でのみふく射の吸収や放射が生じるのに対し，炭酸ガスや水蒸気などの気体のように半透過性の場合には，物体自体がふく射を放射すると同時に吸収するため，物体内部でのふく射を考えなければならない．ここでは，前者の面的なふく射伝熱についてのみ考える．

ふく射が実在物体に入射（incident）すると，その一部は表面で反射（reflection）され，残りが吸収（absorption）される．これに対して，入射したふく射すべてを吸収できる理想物体が，いわゆる黒体（black body）である．黒体は完全吸収体であると同時に完全放射体である．プランクの法則（Planck's law）によれば，温度 T [K] の黒体から，単位面積単位時間あたりに放射される波長 λ [μm] のふく射エネルギーの強さ（単色放射能：spectral emissive power）$e_{\mathrm{b}\lambda}$ [W m^{-2} μm^{-1}] は，次式で与えられる．

$$e_{\mathrm{b}\lambda} = \frac{2\pi C_1 \lambda^{-5}}{\exp\dfrac{C_2}{\lambda T}-1} \tag{3.67}$$

ここで，$C_1 = 5.954\times 10^7$ W μm^4 m^{-2}，$C_2 = 1.439\times 10^4$ μm K である．λ と $e_{\mathrm{b}\lambda}$ の関係を，T をパラメータとして図3.15に示す．ウィーンの変位則（Wien's displacement law）より，$e_{\mathrm{b}\lambda}$ が最大値をもつ波長 $\lambda_{\max}$ は，$\lambda_{\max} T = 2\,897.6$ μm K に従う．式（3.67）を全波長域にわたって積分すると，温度 T の黒体から放射される全ふく射エネルギー量，すなわち全放射能（total emissive power）e_{b} [W m^{-2}] が，次式のように求まる．

$$e_{\mathrm{b}} = \int_0^\infty e_{\mathrm{b}\lambda}\,d\lambda = 2\pi C_1\int_0^\infty \frac{\lambda^{-5}}{\exp\left(\dfrac{C_2}{\lambda T}\right)-1}\,d\lambda = \sigma T^4 \tag{3.68}$$

これをステファン-ボルツマンの法則（Stefan-Boltzmann's law）といい，式（3.68）中のステファン-ボルツマン定数（Stefan-Boltzmann constant）σ の値は 5.67×10^{-8} W m^{-2} K^{-4} である．

実在物体の表面の単色放射能 e_λ およびこれを全波長で積分した全放射能 e

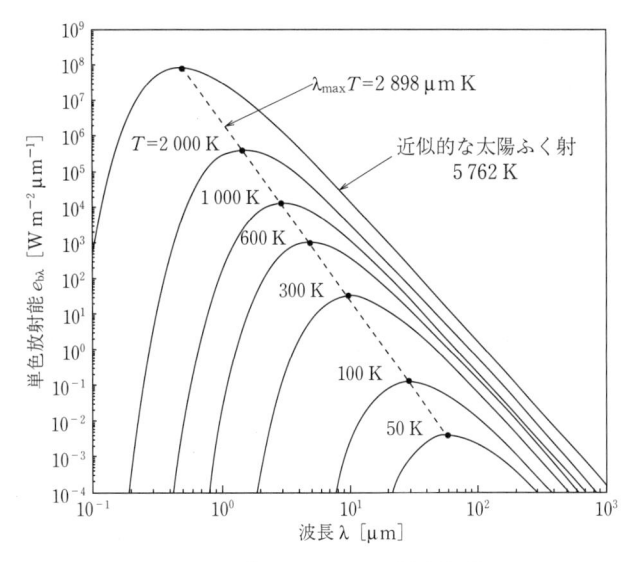

図 3.15 各温度における単色放射能

は，同一温度の黒体の $e_{b\lambda}$ および e_b より必ず小さく，

$$e_\lambda = \varepsilon_\lambda e_{b\lambda} \tag{3.69}$$

$$e = \int_0^\infty \varepsilon_\lambda e_{b\lambda} d\lambda \tag{3.70}$$

となる．ここで，ε_λ および ε をその物体の単色放射率（spectral emissivity）および放射率（emissivity）と呼ぶ．ε_λ および ε は，物体の種類や状態によって異なるとともに，温度によっても異なる．しかし，一般の工学計算においては，ε_λ が波長や温度によらず一定とする，いわゆる灰色体（gray body）の仮定を用いる場合が多い．また，物体へ入射する単色放射能 e_λ に対して，その吸収および反射の割合を示すのが単色吸収率 α_λ と単色反射率 ρ_λ であるが，キルヒホッフの法則（Kirchhoff's law）から $\varepsilon_\lambda = \alpha_\lambda$ となり，さらに灰色体では次式の関係が成り立つ．

$$\varepsilon = \alpha = 1 - \rho \tag{3.71}$$

なお，入射したふく射がすべての方向に一様に反射される場合を拡散反射（diffuse reflection）というのに対して，反射の理論に従い1方向に反射される場合を鏡面反射（specular reflection）という．

高温装置の熱解析において，境界条件として必要な各境界面でのふく射熱流束の計算には，境界面を灰色拡散面と仮定し，表面要素間の形態係数の値をもとに解析する場合が多い．ここで，形態係数（view factor）とは，ある面から放射されたふく射エネルギーのうち空間に相対する他の面に到達する幾何学的な割合であり，図 3.16 に示すように2つの表面要素 ij 間の形態係数 F_{ij} は，r を2面間の中心点間の距離，α_i, α_j を各々の面の法線とベクトル $\boldsymbol{r}$ となす角度とすると，

$$F_{ij} = \frac{1}{A_i} \int_{A_i} \int_{A_j} \frac{\cos \alpha_i \cos \alpha_j}{\pi r^2} dA_i dA_j \tag{3.72}$$

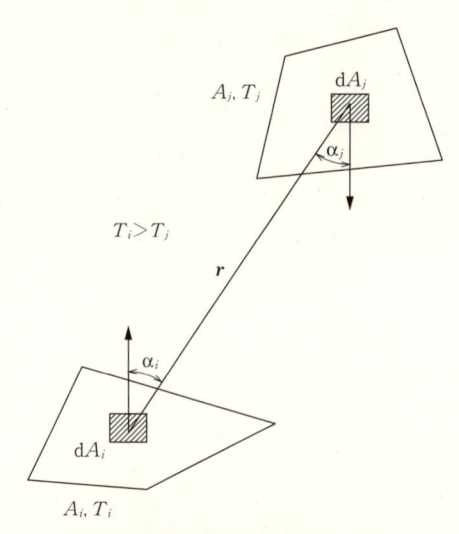

図 3.16 形態係数

と定義される．面 i と面 j とが直接目視できない場合は，$F_{ij}=0$ となる．種々の形状や配置に対する形態係数が計算され，表としてまとめられている（本書では割愛する）．

実在の灰色体面間のふく射エネルギーの授受関係はかなり複雑であるが，総括的な到達率を定めてみると，面 ij 間での正味のふく射伝熱量 Q は，次式のように与えられる．

$$Q = \phi_{i \to j} A_i \sigma (T_i^4 - T_j^4) = \phi_{j \to i} A_j \sigma (T_i^4 - T_j^4) \tag{3.73}$$

ここで，$\phi_{i \to j}$, $\phi_{j \to i}$ はそれぞれ面 i と面 j 基準の総括吸収率といい，一般に形態係数，面の面積や放射率の関数で与えられる．

3.3 物 質 移 動

a. 濃度と流束の定義

流体の内部に速度差があると運動量の移動が生じ，また，物体内に温度差があると熱の移動が生じるように，2つ以上の成分から構成される物質（混合物）の内部に濃度差が存在すると，濃度の高い方から低い方へ物質の移動（mass transfer），すなわち拡散（diffusion）が起こる．ここでは，A および B の 2 成分からなる混合物を対象とし，1 方向（y 方向）の物質移動だけを考える．

代表的な濃度の表現法として，質量濃度（mass concentration）ρ_A [kg m^{-3}] とモル濃度（molar concentration）c_A [mol m^{-3}] があり，それぞれ混合物単位体積あたりの成分 A の質量および物質量に相当し，両者には次式の関係がある．

$$\rho_A = M_A c_A \tag{3.74}$$

ここで，M_A は成分 A の分子量である．成分 A および B の質量濃度の和，すなわち $\rho_A + \rho_B (= \rho)$ がいわゆる密度であり，モル濃度の和，すなわち $c_A + c_B (= c)$ をモル密度と呼ぶ．また，質量分率（mass fraction）ω_A，モル分率（mole fraction) x_A, および両者の関係は，それぞれ次式で与えられる．

$$\omega_A = \frac{\rho_A}{\rho_A + \rho_B} = \frac{\rho_A}{\rho}, \qquad x_A = \frac{c_A}{c_A + c_B} = \frac{c_A}{c} \tag{3.75}$$

$$\omega_A = \frac{x_A M_A}{x_A M_A + x_B M_B}, \qquad x_A = \frac{\dfrac{\omega_A}{M_A}}{\dfrac{\omega_A}{M_A} + \dfrac{\omega_B}{M_B}} \tag{3.76}$$

拡散という現象では各成分がそれぞれ異なった速度で移動する．今，固定座標系に対する成分 A および B の y 方向の移動速度をそれぞれ $v_A \, [\mathrm{m\,s^{-1}}]$ および $v_B \, [\mathrm{m\,s^{-1}}]$ とすると，成分 A, B からなる混合物の質量平均速度 (mass-average velocity) v およびモル平均速度 (molar-average velocity) V は，それぞれ次式で表すことができる．

$$v = \frac{\rho_A v_A + \rho_B v_B}{\rho_A + \rho_B} = \omega_A v_A + \omega_B v_B \tag{3.77}$$

$$V = \frac{c_A v_A + c_B v_B}{c_A + c_B} = x_A v_A + x_B v_B \tag{3.78}$$

なお，質量平均速度 v がピトー管などの流速計で測定できる流体の速度に相当する．また，成分 A あるいは B の速度と混合物の平均速度との差，すなわち A あるいは B 分子の流体に対する相対速度が拡散速度 (diffusion velocity) である．

y 方向に垂直な断面を単位面積あたり単位時間あたりに通過する成分 A の質量および物質量が，質量流束 (mass flux) $n_A \, [\mathrm{kg\,m^{-2}\,s^{-1}}]$ およびモル流束 (molar flux) $N_A \, [\mathrm{mol\,m^{-2}\,s^{-1}}]$ であり，次式で表すことができる．

$$n_A = \rho_A v_A, \qquad N_A = c_A v_A \tag{3.79}$$

また，成分 A の相対流束として，

$$j_A = \rho_A (v_A - v) \tag{3.80}$$
$$J_A = c_A (v_A - V) \tag{3.81}$$

が定義でき，それぞれ質量拡散流束 (mass diffusion flux) およびモル拡散流束 (molar diffusion flux) と呼ぶ．さらに，式 (3.77)〜(3.79) より式 (3.80), (3.81) は以下のようになる．

$$j_A = n_A - \rho_A v = n_A - \rho_A \frac{\rho_A v_A + \rho_B v_B}{\rho_A + \rho_B} = n_A - \omega_A (n_A + n_B) \tag{3.82}$$

$$J_A = N_A - c_A V = N_A - c_A \frac{c_A v_A + c_B v_B}{c_A + c_B} = N_A - x_A (N_A + N_B) \tag{3.83}$$

ここで，式 (3.82) は，固定座標系からみた成分 A の質量流束 n_A が，混合物の平均的な移動による分 $\rho_A v$ と拡散による分 j_A の和で表されることを示している．成分 B に関しても式 (3.79)〜(3.83) と同様の関係が導かれるので，

$$j_A + j_B = 0, \qquad J_A + J_B = 0 \tag{3.84}$$

となる．

b. フィックの拡散の法則と拡散係数

成分 A，B からなる混合物中における成分 A の拡散流束は，次式のフィック

の拡散の法則（Fick's laws of diffusion）により表すことができる．

$$j_A = -\rho D_{AB} \frac{d\omega_A}{dy} \tag{3.85}$$

$$J_A = -c D_{AB} \frac{dx_A}{dy} \tag{3.86}$$

式（3.85）あるいは式（3.86）から，拡散流束は濃度勾配に比例し，濃度の高い方から低い方に物質が移動することがわかる．ここで，比例定数 D_{AB} は拡散係数（diffusion coefficient）と呼ばれ，$[m^2 s^{-1}]$ の単位を有する．拡散係数は，一般に温度，圧力，濃度の影響を受ける物性値である．目安として，気体に対する拡散係数は $10^{-5}\,m^2\,s^{-1}$ 程度，液体に対しては $10^{-9}\,m^2\,s^{-1}$ 程度である．拡散係数の単位は，動粘度 ν および熱拡散率 κ と同じであり，式（3.85）あるいは式（3.86）は運動量流束に関する式（3.2）および熱流束に関する式（3.36）と同じ形をしていることがわかる．なお，式（3.85）および式（3.86）を，それぞれ式（3.82）および式（3.83）に代入すると，

$$n_A = -\rho D_{AB} \frac{d\omega_A}{dy} + \omega_A (n_A + n_B) \tag{3.87}$$

$$N_A = -c D_{AB} \frac{dx_A}{dy} + x_A (N_A + N_B) \tag{3.88}$$

を得る．

c． 拡散現象の例

① 等モル相互拡散： 図3.17に示すように，2つの大きな容器内に成分A，Bからなる等温・等圧の混合気体が入っていて，その容器が流路でつながれている．各容器内の濃度はそれぞれ一定に保たれており（$x_{A1} > x_{A2}$），容器①から②へ成分Aの移動が，また，その逆方向に成分Bの移動が起こる．今，定常状態における成分A，Bの移動を物質量を用いて考える．静止座標系からみた気体全体の移動はない，すなわち $V=0$ なので，$N_A + N_B = 0$ が成り立つ．したがって，式（3.88）より，

$$N_A = -c D_{AB} \frac{dx_A}{dy} \tag{3.89}$$

を得る．このような状態を等モル相互拡散（equimolar counterdiffusion）という．

定常状態では N_A は一定であるから，式（3.89）において cD_{AB} を一定と考えて，$y=0$ から $y=L$ まで積分すると，拡散によるモル流束に関する次式を得る．

$$N_A \int_0^L dy = -c D_{AB} \int_{x_{A1}}^{x_{A2}} dx_A$$

$$\therefore N_A = c D_{AB} \frac{x_{A1} - x_{A2}}{L} \tag{3.90}$$

式（3.90）より，$y=0$ から $y=L$ の間の濃度分布は明らかに直線となることがわかる．式（3.90）に理想気体の状態方程式 $p_A = c x_A RT$ を代入すると，

$$N_A = \frac{D_{AB}}{RT} \frac{p_{A1} - p_{A2}}{L} \tag{3.91}$$

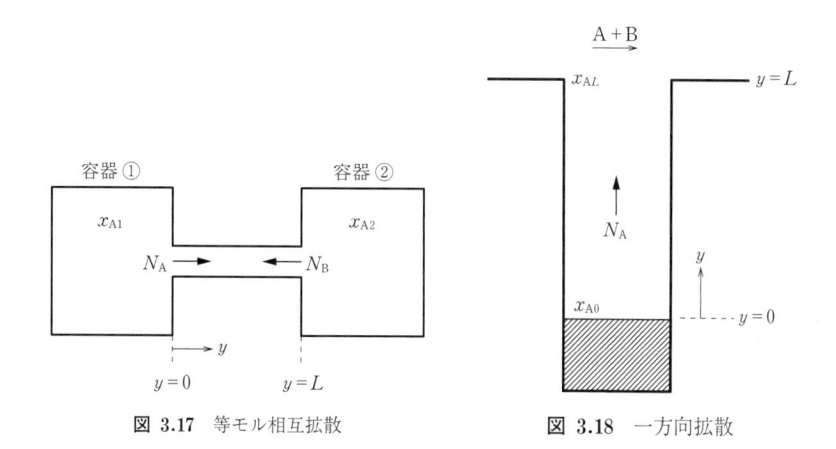

図 3.17 等モル相互拡散　　**図 3.18** 一方向拡散

となる．ここで，p_{A1} および p_{A2} は容器①および②における成分Aの分圧である．

②**一方向拡散**：　図3.18に示すように，容器中の液体Aが気体B中に蒸発する場合を考える．系の温度，圧力は一定であり，気体Bの液体への溶解はないものとする．容器の上端は開放されており，AとBの2成分混合気体がゆっくりと流れていて，成分A，Bの濃度はそれぞれ x_{AL} および x_{BL} である．一方，液表面の濃度 x_{A0} は系の温度，圧力における平衡濃度に等しいとする．このような場合，成分Bは動かず，成分Aのみが液表面から1方向（y方向）に拡散する，いわゆる一方向拡散を生じる．

式 (3.88) において，$N_B=0$ とすると，

$$N_A = -cD_{AB}\frac{dx_A}{dy} + x_A N_A$$

$$\therefore N_A = -\frac{cD_{AB}}{1-x_A}\frac{dx_A}{dy} \tag{3.92}$$

を得る．定常状態では N_A は一定であるから，式 (3.92) において cD_{AB} を一定と考えて，$y=0$ から $y=L$ まで積分すると，拡散によるモル流束に関する次式を得る．

$$N_A = \frac{cD_{AB}}{L}\ln\frac{1-x_{AL}}{1-x_{A0}} = \frac{cD_{AB}}{L}\ln\frac{x_{BL}}{x_{B0}} \tag{3.93}$$

ここで，液体の表面の位置は変化しないと考えた．式 (3.93) において x_{B0}，x_{BL} の対数平均を $(x_B)_{lm}$ とおけば，$x_{BL}-x_{B0}=x_{A0}-x_{AL}$ であるから，次式が成立する．

$$N_A = \frac{cD_{AB}}{L(x_B)_{lm}}(x_{A0}-x_{AL}) \tag{3.94}$$

気体を理想気体と考えると，式 (3.94) は，

$$N_A = \frac{D_{AB}P}{LRT(p_B)_{lm}}(p_{A0}-p_{AL}) \tag{3.95}$$

となる．ここに，P は全圧，p_{A0}，p_{AL} は $y=0$ および $y=L$ における成分Aの分圧である．式 (3.95) を用いることにより液表面からの蒸発速度を求めることが

できる.

d. 物質移動係数

固体表面あるいは気液界面に沿う方向に流れが存在する場合には，対流伝熱の場合と同様に物質移動も対流の影響を受け，対流の発生要因に従って強制対流と自然対流に分けることができる．なお，ここでの自然対流は，濃度差による浮力で発生する対流である．

図 3.19 のように，壁面が周囲の流体に溶解するような物質 A でコーティングされている平板に沿って流体 B が流れ，平板から流体中へ物質 A が移動する場合を考える．対流伝熱の場合と同様に，平板近傍に濃度が大きく変化する薄い層，いわゆる濃度境界層（concentration boundary layer）が形成され，濃度差（$\rho_{Aw} - \rho_{Af}$）が物質移動の推進力になる．そこで，物質移動係数（mass transfer coefficient）h_m [m s^{-1}] を用いて拡散流束を次式のように表す．

$$j_A = h_m(\rho_{Aw} - \rho_{Af}) = \rho h_m(\omega_{Aw} - \omega_{Af}) \tag{3.96}$$

なお，h_m は濃度境界層の厚さ δ_c および拡散係数 D_{AB} と次式の関係がある．

$$h_m = \frac{D_{AB}}{\delta_c} \tag{3.97}$$

物質移動係数 h_m と各種因子の関係も次元解析と実験結果を用いて導くことができる．強制対流の場合は，次式のようにシャーウッド数（Sherwood number）Sh，レイノルズ数 Re，シュミット数（Scmidt number）Sc の 3 つの無次元数の関数で表すことができる．

$$Sh = f(Re, Sc) \tag{3.98}$$

ここで，

$$Sh = \frac{h_m D}{D_{AB}} \tag{3.99}$$

$$Re = \frac{\bar{u} D}{\nu} \tag{3.100}$$

$$Sc = \frac{\nu}{D_{AB}} \tag{3.101}$$

であり，D は代表長さ，$\bar{u}$ は平均速度，ν は動粘度である．一方，自然対流の場合は，Re の代わりにグラスホフ数 Gr を用いて次式のように表せる．

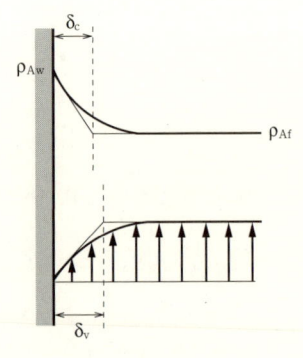

図 3.19 物質移動に及ぼす対流の影響

$$Sh = f(Gr, Sc) \tag{3.102}$$

ここで,

$$Gr = \frac{\beta_c g D^3 \Delta C}{\nu^2} \tag{3.103}$$

であり,β_c は濃度変化に対する体膨張係数,ΔC は濃度差である.なお,幾何学形状,流動様式および境界条件が対流伝熱と同じであれば,対流伝熱における相関式は,h,Nu,Pr のそれぞれを h_m,Sh,Sc に置き換えることにより,h_m を推算するための相関式として使用することができる.これを,伝熱と物質移動のアナロジー (analogy between heat and mass transfer) という.

練習問題

3.1 内径 3 cm の平滑円管内を 25°C の水が 2 m³ h⁻¹ で輸送されている.このときの管内の流れは,層流か乱流か.また,この管の長さが水平に 100 m であるときの管内の圧力損失を求めよ.ただし,25°C の水の密度は 1 000 kg m⁻³,粘度は 1.0×10⁻³ Pa s とする.

3.2 図 3.20 に示すように,水槽①から②に水を内径 5 cm の管で輸送する場合を考える.管はすべて平滑管からなるものとし,流量は 10 m³ h⁻¹ である.また,流路中には 90°エルボ 2 つを使用している.ポンプの総合効率を 50% とした場合,流動に必要な電力はいくらか.ただし,輸送する流体は水であり,その密度および粘度はそれぞれ 1 000 kg m⁻³ および 1×10⁻³ Pa s である.

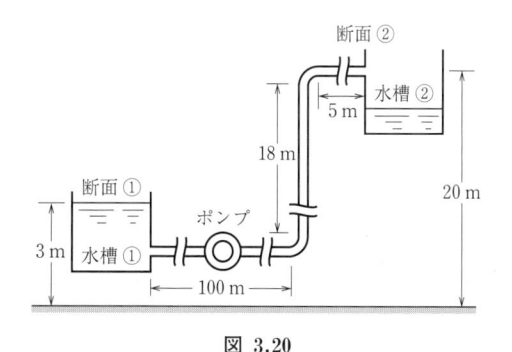

図 3.20

3.3 図 3.21 のように,内径 60 mm,厚さ 5 mm の金属製の管(熱伝導率 k_1 = 40 W m⁻¹ K⁻¹)内を 500 K の飽和水蒸気が流れている.熱損失を防ぐために管外壁に 2 種類の保温材(k_2 = 1 W m⁻¹ K⁻¹,k_3 = 2 W m⁻¹ K⁻¹)をそれぞれ 20 mm と 5

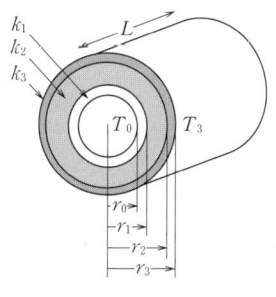

図 3.21

mmの厚さに施したところ，保温材の外側表面温度 T_3（一様）は350 Kであった．単位時間あたりの熱損失を求めよ．ただし，管の長さ L は5 mとし，また，管内壁温度 T_0（一様）は飽和水蒸気の温度と等しいと仮定する．

3.4 辺長1 mの正方形平板の表面温度が348 Kに保たれている．この平板を298 Kの静止空気中に，垂直に置いた場合の自然対流伝熱に関し，熱伝達係数 h を求めよ．また，この平板から空気への伝熱量はいくらか．なお，空気の熱物性値は表3.4のとおりである．

表 3.4 空気の熱物性値

ρ [kg m^{-3}]	μ [Pa s]	k [W m^{-1} K^{-1}]	C_p [J kg^{-1} K^{-1}]	β [K^{-1}]
1.092	19.5×10^{-6}	0.028	1.007×10^3	3.10×10^{-3}

3.5 向流型の二重管式熱交換器を用いて，油を350 Kから320 Kに冷却したい．冷媒として用いた水の入口温度は298 Kである．油および水の流量をそれぞれ0.7 kg s^{-1} および1.5 kg s^{-1}，総括伝熱係数を275 W m^{-2} K^{-1} としたときの熱交換器の伝熱面積を求めよ．ただし，油および水の比熱は3 600 J kg^{-1} K^{-1} および4 200 J kg^{-1} K^{-1} とする．

3.6 一方を閉じた細いガラス管（内径3 mm）にメタノールを入れて一定温度に保ち，ガラス管の上部出口に空気を流して，メタノールの蒸発実験を行った．このとき，液面からガラス管出口までの距離は20 cmであり，系の全圧は 1.01×10^5 Pa，温度は25℃である．また，25℃におけるメタノールの密度は745 kg m^{-3}，蒸気圧は 1.69×10^4 Pa，メタノール蒸気と空気の相互拡散係数は 1.40×10^{-5} m^2 s^{-1} とする．ガラス管内のメタノールの液面が蒸発により1 mm減少するのに要する時間を求めよ．ただし，蒸発に伴う液面の変化は無視できるものとする．

4. 反応速度論と反応工学

　化学工業では，化学反応により種々の原料から価値の高い製品を生成するプロセスが数多く存在する．このような化学反応を行う装置を反応器（リアクター：chemical reactor, reactor）と呼び，反応工学（chemical reaction engineering）は，適切な反応器の選択，反応器の基本設計，解析，最適な操作条件を決定し，合理的な反応プロセスを構築するために必要な事項を体系化したものである．また，反応器内では酵素や細胞などの生体触媒を用いた生物反応も行うこともあり，このようなバイオリアクターの設計，解析，操作条件の決定も反応工学の一部である．

　本章では，化学反応および生物反応の基本的な反応速度論，基本的な反応器の基本設計，反応速度の解析について述べる．

4.1 反応速度論

a. 単一反応と複合反応

　化学反応に関与する各成分の物質量の関係（量論関係）を記述した反応式が，量論式（stoichiometric equation）である．たとえば，a mol の反応成分（reactant）A と b mol の反応成分 B が反応し，c mol の生成物成分（product）C と d mol の生成物成分 D を生成する場合，この反応の量論式は，

$$a\mathrm{A} + b\mathrm{B} \longrightarrow c\mathrm{C} + d\mathrm{D} \tag{4.1}$$

のように表現される．単一反応（single reaction）は，反応器内で行われる反応が単一の量論式で表現できる反応であり，複合反応（multiple reaction）は，複数の量論式で表現される反応である．並列反応（parallel reaction）は，1つの原料が複数の反応で別のものに変換される反応であり，逐次反応（consecutive reaction）は，別の物質を介して，他の物質に変換される反応であり，逐次並列反応（mixed reaction）は，選択する原料によっては並列反応とも逐次反応ともいえる反応である．

・並列反応：
　　　A $\longrightarrow$ C,　A $\longrightarrow$ D
・逐次反応：
　　　A $\longrightarrow$ C,　C $\longrightarrow$ D
・逐次並列反応（原料 A に着目すると並列反応，原料 B に着目すると逐次反応と解釈できる）：
　　　A+B $\longrightarrow$ C,　A+C $\longrightarrow$ D

b. 素反応

1つの量論式で表現される単一反応であっても，実際には反応中間体（reactive intermediate）を経る複数の反応過程によって進行する場合がある．反応中間体が反応性に富む活性中間体（active intermediate）であり，迅速に消費される場合であっても，微視的に表現すると，複数の反応過程で表現することが可能である．素反応（elementary reaction）は微視的に表現し，反応がこれ以上分割できない反応過程である．素反応の反応速度（reaction rate）は，原料である反応成分の濃度の積に比例する．すなわち，反応成分Aと反応成分Bが反応する過程が素反応

$$A + B \longrightarrow C \tag{4.2}$$

である場合には，反応速度 r は反応成分Aの濃度 C_A と反応成分Bの濃度 C_B の積

$$r = k C_A C_B \tag{4.3}$$

で表される．ここで，k は反応速度定数（reaction rate constant）である．また，量論式（4.1）で表される反応が素反応である場合，反応速度定数を k' とすると，反応速度は，

$$r = k' C_A{}^a C_B{}^b \tag{4.4}$$

で表される．

c. 反応速度の定義

a mol の反応成分Aと b mol の反応成分Bが反応し，c mol の生成物成分C，d mol の生成物成分Dを生成する量論式（4.1）で表現される単一反応が進行している場合，各成分の変化量は異なっており，各成分の変化量の比は量論係数 a, b, c, d の比に等しい．反応速度は各成分の単位体積あたり，単位時間あたりの変化量であり，単位は通常，mol m^{-3} s^{-1} である．生成物成分CとDは反応の進行につれて増加するので，生成物成分CとDの反応速度は正となるが，反応成分AとBは反応の進行につれて減少するので，反応成分AとBの反応速度は負となる．すなわち，成分A, B, C, Dの反応速度をそれぞれ，r_A, r_B, r_C, r_D で表すと，

$$r = \frac{r_A}{-a} = \frac{r_B}{-b} = \frac{r_C}{c} = \frac{r_D}{d} \tag{4.5}$$

が成立する．ここで，r は量論式（4.1）で定義される反応速度であり，各成分の反応速度とは異なる．

複合反応の場合，各成分の反応速度は各量論式におけるその成分の反応速度の和となる．たとえば，m 個の量論式からなる複合反応で，j（$1 \leq j \leq m$）番目の量論式での成分Aの反応速度を r_{jA} とすると，

$$r_A = \sum_{j=1}^{m} r_{jA} = r_{1A} + r_{2A} + r_{3A} + \cdots + r_{jA} + \cdots r_{mA} \tag{4.6}$$

で与えられる．

d. 反応速度式の導出

活性中間体は反応性に富み，活性中間体の濃度を測定することは容易ではないため，活性中間体を原料とする反応の反応速度や反応速度定数を実験的に求めることは困難である．このような場合，定常状態近似法（steady state approximation）や律速段階近似法（または迅速平衡近似法（rapid equilibrium approximation））を用いることによって活性中間体を含む反応の反応速度を導出することが可能となる．

① 定常状態近似法： 活性中間体は生成されても直ちに次の反応によって消費され，活性中間体の濃度はその他の成分濃度より低く，また，活性中間体の生成速度と消費速度は等しい．この場合，定常状態近似が適用でき，活性中間体の反応速度（見かけの生成速度）は 0 と近似できる．

たとえば，量論式

$$A \longrightarrow C+D \tag{4.7}$$

で示される反応を素反応で表現すると，

$$2A \xrightarrow{k_1} A+A^* \tag{4.8}$$

$$A+A^* \xrightarrow{k_2} 2A \tag{4.9}$$

$$A^* \xrightarrow{k_3} C+D \tag{4.10}$$

である場合を考える．ここで，A^* は活性中間体であり，k_1, k_2, k_3 はそれぞれの素反応の反応速度定数を示している．この場合，それぞれの素反応の反応速度 r_1, r_2, r_3 は，

$$r_1 = k_1 C_A^2 \tag{4.11}$$

$$r_2 = k_2 C_A C_{A^*} \tag{4.12}$$

$$r_3 = k_3 C_{A^*} \tag{4.13}$$

となる．ここで，C_A および C_{A^*} はそれぞれ A および A^* の濃度を示している．また，それぞれの素反応での活性中間体 A^* の反応速度 r_{1A^*}, r_{2A^*}, r_{3A^*} は，

$$r_{1A^*} = r_1 = k_1 C_A^2 \tag{4.14}$$

$$r_{2A^*} = -r_2 = -k_2 C_A C_{A^*} \tag{4.15}$$

$$r_{3A^*} = -r_3 = -k_3 C_{A^*} \tag{4.16}$$

である．すなわち，活性中間体 A^* の反応速度 r_{A^*} は，

$$r_{A^*} = k_1 C_A^2 - k_2 C_A C_{A^*} - k_3 C_{A^*} \tag{4.17}$$

であり，活性中間体 A^* の反応速度 r_{A^*} に定常状態近似を適用すると，

$$k_1 C_A^2 - k_2 C_A C_{A^*} - k_3 C_{A^*} = 0 \tag{4.18}$$

が成立する．式 (4.18) より，本来，測定困難な活性中間体 A^* の濃度 C_{A^*} は，

$$C_{A^*} = \frac{k_1 C_A^2}{k_2 C_A + k_3} \tag{4.19}$$

のように測定可能な成分 A の濃度 C_A で表現できる．

一方，成分 A, C, D の反応速度は，

$$r_A = -2r_1 + r_1 - r_2 + 2r_2 = -r_1 + r_2 = -k_1 C_A^2 + k_2 C_A C_{A*} \tag{4.20}$$

$$r_C = r_3 = k_3 C_{A*} \tag{4.21}$$

$$r_D = r_3 = k_3 C_{A*} \tag{4.22}$$

である．また，量論式 (4.7) の反応速度 r と各成分の反応速度には，

$$r = -r_A = r_C = r_D \tag{4.23}$$

が成立する．式 (4.19) を式 (4.20)～(4.22) のいずれかに代入し，さらに，式 (4.23) に代入すると，

$$r = \frac{k_1 k_3 C_A^2}{k_2 C_A + k_3} \tag{4.24}$$

となり，量論式 (4.7) の反応速度 r は測定可能な反応成分 A の濃度 C_A で表現できる．

・酵素反応： 生体反応で用いられる触媒を酵素 (enzyme) というが，酵素は反応成分である基質 (substrate) の立体構造を認識して触媒活性を発揮するため，基質特異性 (substrate specificity) が非常に高い．基質の構造を認識するために，酵素 E と基質 S が結合した酵素-基質複合体 (enzyme-substrate complex) ES が形成された後に反応が触媒され，生成物 P が生成する．また，ES は E と S に解離する場合もあると考えると，酵素反応 (enzyme reaction) は，

$$\text{E} + \text{S} \underset{k_2}{\overset{k_1}{\rightleftharpoons}} \text{ES} \xrightarrow{k_{cat}} \text{E} + \text{P} \tag{4.25}$$

と表現できる．ここで，それぞれの反応は素反応であり，k_1, k_2, k_{cat} はそれぞれの素反応の反応速度定数である．また，ES を活性中間体であるとし，ES の反応速度に定常状態近似を適用すると，

$$r_{ES} = k_1 C_E C_S - k_2 C_{ES} - k_{cat} C_{ES} = 0 \tag{4.26}$$

が得られる．ここで，C_E は基質と結合していない酵素の濃度，C_S は基質濃度，C_{ES} は酵素-基質複合体濃度を示している．

また，式 (4.25) の E は基質と結合していない酵素であり，酵素反応を行うために用いた全酵素濃度 C_{E0} は，基質と結合していない酵素濃度 C_E と酵素-基質複合体濃度 C_{ES} の和とする式

$$C_{E0} = C_E + C_{ES} \tag{4.27}$$

が成立する．式 (4.27) のうち，測定可能な濃度は全酵素濃度 C_{E0} のみである．まず，式 (4.26) と式 (4.27) より C_E を消去すると，

$$C_{ES} = \frac{C_{E0} C_S}{\frac{k_2 + k_{cat}}{k_1} + C_S} \tag{4.28}$$

が導かれ，活性中間体である ES の濃度 C_{ES} を測定可能な全酵素濃度 C_{E0} と基質濃度 C_S で表現できる．

式 (4.25) で表される酵素反応の反応速度 r と生成物 P の反応速度に等しいので，

$$r = r_P = k_{cat} C_{ES} = \frac{k_{cat} C_{E0} C_S}{\frac{k_2 + k_{cat}}{k_1} + C_S} \tag{4.29}$$

となる.全酵素濃度 C_{E0} を一定とし,基質濃度 C_S の値を大きくすると,図 4.1 に示すように,反応速度 r は最大値 $V_{max} = k_{cat} C_{E0}$ に漸近する.また,ミカエリス定数(Michaelis constent)$K_m = (k_2 + k_{cat})/k_1$ とすると,

$$r = \frac{V_{max} C_S}{K_m + C_S} \tag{4.30}$$

が導かれる.この式はミカエリス-メンテンの式(Michaelis-Menten equation)と呼ばれる酵素反応の代表的な反応速度式である.

ミカエリス-メンテンの式に $C_S = K_m$ を代入すると,$r = V_{max}/2$ となる.すなわち,ミカエリス定数 K_m は反応速度が最大値の 1/2 になるときの基質濃度を示しており,K_m の値が大きい場合は,基質濃度が低いときに酵素と基質の結合が起こりにくく(親和性が低く),反応速度が低いことを意味している.

② 律速段階近似法: 複数の素反応で表現できる反応であっても,いずれか 1 つの反応が遅く,他の反応が速い場合,遅い反応が反応全体の律速(rate-limiting)となっている.速い反応が可逆反応の場合,迅速に平衡(equilibrium),すなわち,可逆反応の正反応と逆反応の速度が等しいと近似できる.このように,速い反応は迅速に平衡に達し,遅い反応が律速となって反応全体の速度を支配していると考えるのが律速段階近似法(あるいは迅速平衡近似法)である.

たとえば,前述の式 (4.25) で示される酵素反応では,酵素と基質が結合して酵素-基質複合体を形成する反応が可逆反応であり,反応速度が高いのに対し,酵素-基質複合体から生成物 P を生じる反応速度が低く,律速であると仮定すると,反応速度定数が k_1 で示される酵素 E と基質 S が結合し酵素-基質複合体 ES を形成する反応と,反応速度定数が k_2 で示される ES が E と S に解離する反応の速度が等しいと近似でき,

$$k_1 C_E C_S = k_2 C_{ES} \tag{4.31}$$

が成立する.また,全酵素濃度に関しては式 (4.27) が成立するので,式 (4.27) と式 (4.31) より,C_E を消去すると,

$$C_{ES} = \frac{C_{E0} C_S}{\frac{k_2}{k_1} + C_S} \tag{4.32}$$

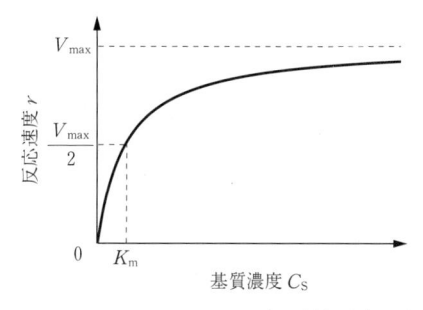

図 4.1 ミカエリス-メンテンの式に従う酵素反応速度

が導かれ，酵素反応の反応速度 r は，

$$r = r_P = k_{cat} C_{ES} = \frac{k_{cat} C_{E0} C_S}{\frac{k_2}{k_1} + C_S} \tag{4.33}$$

となる．反応速度 r は最大値 $V_{max} = k_{cat} C_{E0}$ とし，ミカエリス定数 $K_m' = k_2/k_1$ とすると，

$$r = \frac{V_{max} C_S}{K_m' + C_S} \tag{4.34}$$

が導かれる．この式（4.34）は前述の式（4.30）と同様であるが，ミカエリス定数の定義が異なる．

式（4.25）で示される酵素反応では，定常状態近似法を適用した場合と律速段階近似法を適用した場合の式の形は同じになるが，一般に，定常状態近似法を適用して導かれる式は，律速段階近似法を適用して導かれる式より複雑になり，適用範囲が広い．

e. 反応次数と限定反応成分

量論式は反応前と反応後の成分の物質量変化から導くことが可能であるが，素反応でない場合は，量論式から反応速度式を導くことはできない．この場合，活性中間体と反応に関与する素反応過程を仮定した上で，定常状態近似法や律速段階近似法を適用して試行的に反応速度式を導出し，反応速度式が実験から得られるデータと一致するかを確認する必要がある．一致しない場合は，活性中間体の存在や素反応過程の仮定を改め，再度，反応速度式の導出と実験データとの比較を繰り返すことになる．

一方，反応速度は反応成分濃度のべき乗の積の形で表されることも多いことが知られている．すなわち，量論式が式（4.1）となる反応の反応速度は，

$$r = k C_A^m C_B^n \tag{4.35}$$

の形で表現されることが多い．この場合の指数 m と n は整数とは限らず，また，0 である場合もある．反応速度式が式（4.35）で表現される場合，成分 A について m 次，成分 B について n 次，反応全体では $(m+n)$ 次の反応であるという．

なお，量論式が式（4.1）となる反応を行う場合，量論比 $a:b$ の反応成分 A と B を原料とした場合，反応が完全に進行した際には，反応成分を無駄なく使い切ることが可能となる．しかし，反応開始時に反応成分 A と B は必ずしも量論比どおりに反応を開始する必要はない．たとえば，反応速度が式（4.35）で示され，反応成分 B が A と比較して安価な場合には，安価な反応成分 B の濃度を高めることにより高い反応速度を得ることが可能となる．この場合，反応が完全に進行した際には反応成分 B が残存することになり，このような反応成分 B を過剰反応成分という．一方，反応が完全に進行した際にすべて消費される反応成分 A を限定反応成分という．

f. 反応速度定数

反応速度定数は温度によって著しく変化する値であり，アレニウスの式（Arr-

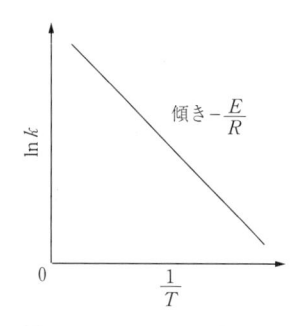

図 4.2 アレニウスプロット

henius equation)

$$k = k_0 e^{-E/RT} \tag{4.36}$$

に従うことが経験的に知られている．ここで，k_0 は頻度因子，E は活性化エネルギー [J mol^{-1}]，R は気体定数（$=8.314$ J mol^{-1} K^{-1}），T は温度 [K] である．また，アレニウスの式の両辺の対数をとると，

$$\ln k = \ln k_0 - \frac{E}{RT} \tag{4.37}$$

が得られる．したがって，縦軸に $\ln k$，横軸に $1/T$ とする図を描く（アレニウスプロット：Arrhenius plot）と，図 4.2 に示すように，右下がりの直線が得られ，その直線の傾き $-E/R$ から活性化エネルギー E の値を求めることができる．

4.2 反応器の種類と特徴

化学反応を行う装置である反応器は，槽型（tank type）と管型（tube type）に大別される．理想的には，槽型の反応器内は撹拌され，反応が均一に進行するのに対し，管型の反応器内では，流体が管内を流れるに従って反応が進行する．また，原料の添加方法により，回分操作（batch operation），連続（流通）操作（continuous operation），半回分（加）操作（semi-batch operation）に大別される．回分操作は槽型の反応器を用いるのに対し，連続操作は槽型と管型のどちらの反応容器を用いても行うことができ，連続操作される反応器を流通反応器（flow reactor）という．半回分操作には槽型の反応器が用いられる．

a． 回 分 操 作

回分操作は，図 4.3(a) に示すように，ビーカーやフラスコのような槽型の回分反応器（batch reactor）を用いて行われる．反応開始する前に触媒や反応成分を含む原料を反応器に入れ，反応の途中には反応器に原料を入れたり，生成物を出したりしない．反応器内での局部的な濃度や温度の偏りを防止するために，反応器内を撹拌するのが一般的である．そのため，理想的には反応器内の流体は完全に混合された完全混合流れ（mixed flow）であり，濃度は均一になっている．

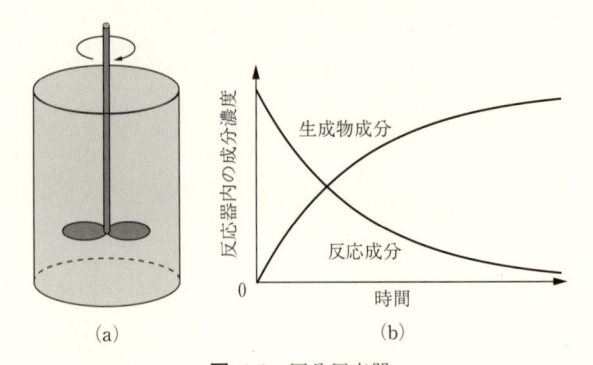

図 4.3 回分反応器
(a) 典型的な回分反応器，(b) 回分反応器内の成分の濃度変化．

　一定容積の回分反応器内の反応成分と生成物成分の濃度変化を同図 (b) に示す．回分操作では，時間経過とともに反応成分が減少し，生成物成分が増加する．反応速度が反応成分濃度に比例する場合などでは，反応初期は反応速度が高いが，反応が進行するにつれて，反応成分濃度が低下し，反応速度も低下する．また，逐次反応を回分操作で行った場合，反応中間体の濃度はいったん増加した後に減少する．目的とする物質が逐次反応の反応中間体である場合には，反応中間体の濃度が最も高いときに反応を終了する必要がある．

b. 槽型反応器を用いた連続操作

　一定容積の槽型反応器を用い，図 4.4(a) に示すように，反応成分を含む原料を一定流量で流入し，生成物を含む反応混合物を流出することにより，流通操作が可能になる．このような反応器を連続槽型反応器 (continuous stirred tank reactor：CSTR) という．理想的には，反応器内は撹拌などにより完全混合流れになっており，各成分の濃度は均一であり，反応器内部と流出する反応混合物の組成は常に同じである．用いられる流体が液体である場合や反応によって物質

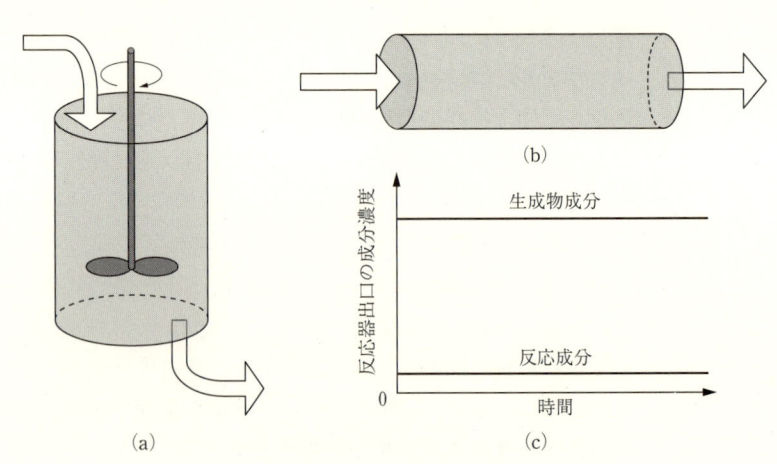

図 4.4 流通式反応器
(a) 典型的な連続槽型反応器，(b) 典型的な管型反応器，
(c) 流通反応器の出口での成分の濃度変化．

量変化がない気体である場合を定容系（constant volume system）といい，体積流量 v と反応流体の体積（反応器容積）V によって，流体が反応器に滞留する平均時間（空間時間 $\tau\ (=V/v)$ という）が決まる．

流通反応器（連続槽型反応器または後述の管型反応器）から流出する反応成分と生成物成分の濃度変化を同図（c）に示す．流入する流体の組成と温度が一定であれば，反応器内の反応速度は一定となり，流出する流体の組成も一定となる．

c. 管型反応器を用いた連続操作

典型的な管型反応器を図 4.4(b) に示す．管型反応器を用いた場合，一方の入口から反応成分を含む原料を一定流量で流入し，反応器内を流れるに従って反応が進行し，他方の出口から生成物成分を含む反応混合物が流出する．管内を流れる流体は，理想的には，ピストンのように押し出し流れ（plug flow）になっており，このような反応器を管型反応器（plug flow reactor：PFR）と呼ぶ．塔型の反応器であっても，反応器内の流体の流れが押し出し流れになっていれば，管型反応器と同じである．

管型反応器から流出する反応成分と生成物成分の濃度変化は，連続槽型反応器の場合と同様に一定になる（同図（c））．流通反応器を用いて触媒を用いた反応を行う場合には，触媒が反応器外に出ないように反応器内に保持する，あるいは反応器内の触媒量が常に一定になるように触媒を常に流入させる必要がある．

d. 半回分操作

半回分操作とは，図 4.5(a) に示すように，たとえば，攪拌した槽型反応器に反応成分を含む原料を流入しながら反応を行い，反応混合物を流出しない操作である．このような反応器を半回分反応器（semi-batch reactor）という．反応器内の反応成分および生成物の濃度変化の典型的な例を同図（b）に示す．反応器内の反応成分の濃度は一定に保たれるが，生成物成分の濃度は増加する．高濃度の反応成分を含む原料を用いると反応速度が高く，反応熱により反応の制御が困難になる反応や副生成物を生じる反応などの場合，高濃度の反応成分を含む原料を回分反応器や管型反応器を用いて行うことは困難であるが，反応成分の反応速

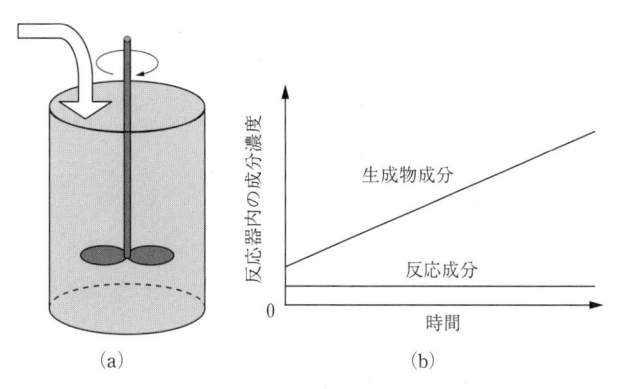

図 4.5 半回分反応器
(a) 典型的な半回分反応器，(b) 半回分反応器内の成分の濃度変化．

度と同じ速度で反応成分を流入する半回分操作により，反応成分の濃度を低く維持でき，また，生産物成分の濃度を高めることが可能になる．

4.3　定容系反応器の基本設計―設計方程式―

　反応器の基本設計は，反応器容積，反応器への物質の流入や流出速度，反応時間を設定することにある．図 4.6 に示すように，これらの値は反応器内での物質の変換速度（反応速度）に依存しており，反応器への物質の流入速度，反応器からの物質の流出速度，反応器内での物質の生成速度と蓄積速度によって定量的に次式のように表現できる．

$$\text{流入速度} - \text{流出速度} + \text{生成速度} = \text{蓄積速度} \tag{4.38}$$

この関係式は，任意の成分にも当てはめることが可能であり，たとえば，成分 A については，

$$\text{A の流入速度} - \text{A の流出速度} + \text{A の生成速度} = \text{A の蓄積速度} \tag{4.39}$$

となる．また，この考え方は，反応によって物質量が変化する気体反応などの非定容系についても当てはめることができるが，以下では，用いられる物質（流体）が液体である場合や反応によって物質量変化がない気体である定容系であり，反応器内の流れが完全混合流れや押し出し流れのような理想的な反応器について解説する．

　反応器に流入あるいは反応器から流出する全成分の体積流量を $v\,[\mathrm{m^3\,s^{-1}}]$，反応器に流入する成分 A の濃度を $C_{A0}\,[\mathrm{mol\,m^{-3}}]$，反応器から流出する成分 A の濃度を $C_A\,[\mathrm{mol\,m^{-3}}]$，反応器体積あたりの成分 A の生成速度を $r_A\,[\mathrm{mol\,m^{-3}\,s^{-1}}]$，反応器容積を $V\,[\mathrm{m^3}]$，反応器内の成分 A の物質量を $n_A\,[\mathrm{mol}]$，時間を $t\,[\mathrm{s}]$ とすると，式 (4.39) で示された成分 A の物質収支式は，

$$vC_{A0} - vC_A + r_A V = \frac{\mathrm{d}n_A}{\mathrm{d}t} \tag{4.40}$$

と表現できる．ここで，成分 A が反応成分の場合，左辺第 3 項は反応成分の反応速度であり，マイナスの値となる．また，右辺の $\mathrm{d}n_A/\mathrm{d}t$ は反応器内の成分 A の蓄積速度 $[\mathrm{mol\,s^{-1}}]$ を表している．

　以下では，この物質収支式を種々の反応器に適用する．

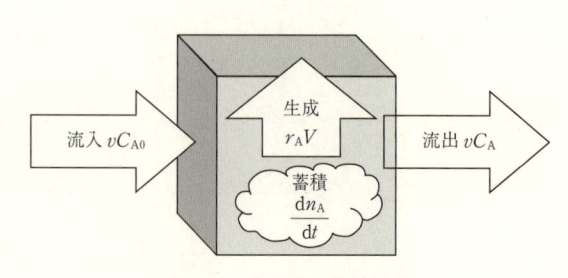

図 4.6　反応器の物質収支

a. 回分反応器

前述のように，回分操作は，反応途中で流体を入れたり出したりしないことである．すなわち，回分反応器では，式 (4.38)〜(4.40) の左辺第1項の流入速度と第2項の流出速度が0であり，回分反応器の物質収支は，

$$0 - 0 + r_\mathrm{A} V = \frac{\mathrm{d} n_\mathrm{A}}{\mathrm{d} t} \tag{4.41}$$

のようになる．また，反応器容積 V が一定である定容系の場合，

$$r_\mathrm{A} = \frac{\frac{\mathrm{d} n_\mathrm{A}}{V}}{\mathrm{d} t} = \frac{\mathrm{d} C_\mathrm{A}}{\mathrm{d} t} \tag{4.42}$$

のように変形できる．式 (4.42) を時間 t と成分Aの濃度 C_A に変数分離し，反応開始時 ($t=0$) に成分Aの濃度が $C_{\mathrm{A}0}$ であったものが，反応時間 t に成分Aの濃度が C_A になった場合，この区間で積分すると，回分反応器の設計方程式は次式のように導かれる．

$$t = \int_{C_{\mathrm{A}0}}^{C_\mathrm{A}} \frac{\mathrm{d} C_\mathrm{A}}{r_\mathrm{A}} = \int_{C_\mathrm{A}}^{C_{\mathrm{A}0}} \frac{\mathrm{d} C_\mathrm{A}}{-r_\mathrm{A}} \tag{4.43}$$

r_A は成分Aの反応速度であり，成分Aの濃度 C_A の関数である．r_A に C_A を変数とする反応速度式を代入すれば，右辺は積分することができ，反応時間 t と反応器内の成分Aの濃度 C_A の関係式を導出することができる．なお，成分Aが反応成分の場合には，$-r_\mathrm{A}$ は正となる．

b. 連続槽型反応器

定容系連続槽型反応器では，流体を一定の体積流量で反応器に流入し，それと同じ体積流量で反応器から流出する．また，反応器内は完全混合流れである場合，反応器内部や流出する反応混合物の組成は常に一定となる．このような状態を定常状態 (steady state) といい，反応器内での成分変化がなく，各成分の蓄積速度は0となる．したがって，連続槽型反応器の場合，式 (4.38)〜(4.40) の右辺が0であり，連続槽型反応器の成分Aの物質収支は，次式のようになる．

$$v C_{\mathrm{A}0} - v C_\mathrm{A} + r_\mathrm{A} V = 0 \tag{4.44}$$

また，式 (4.44) は，

$$\tau = \frac{1}{S_\mathrm{v}} = \frac{V}{v} = \frac{C_{\mathrm{A}0} - C_\mathrm{A}}{-r_\mathrm{A}} \tag{4.45}$$

のように変形できる．τ [s] は反応器内に流体が滞留している平均時間を表し，空間時間である．また，τ の逆数で表される S_v [s^{-1}] を空間速度という．成分Aの反応速度 r_A に成分Aの濃度 C_A を変数とする反応速度式を代入すれば，空間時間 τ または空間速度 S_v と反応器内の成分Aの濃度 C_A の関係式を導出することができる．

c. 管型反応器

理想的な槽型反応器内の流体は完全混合流れであり，反応器内の各成分の濃度は反応器のどこでも同じであるが，理想的な管型反応器内は押し出し流れになっており，流体が管型反応器の入口から出口を流れるに従って反応が進行し，各成

分の濃度も変化する．反応器内の各成分濃度は均一でないが，管型反応器の微小体積に関しては，式 (4.38)〜(4.40) の物質収支の考え方が成立し，微小体積内での各成分の蓄積速度（右辺）は 0 となる．すなわち，図 4.7 に示すように，微小体積 dV に成分 A の濃度 C_A [mol m^{-3}] の流体が体積流量を v [m^3 s^{-1}] で流入し，微小体積内で反応が進行し，成分 A の濃度が (C_A+dC_A) になった流体が体積流量を v [m^3 s^{-1}] で流出すると考えると，この微小体積での物質収支は，

$$vC_A - v(C_A+dC_A) + r_A dV = 0 \tag{4.46}$$

となる．式 (4.46) を反応器容積 V と成分 A の濃度 C_A に変数分離すると，

$$\frac{dV}{v} = \frac{dC_A}{r_A} \tag{4.47}$$

となる．管型反応器の入口（$V=0$）での成分 A の濃度が C_{A0} であった流体が体積 V まで進んだとき成分 A の濃度が C_A になった場合，この区間で積分すると，

$$\tau = \frac{V}{v} = \int_{C_{A0}}^{C_A} \frac{dC_A}{r_A} = \int_{C_A}^{C_{A0}} \frac{dC_A}{-r_A} \tag{4.48}$$

となる．τ [s] は空間時間であり，管型反応器の入口から出口までの所要時間である．

管型反応器と回分反応器では，反応器の形，操作方法，反応器内部での流体の流れは異なるが，管型反応器の設計方程式 (4.48) の右辺と回分反応器の設計方程式 (4.43) の右辺は同じ形になる．

d. 流通反応器の比較

n 次反応あるいはミカエリス-メンテンの式に従う酵素反応などでは，反応速度は原料濃度の増加に従って単調増加する．このような場合，反応成分の濃度 C_A と反応速度の逆数 $1/(-r_A)$ は図 4.8 の曲線のようになる．連続槽型反応器を用いてこのような反応を原料濃度 C_{A0} から C_A まで反応するのに必要な空間時間は，設計方程式 (4.45) より，図 4.8 中の四角 DEFG で囲まれた長方形の面積と同等である．一方，管型反応器を用いて反応した際の空間時間は設計方程式 (4.48) より，図 4.8 中の曲線と横軸で囲まれた DEFH の面積と同等である．すなわち，連続槽型反応器で行った際の空間時間は管型反応器で行った際の空間時間より常に大きくなることを示しており，反応成分が目的の濃度 C_A に達する時間は連続槽型反応器を用いるより管型反応器を用いた方が短いことを示してい

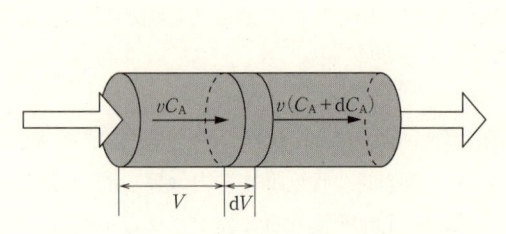

図 4.7 管型反応器内の微小体積での物質収支

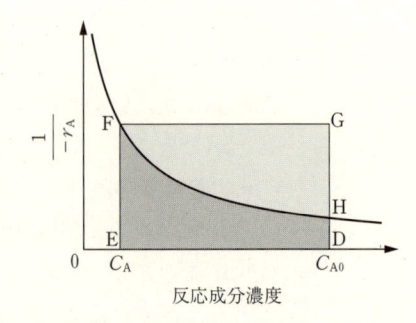

図 4.8 流通反応器の空間時間の比較

る．流体の体積流量が同じであるなら，連続槽型反応器より管型反応器の方が小型であり，流通反応器としては管型反応器の方が優れている．なお，回分反応器の設計方程式（4.43）の右辺と管型反応器の設計方程式（4.48）の右辺は同じであることから，回分反応器を用いて目的の濃度に達する反応時間は，管型反応器での同濃度に達する空間時間と同じであることを示している．

e. 半回分反応器

反応器内の初期流体体積 $V_0\,[\mathrm{m}^3]$ に反応成分を含む流体を一定の体積流量 $v\,[\mathrm{m}^3\,\mathrm{s}^{-1}]$ で反応器に流入しながら反応を行う半回分操作の場合，反応時間 $t\,[\mathrm{s}]$ 後，反応器内の反応混合物体積は $(V_0+vt)\,[\mathrm{m}^3]$ となる．また，反応器から流体を流出しない半回分反応器の物質収支は，式（4.38）～（4.40）の左辺第2項が0となり，半回分反応器の成分 A の物質収支式は，

$$vC_{\mathrm{A}0}-0+r_{\mathrm{A}}(V_0+vt)=\frac{\mathrm{d}n_{\mathrm{A}}}{\mathrm{d}t} \tag{4.49}$$

のようになる．一般に，半回分反応器の設計方程式（4.49）は非線形の微分方程式となり，数値解析によって解くことができる．

4.4 回分反応器を用いた反応速度解析法

反応速度式が既知である場合，反応器の設計方程式に反応速度式を代入することにより，反応器内の成分濃度を時間の関数として表現することが可能となる．逆に，反応器内あるいは反応器出口の成分濃度と時間の関係がわかれば，反応速度式を導くことも可能である．ここでは，定容系回分反応器を用いた反応速度解析について解説する．

a. 微 分 法

回分反応器を用いて反応時間と反応成分の濃度の関係を実測し，図4.9(a) のように反応成分の濃度を縦軸，時間を横軸としてグラフ化し，反応成分の濃度と時間の関係を示す曲線を描く．反応速度は時間の変化量あたり原料濃度の変化量

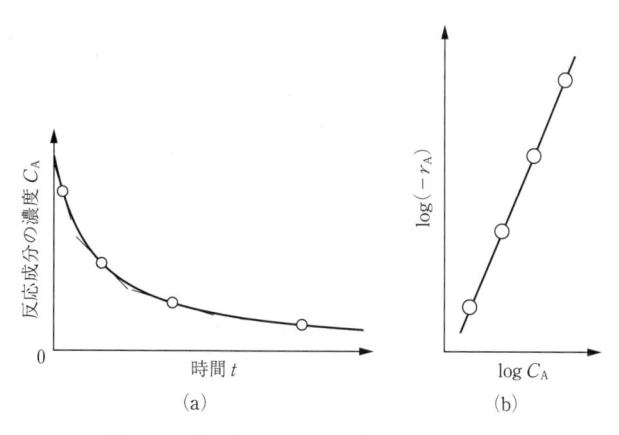

図 4.9 微分法による反応速度定数の求め方
(a) 定容系回分反応器での反応成分の濃度変化，(b) $\log(-r_{\mathrm{A}})$ と $\log C_{\mathrm{A}}$ の関係．

であるので，各時間での曲線の接線の傾きはその時間での反応速度を意味している．今，反応速度が次式のように原料濃度のべき乗で表されると仮定する．

$$-r_A = -\frac{dC_A}{dt} = kC_A^n \tag{4.50}$$

この式 (4.50) を回分反応器の式 (4.42) に代入しても同じ式になり，両辺の対数をとると，

$$\log(-r_A) = \log k + n \log C_A \tag{4.51}$$

となる．したがって，同図 (a) より求めた曲線の接線の傾きの対数値 $\log(-r_A)$ を縦軸，原料濃度の対数値 $\log C_A$ を横軸としてグラフ化した際に，同図 (b) のように直線になれば，式 (4.50) の仮定が満たされていることになり，この直線の傾きより反応次数 n が求めることができる．また，縦軸の切片は $\log k$ であり，反応速度定数 k を求めることができる．

b. 積 分 法

反応速度式が式 (4.50) のように原料濃度のべき乗で表されると仮定できる場合，回分反応器の設計方程式 (4.43) に反応速度式 (4.50) を代入し，積分すると，

$$kt = -\ln \frac{C_A}{C_{A0}} \quad (n=1) \tag{4.52}$$

$$kt = \frac{C_A^{1-n} - C_{A0}^{1-n}}{n-1} \quad (n \neq 1) \tag{4.53}$$

が得られる．

反応次数 $n=1$ を仮定した場合，式 (4.52) となり，$-\ln(C_A/C_{A0})$ を縦軸，反応時間 t を横軸としてグラフ化した際に，原点を通る直線となれば，仮定が満たされていることになる．この直線の傾きより反応速度定数 k を求めることができる．

反応次数 $n=2$ を仮定した場合には，式 (4.53) に $n=2$ を代入することにより，

$$\frac{1}{C_A} = kt + \frac{1}{C_{A0}} \tag{4.54}$$

が導かれる．$1/C_A$ を縦軸，反応時間 t を横軸としてグラフ化した際に，直線となれば，反応次数 $n=2$ の仮定が満たされていることになる．この直線の傾きより反応速度定数 k を求めることができる．

微分法では，反応次数を仮定することなく，グラフ化で得られた直線の式より反応次数と反応速度定数を同時に求めることが可能であるが，積分法では，反応次数を仮定する必要がある．しかしながら，微分法では，曲線より接線の傾きを求める際に，誤差を生じやすい．

c. 半 減 期 法

限定反応成分の濃度が半分になるのに必要な時間を半減期 $t_{1/2}$ という．反応速度が原料濃度のべき乗で表されると仮定できる場合，式 (4.53) に $C_A = C_{A0}/2$ を代入すると，半減期 $t_{1/2}$ は，

$$t_{1/2} = \frac{2^{n-1}-1}{(n-1)k} C_{A0}^{1-n} \tag{4.55}$$

と表され，両辺の対数をとれば，

$$\log t_{1/2} = \log \frac{2^{n-1}-1}{(n-1)k} + (1-n)\log C_{A0} \tag{4.56}$$

となる．すなわち，$\log t_{1/2}$ を縦軸，$\log C_{A0}$ を横軸としてグラフ化した際に，直線となれば，原料濃度のべき乗で表されるという仮定が満たされていることになる．この直線の傾き $1-n$ より反応次数 n，さらに，縦軸の切片 $\log[(2^{n-1}-1)/(n-1)k]$ より反応速度定数 k を求めることができる．

なお，反応次数 $n=1$ では，式 (4.52) より，

$$t_{1/2} = \frac{\ln 2}{k} \tag{4.57}$$

が導かれ，1次反応の半減期は反応成分の初期濃度に依存しないことわかる．

4.5 固体触媒反応

種々の化学反応において，多孔質の固体を触媒として用いることがある．このような場合，図 4.10 に示すように，反応成分は，①固体触媒表面に移動し，②固体触媒内部に入り，③固体触媒内部を拡散し，④固体触媒の触媒作用を受けて，反応成分が生成物成分に転換される．また，生成物成分は，⑤固体触媒内部を拡散し，⑥固体触媒表面に出て，⑦固体触媒表面から離れる．このように，固体触媒の表面近傍および固体触媒内部では反応成分や生成物成分の濃度は不均一で，大変複雑である．しかし，それぞれの過程の物質移動速度や反応速度は同じである（擬定常状態）と仮定すると，次のように解析することができる．

固体触媒が半径 R [m] の球状であり，固体触媒内部での触媒作用が均一であるとする．固体触媒表面での反応成分Aの濃度が流体中の反応成分Aの濃度よ

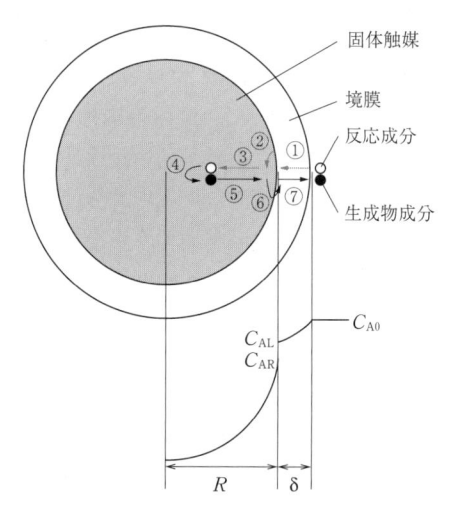

図 4.10 球形固体触媒における反応成分の濃度分布
①〜⑦本文参照．

り低い場合，濃度差に起因する反応成分Aの物質移動が生じ，流体中に溶解している反応成分Aが固体触媒表面に移動する．反応成分Aの濃度が流体中よりも低くなっている固体触媒表面近傍を境膜 (fluid film) といい，境膜の厚みをδ [m] とする．半径 r [m] ($R<r<R+\delta$, $\delta \ll R$) と $r+dr$ [m] ($dr \ll \delta$) で囲まれた微小球殻での反応成分Aの物質収支は，

$$(4\pi r^2 N_{AL})_{r=r} - (4\pi r^2 N_{AL})_{r=r+dr} = 0 \tag{4.58}$$

となる．ここで，N_{AL} [mol m^{-2} s^{-1}] は境膜での単位表面積あたりの反応成分の移動速度を示している．境膜での反応成分の移動は分子拡散に依存するものであり，移動速度は，

$$N_{AL} = -D_L \frac{dC_A}{dr} \tag{4.59}$$

で示されるフィックの拡散の法則に従う．ここで，D_L [m^2 s^{-1}] は境膜での反応成分の拡散係数を示しており，テイラー展開の第2項までで近似できるとすると，式 (4.58) は，

$$\left(-4\pi r^2 D_L \frac{dC_A}{dr}\right) - \left[-4\pi r^2 D_L \frac{dC_A}{dr} - \frac{d}{dr}\left(4\pi r^2 D_L \frac{dC_A}{dr}\right)dr\right] = 0 \tag{4.60}$$

となる．また，式 (4.60) を整理すると，

$$\frac{d}{dr}\left(4\pi r^2 D_L \frac{dC_A}{dr}\right) = 0 \tag{4.61}$$

となる．境膜外側 $r=R+\delta$ での反応成分の濃度を C_{A0}，固体触媒表面 $r=R$ での反応成分の濃度を C_{AL} とする境界条件を用いて，式 (4.61) を積分すると，

$$\frac{C_A - C_{AL}}{C_{A0} - C_{AL}} = \frac{R^{-1} - r^{-1}}{R^{-1} - (R+\delta)^{-1}} \tag{4.62}$$

となる．$\delta \ll R$ であるので，境膜での反応成分の移動速度は，

$$N_{AL} = \frac{D_L}{\delta}(C_{A0} - C_{AL}) = -k_L(C_{A0} - C_{AL}) \tag{4.63}$$

と表現できる．ここで，k_L [m s^{-1}] は境膜物質移動係数であり，D_L/δ で与えられる．境膜物質移動係数 k_L は流体の粘度，密度，流速や固体触媒の大きさなどによって異なり，特に，流体の撹拌の強さや流速を高めると境膜の厚さ δ が小さくなるので，境膜物質移動係数 k_L は大きくなる．

固体触媒表面に到着した反応成分は固体触媒内部に移動するが，固体触媒表面の外側と内側での環境が大きく異なる場合，固体触媒表面の外側と内側の反応成分には濃度差が生じる．外側と内側の反応成分に平衡関係が成立する場合，濃度比は分配係数 K_d [-] によって定義される．

$$K_d = \frac{\text{固体触媒表面内側の反応成分濃度 } C_{AR}}{\text{固体触媒表面外側の反応成分濃度 } C_{AL}} \tag{4.64}$$

反応成分の分配係数 K_d は，反応成分の立体障害，反応成分と固体触媒との静電的相互作用や親水・疎水的相互作用などによって影響され，反応成分が高分子の場合や，反応成分と固体触媒が静電的に反発する場合は $K_d<1$ となり，反応成分と固体触媒が静電的に，あるいは疎水的相互作用によって引き合う場合は

$K_d > 1$ となる.また,固体触媒表面の外側と内側の反応成分の濃度が同じ場合には,$K_d = 1$ となる.

固体触媒表面内側の反応成分 A は,さらに固体触媒内部に移動するとともに,固体触媒内部では触媒作用によって減少する.半径 r $(0 < r < R)$ と $r + dr$ $(dr \ll r)$ で囲まれた微小球殻での反応成分 A の物質収支は,

$$(4\pi r^2 N_A)_{r=r} - (4\pi r^2 N_A)_{r=r+dr} + 4\pi r^2 dr \cdot r_A = 0 \qquad (4.65)$$

となる.ここで,$N_A \, [\mathrm{mol \, m^{-2} \, s^{-1}}]$ は固体触媒内部での単位表面積あたりの反応成分 A の移動速度を示しており,$r_A \, [\mathrm{mol \, m^{-3} \, s^{-1}}]$ は単位体積あたりの反応成分 A の反応速度を示している.固体触媒内部での反応成分 A の移動速度も境膜での拡散 (式 (4.59)) と同様な式

$$N_A = -D_{eA} \frac{dC_A}{dr} \qquad (4.66)$$

で表現できるとする.ただし,固体触媒内部の反応成分 A の拡散は複雑であり,分子拡散だけでは説明することは困難であるため,式 (4.66) では固体触媒内部を反応成分 A が拡散する状態を総括的に表現する有効拡散係数 $D_{eA} \, [\mathrm{m^2 \, s^{-1}}]$ が用いられる.また,反応速度が反応成分 A に対し,

$$r_A = -kC_A \qquad (4.67)$$

で表現できる1次反応の場合,式 (4.66) と式 (4.67) を式 (4.65) に代入し,整理すると,

$$\frac{D_{eA}}{r^2} \frac{d}{dr}\left(r^2 \frac{dC_A}{dr}\right) = kC_A \qquad (4.68)$$

となる.

$r = R$ では,
$$C_A = C_{AR} \qquad (4.69)$$

$r = 0$ では,
$$\frac{dC_A}{dr} = 0 \qquad (4.70)$$

が境界条件として与えられる.また,式 (4.68) に $C_A^* = C_A/C_{AR}$,$r^* = r/R$ を代入して無次元化すると,

$$\frac{1}{r^{*2}} \frac{d}{dr^*}\left(r^{*2} \frac{dC_A^*}{dr^*}\right) = \phi_m^2 C_A^* \qquad (4.71)$$

$r^* = 1$ では,
$$C_A^* = 1 \qquad (4.72)$$

$r^* = 0$ では,
$$\frac{dC_A^*}{dr^*} = 0 \qquad (4.73)$$

ただし,
$$\phi_m = R\left(\frac{k}{D_{eA}}\right)^{1/2} \qquad (4.74)$$

となる.$\phi_m \, [-]$ はチーレ数 (Thiele modulus) と呼ばれる無次元数であり,ϕ_m を2乗した値は,固体触媒内部の反応速度と拡散速度の比を表している.C_A^* は

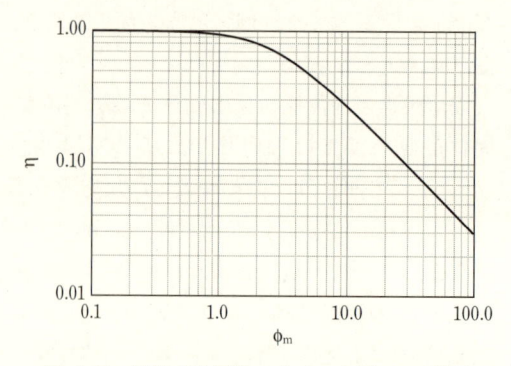

図 4.11 触媒有効係数 η とチーレ数 ϕ_m の関係

ϕ_m と r^* の関数として表現できることがわかる.

固体触媒を用いた反応では固体触媒内部での反応成分濃度が低下するため, 観察される見かけの反応速度は, 固体触媒内部での反応成分濃度の低下がない場合よりも低下する. 固体触媒を用いた場合の反応速度の低下の程度は, 次式で定義される触媒有効係数 η [-] によって示される.

$$\eta = \frac{\text{実際に観測される反応速度(見かけの反応速度)}}{\text{固体触媒内部の反応成分濃度が均一であり固体触媒表面と同じであると仮定したときの反応速度}} \tag{4.75}$$

したがって, 1 次反応の固体触媒の有効係数は,

$$\eta = \frac{\left(4\pi R^2 D_{eA} \dfrac{dC_A}{dr}\right)_{r=R}}{\dfrac{4}{3}\pi R^3 k C_{AR}} = \frac{\left(3 \dfrac{dC_A^*}{dr^*}\right)_{r^*=1}}{\phi_m^2} \tag{4.76}$$

となる. また, 式 (4.76) の解析解は,

$$\eta = \frac{3}{\phi_m}\left(\coth \phi_m - \frac{1}{\phi_m}\right) \tag{4.77}$$

となる. η と ϕ_m の関係を図 4.11 に示す.

触媒有効係数 η は, 触媒が有効に使用されている割合とも理解できる. たとえば, $\eta = 0.1$ の場合は, 固体触媒の触媒機能の 10% が有効に機能している場合と同等である. 固体触媒が 100% の触媒機能を発揮していないのは, 固体触媒表面から中心に近いほど反応成分濃度が低くなり, 固体触媒内部での反応速度が低くなるためである. 反応速度が拡散速度に比べて小さい, すなわち, 反応成分の拡散の影響が無視できる状態では ϕ_m が小さくなり, η は 1 に近づく. 一方, 拡散速度が反応速度に比べて小さい状態では ϕ_m が大きくなり, η は $1/\phi_m$ に比例する.

固体触媒を用いた反応器の設計

固体触媒の表面近傍に形成される境膜内の物質移動抵抗が無視できる場合, 固体触媒を用いた反応器の物質収支は, 4.3 節で扱った反応器の物質収支と基本的に同様であるが, 反応速度は, 式 (4.75) で定義される触媒有効係数 η を掛けた速度になる. また, 反応は固体触媒で行われ, 反応器中の存在する反応溶液の体積は, 反応器容積から固体触媒の体積を引いた体積に相当する. すなわち, 回分

反応器を用い，固体触媒反応を行った場合の物質収支は，

$$\eta r_A (1-\varepsilon) V = \frac{dn_A}{dt} \tag{4.78}$$

となる．ただし，εは空隙率（固体触媒を含む溶液の体積中の溶液体積の割合）である．また，反応器中の溶液体積はεVであり，反応溶液の濃度は，

$$C_A = \frac{n_A}{\varepsilon V} \tag{4.79}$$

であるので，式 (4.78) に式 (4.79) を代入すると，

$$\eta r_A (1-\varepsilon) V = \varepsilon V \frac{dC_A}{dt} \tag{4.80}$$

したがって，設計方程式は，

$$t = \frac{\varepsilon}{\eta(1-\varepsilon)} \int_{C_A}^{C_{A0}} \frac{dC_A}{-r_A} \tag{4.81}$$

となる．

また，連続槽型反応器を用い，固体触媒反応を行った場合の物質収支は，

$$vC_{A0} - vC_A + \eta r_A (1-\varepsilon) V = 0 \tag{4.82}$$

となる．また，空間時間を $\tau = V/v$ とすると，設計方程式は，

$$\tau = \frac{V}{v} = \frac{1}{1-\varepsilon} \frac{C_{A0} - C_A}{-\eta r_A} \tag{4.83}$$

となる．なお，溶液が反応器に滞留している平均時間は $\varepsilon\tau = \varepsilon V/v$ である．

さらに，管型反応器を用いて，固体触媒反応を行った場合の設計方程式は，

$$\tau = \frac{1}{\eta(1-\varepsilon)} \int_{C_A}^{C_{A0}} \frac{dC_A}{-r_A} \tag{4.84}$$

となる．

練習問題

4.1 定常状態近似法を用い，次の反応機構で進行する酵素反応の反応速度式を導出せよ．

$$E + S \underset{k_2}{\overset{k_1}{\rightleftarrows}} ES \underset{k_4}{\overset{k_3}{\rightleftarrows}} E + P$$

4.2 回分反応器を用いて1次反応（$-r_S = k_1 C_S$），2次反応（$-r_S = k_2 C_S^2$），あるいはミカエリス-メンテンの式に従う酵素反応を行った場合，反応時間と反応器内の基質濃度 C_S の関係を示す式を導出せよ．また，連続槽型反応器（CSTR）あるいは管型反応器（PFR）を用いて1次反応，2次反応，あるいはミカエリス-メンテンの式に従う酵素反応を行った場合の空間時間と反応器出口の反応成分（基質）濃度 C_S の関係を示す式を導出せよ．なお，回分反応器の初期反応成分（基質）濃度，CSTR あるいは PFR の反応器入口の反応成分（基質）濃度を C_{S0} とする．

4.3 反応の生成物が触媒となり反応を促進する自触媒反応は，次のように表すことができる．

$$A \xrightarrow{C(触媒)} C + D, \quad -r_A = k C_A C_C$$

CSTR と PFR を1台ずつ直列に接続して，この反応を行う．反応成分のほとんどが消費される場合，空間時間を最も短くするには，CSTR と PFR のどちらを上流に設置すべきかを答えよ．また，上流側の反応器の出口での反応成分の濃度

を答えよ．なお，原料の成分 A，C の濃度をそれぞれ C_{A0}，C_{C0} とする．

4.4 CSTR を用いてミカエリス-メンテンの式に従う酵素反応を行った．基質濃度 1.0 mol m^{-3} の溶液を，空間時間が 100 s になるように反応器入口から供給したところ，反応器出口の基質濃度は 0.5 mol m^{-3} であり，空間時間が 200 s になるように反応器入口から供給したところ，反応器出口の基質濃度は 0.2 mol m^{-3} であった．反応速度パラメータ K_m と V_{max} を求めよ．なお，酵素は反応器内に均一に固定化されており，空隙率 $\varepsilon=0.5$，触媒有効係数 $\eta=1$ とする．

4.5 PFR を用いて，問題 4.4 と同様な実験を行い，同様な結果が得られた場合の反応速度パラメータ K_m と V_{max} を求めよ．

5. 粉体工学

　「粉」（powder）の各種のハンドリングに際して特有の注意が要求されることは，たとえば小麦粉で料理をして難儀したことがある人ならば，誰もが経験的に知るところだろう．否，むしろ，そのハンドリングの難しさ自体が粉特有の性質そのものであると言い切ってもよいのである．

　粉の工業的なハンドリングに関連する知見群や装置設計法は，単位操作の中では慣例的には「機械的（系）単位操作」へ分類されることが多かった．そしてそれらが緩やかに束ねられながら数十年の時を経て「粉体工学」（powder engineering）という化学工学の一大分枝分野を形成してきた．

　「粉体工学」という用語自体は，取り扱い対象が「粉」であるということをごく単純に反映しているだけであり，「粉およびそのハンドリングに関連する知見の集合」程度のボーダーレスな意味合いで使われることが多い．それゆえ，いざ「粉体工学」を1学習者として最低限身につけようと考えたときに，一体何をどのように勉強すれば必要な基礎を習得できるのか皆目見当がつかない，という戸惑いを多くの座学者にもたれるのは至極当然であり，これはまさに粉体工学の学習の難しさの核心を突いている．また，現在，「粉体工学」という大枠の分類の下でなされるさまざまな研究群は，その対象，手法のいずれにおいてもあまりにも多岐にわたっており，座学者のための基本的な学習アイテムとしては適切ではない部分も多い．その意味においても，本章で取り上げることができる項目は自ずときわめて限られている．

　そこで，この小章では，ごく普通の粉を「巨視的」にハンドリングする必要に迫られた際に，一般的に取り扱い者として知っておく必要がある粉体の特性評価手法を糸口にして解説を行う．以下では，粉体の振る舞いの一般的な特徴と，それに直接に関係する粉体の構造的特徴を考えてみようと思う．

　一般的な粉体工学そのものに関しては，『化学工学便覧』（丸善），『粉体工学便覧』（日刊工業新聞社）の各版をはじめとして，充実した全般的・網羅的な解説や知識の集約書はすでに豊富に出回っており，本章はそれらの代替をしうるものではない．分量のごく限られた本章のねらいは，長い星霜に耐えて今なお粉体のハンドリングに際して汎用されるクラシカルかつ必須の少数の典型的計測法を題材に取り上げ，その計測原理を化学工学の学部課程の必修アイテムからの積み上げとして一応は理解可能な形で詳しく説明することである．

　むろん，本章に記された内容だけで学習内容が十分ということはありえない．しかし，本書を含むこのシリーズのコンセプトは「基礎から理解する」ことである．継続的な自学のためには，この初動段階での「理解できたという心象や感触」が何よりも重要であることは筆者も痛感するところである．

工業操作として粉を扱う者ならば「ああ，それは聞いたことがある！」と思うような基本的な計測法や，その際に必ず使われる式の根幹の部分を，ペンと紙をかたわらに，「ああ，それはそういうことだったのか！」と納得しながら読んでいただき，さらには今後の意欲的な自学の助走者としていただければ，それこそはまさに筆者の強く願うところである．

5.1 「粉」の「特徴」とは

たとえば，教室で白墨を握った後の掌をぱんと打ち合わせると，白煙のようなものが打った掌を中心にして四散するのが観察される．わたしたちはこのような状態をごく当たり前に，「それは粉っぽい」と表現するだろう．では，改めて問うてみよう．わたしたちはどのような状態のことを指して，「それはいかにも粉である」と表現するのだろうか．

目の前に乾いた粉砂糖が小山のように盛られたところを想像してみよう．わたしたちが何もせず，また，実際に何も起こらなければ，その盛られた粉砂糖の山はそのままの状態をずっと保つだろう．ふうっと息を吹き掛けると，粉砂糖の一部分は煙のようになって吹き飛ばされ，もともとあった位置とは異なる位置へゆっくりと落ちるだろう．このことから，静止状態にある「粉の構成要素」の間には，相互に静止摩擦力が作用していることが示唆される（これは，通常は水を小山のように盛って静止させておくことはできないのとは対照的な，モノとしての様態である）．

このことから，粉の構成要素（挙動の単位）は，集合して相互に接触した際には要素間に静止摩擦力が作用するような固体（粒子・粒）であり，「粉」という表現は，それらが無数に集まった状態を指し示すものだ，と考えられる．さらに，それらの粒状の要素は，吹き掛けられた息のような運動する流体に強く影響を受け，容易に動く（位置を変える）傾向があることがわかる．周囲の流体の運動（量）は粒子の表面を介して「力」という形で伝わることを考えると，それらの個々の固体粒子の重量は，周囲の流体へ露出した固体粒子の表面の総量に対して相対的に小さいことが予想される．このことは粒子の比表面積（単位重量あたりの表面積）が「大きい」ことを示しており，これは粒子が「小さい」ときに実現される状態である．したがって，粉・粉体とは，「小さく，かつ相互に離散的に運動する傾向がある固体の粒の集合体」がなす巨視的状態，もしくはそのような状態を巨視的に呈するものの「総称」であると考えられる．実際，顕微鏡などのわたしたちの官能器官の延長線上にあるような道具の力を借りて粉の一部分を拡大して観察・計測を行うと，上記のような描像は妥当なものであることが見て取れる．

上のような記述はあまりにも当たり前のことであるように思われるかもしれない．しかし，ここであえてこのような書き方をしたのには強い理由がある．観察される巨視的な状態や挙動からその「構造」を描き出すことは，決して「当たり

前」の作業ではない（たとえば，理工系の学生でなくても，蚊取り線香からくるくると立ち上る白い煙が小さい浮遊粒子と一般にとらえられることは知っているだろうが，幼いころ，わたしたち自身の多くが，自らの観察経験のみに基づいてそのような認識をもっていただろうか．筆者にはそうは思えない）．

粉体に限らず，わたしたちがさまざまな未知の対象物を目の前にしたときには，その対象物になにがしかの測定を施し，その測定を通じて得られた数値をその対象物の「特性の指標」として利用する．わたしたちはその日常的な「作業フロー」にあまりにも慣れてしまっており，そこで立ち止まって指標化を行うことの意味を考える習慣をややもすると失う傾向にある．しかし，たとえば先述の「手をぱんと打ち合わせたときに白煙のように四散する」粉を特徴づけ，指標化して，それらの差異化（区別すること，もしくは，区別を可能にすること）を図ろうとするならば，わたしたちは一体具体的に何をみて何をするべきなのだろうか．「基礎から理解する」ことを本シリーズが標榜する以上，ここではあえてそのようなラディカルな自問が必要だと考えるのである．

この問題には，近年の「科学」にまつわる一般的な状況が深く関係していると筆者は考えている．筆者自身の経験を思い返しても，筆者が大学に入学して学生となり，工学と呼ばれる学問分野に自身で関与するようになってから現在までわずか20年程度しか経たないが，その間の種々の理化学的測定技術の進歩と「手軽化」はまさに瞠目すべきものである．

とりわけ，わずか数十年前まではその機会を得ること自体が困難とされていた微細な構造の拡大観察，すなわち種々の顕微鏡観察が，当時からは想像もできなかったほど普及した．この結果，わたしたちは粉体を拡大して画像化し，その要素（個々の粒子）の相貌をとらえる，といういわばビジュアル系のイメージングスタイルにいささか過剰に慣れてしまったように思う．

しかし，個々の要素たる粒子の姿をとらえることは，それ自体としてわたしたちに「粉の正体」の形態をイメージさせてくれるという意義があるとしても，粉体がまさにわたしたちの目の前の「巨視的な粉体」としてどのように振る舞うのかを理解することとは根本的に異なることである．

実際に巨視的な量（それこそ匙1杯の粉砂糖の量の調整から，トン単位でのホッパ車へのセメント粉の荷積みまで）の粉体を操作する際に必要とされる知見は，あくまでもその粉体の巨視的な振る舞いにおいて指標化される必要がある．なおかつ，クラシカルな粉体の特性の指標化手法が利用できる情報源はあくまでも粉体の巨視的な振る舞いである．そして，現在でも工業技術の一環としての粉体の特性評価は，そのような粉体の巨視的な振る舞いを出発点にしている．しかし，時の趨勢もあり，そのような古典的な粉体評価手法は，その洗練され，かつ優れた測定原理がていねいに顧みられる機会がしだいに減っており，現実はブラックボックス化したマシンのスイッチ操作に帰着してしまいがちだ．

そこで，あえて本章では，わたしたち誰もが体験として「粉の特徴」として認識する巨視的現象（「粉のつまり」と「粉の沈降」）に焦点を絞り，そこから粉の

構成要素であるところの粒子を特徴づける数値を算出する手法を理解することを目標とする.

5.2 「つまった粉」の振る舞いから何がわかるか
―ダーシーの式とコゼニー-カルマンの式―

粉っぽい環境でフィルタや細管を使用すると粉のつまりが起こりやすいことは,経験的にもよく知られている.流体とともに運動する粉はフィルタや細管といった微細な拘束空間へ入り込み,強制的にその粒子の数密度が高い状態に置かれることになる.そのような状況下では,相互にその表面が接触した粒子は互いに運動を拘束・抑止するようになり,運動は停止する.いったんこのような状態が起こると,強制的に粒子を除去しない限り,後続の粒子はフィルタや細管を通過することができなくなる.いかにも理屈っぽい話だが,たとえば蒸留水をいくらたくさん沪布に通してもこのような「つまり」が全く起こらないことを考えると,「つまり」という現象は粉体を含む系こそに特徴的な現象である,ということができる.

「つまり方」が,いったんつまりが起こった後に流体が流れる際の「流れ方」に反映されていると考えるのは,自然な発想である.実際,わたしたちは,つまった粉が,「いったんつまると手に負えない粉」であるか,「簡単に除去できる粉」であるかを,そのつまり方から予測できることが多いことを知っている.ではこの「つまり方」という巨視的な粉の挙動を,わたしたちはどのように指標化すればよいだろうか.

つまった部分(以下,これを粉体層と呼ぶ)に強制的に空気を流そうとするとき,わたしたちは粉体層の片端に空気を押し込もうとするだろう(図5.1).他の一端はたいてい大気に対して開放されている.つまり,粉体層の一端側の圧力は,他の一端のそれと比較して大きく,かつ,空気は圧力の高い側から低い側へ

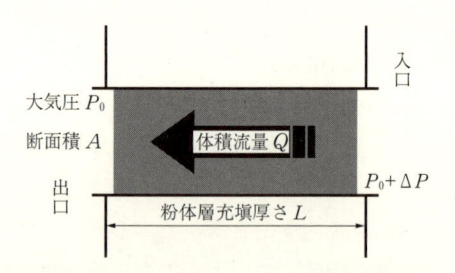

図 5.1 粉体層に空気を流したときの被測定量の関係
断面積 A の直管内に厚さ L だけ粉体を充填する.片方(入口)の圧力を他方(出口)の圧力よりも ΔP だけ高くすると,粉体層内を体積流量 Q で流体が透過する.「つまり」の程度が大きい場合,同じ ΔP に対して Q は小さくなる. ΔP は圧力損失と呼ばれ,実験での被測定量である.

5.2 「つまった粉」の振る舞いから何がわかるか—ダーシーの式とコゼニー-カルマンの式—

流れる．

　上記の圧力差（以下，これを圧力損失と呼ぶ）と，これにより強制的に流される空気の体積流量をそれぞれ ΔP, Q とする．誘引される Q は，ΔP およびほかの粉体層や流れる流体（ここでは空気と考えてよい）を特徴づける各種の条件パラメータとどのような量的関係にあるかを考えてみよう．

　ΔP が 0 のとき，空気は全く流れず，Q は 0 であろう．また，ΔP が十分に小さい場合は，Q は ΔP に比例すると考えてよいであろう（逆に，このような比例関係が成立するような範囲内で測定を行うべきであるということである）．さらに，粉体層の断面積 A は Q と比例関係にあるだろう．これは，互いに同等な粉体層をたとえば 2 つ並列に並べれば，同じ ΔP に対して Q が 2 倍になるはずだという考え方である．一方，もしも互いに同等な粉体層を 2 つ直列に並べれば，同じ Q に対して ΔP は 2 倍になると考えられる．このことから，ΔP は粉体層の厚さ L に比例するはずだ．これらの考えを式にまとめると，

$$\Delta P A \propto LQ \quad \text{すなわち} \quad \Delta P \propto \frac{LQ}{A} \tag{5.1}$$

となる．さらに，一定の力を掛けたときに流れが誘引される程度は，流体によって異なる．「一定の流れを誘引するのに必要な力の程度」を表す指標を粘性率（粘度）と呼び，ここではこれを記号 μ で表そう．ここでは，空気を流そうとする「力」は ΔP によって代表されていると考えられる．したがって，μ の効果を式（5.1）へ加味すると，次式のようになる．

$$\Delta P \propto \frac{\mu LQ}{A} \tag{5.2}$$

上記の比例・反比例関係の組み合わせの表式は，しばしばダーシーの式（Darcy's law）と呼称される．ここで，圧力損失 ΔP，粘性率 μ，粉体層厚さ L，体積流量 Q，粉体層断面積 A をそれぞれ，電圧降下，抵抗率，導線の長さ，電流，導線の断面積と読み替えれば，これはオームの法則（Ohm's law）そのものになることに気づいておこう．

　次に，式（5.2）の比例係数を具体的に導くことを考えよう．以下，この導出に当たっては，つめられた粉の状態がその過程へ反映されるような方法を意図的にとるので，飛ばさずに順に通読していただきたい．

　今，内断面積 A の管に厚さ L で粉がつまっているとしよう．この粉体層に空気（流体）を流すことが可能でなくてはならないので，この粉体層の見かけ体積（嵩体積）AL のうち，いくらかの割合は空隙でなくてはならない．この空隙の体積割合（空隙率，空間率）を ε（ただし，$0 < \varepsilon < 1$）としよう．むろん，ε は粉のつまり方により，たいてい 0.1~0.9 くらいの間に収まる．ε が極端に 0 もしくは 1 に近い値をとることは少なくともまれである．

　計算のために，粉の構成粒子の総真体積 εAL の空隙を，N 本の相互に同等な直管型の空隙に見立ててみよう（図5.2）．それらの直管型空隙は粉体層の厚さ方向へ相互に平行に並んでいるとすると，すべての直管型空隙の長さは粉体層の

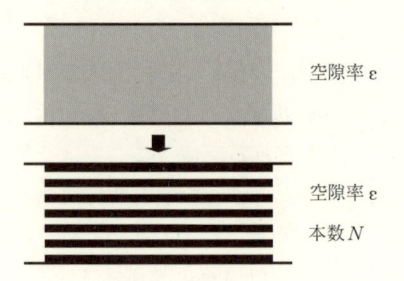

図 5.2 直管モデル
空隙率 ε の粉体層を，N 本の同等な直管状空隙が束となってできる空隙率 ε のレンコン状多孔構造と見なす．ただし，粉体層の断面積 A や厚み L といった巨視的な幾何学的条件は一定であるとする．

厚さ L に等しくなる．さらに，1 本の直管型空隙の体積は $\varepsilon AL/N$ となる．よって，直管型空隙の断面積は $\varepsilon A/N$ である．簡単のために，直管の断面形状は半径 r_p の円であるとすると，次式が成り立つ．

$$\pi r_p^2 = \frac{\varepsilon A}{N} \tag{5.3}$$

今，この粉体層を流れる空気の体積流量は Q であるから，上記の直管内を流れる空気の平均速度は $Q/\varepsilon A$ となる（これは，直管型空隙が相互にすべて同等であると仮定することによって正当化される考え方であることに後で気づいておこう）．

ここで，層流域での管内流れの最も基本的な表現式であるハーゲン-ポアズイユの直管内流れ（ハーゲン-ポアズイユ流れ：Hagen-Poiseuille flow）の圧力損失式を思い出そう（この関係式は何はともあれ非常に重要である．名前だけでもよいので覚えておこう）．

$$(圧力損失) = \frac{8(流れる流体の粘性率)(円管の長さ)(流体の平均速度)}{(円管の半径)^2} \tag{5.4}$$

式 (5.4) に上述の諸条件を当てはめ，1 本の直管型空隙での圧力損失を計算すると，次式のようになる．

$$\Delta P = \frac{8\mu L \left(\dfrac{Q}{\varepsilon A}\right)}{r_p^2} \tag{5.5}$$

この式 (5.5) 自体が前出のダーシーの式の形をとっていることに気づいておこう．今，S_v を粒子の単位真体積あたりの表面積（体積基準の比表面積）であるとし，断面積 A，厚さ L の粉体層につめられた真体積 $(1-\varepsilon)AL$ の粉体の全表面積が N 本の直管の側面の総面積に相当すると考えると，次式の関係が与えられる．

$$(1-\varepsilon)ALS_v = 2\pi r_p LN \tag{5.6}$$

式 (5.3) と式 (5.6) から r_p を消去して N について解くと，次式のように N が与えられる．

$$N = \frac{(1-\varepsilon)^2 A S_v{}^2}{4\pi\varepsilon} \tag{5.7}$$

また，式 (5.3) からの $r_\mathrm{p}{}^2 = \varepsilon A/\pi N$ を式 (5.5) の右辺の分母へ代入した後，式 (5.7) を用いて N を消去すると，最終的に圧力損失 ΔP の表式として，次式を得る．

$$\Delta P = 2\frac{(1-\varepsilon)^2 \mu L Q S_v{}^2}{\varepsilon^3 A} \tag{5.8}$$

式 (5.8) は，粉体工学の教科書にはほぼ必ず載っているコゼニー-カルマンの式 (Kozeny-Carman equation) そのものである．ただし，右辺の係数 2 は通常ある係数（コゼニー定数：Kozeny constant）に置き換えられており，経験的には 5 程度であるとされている．つまり，粉の構成要素である粒子間の隙間を相互に完全に同等な直円管状空隙の束に見立てた場合よりは，いくぶん実際の流路抵抗が大きめで，すなわち，空気は流れづらいということである．これは，円管がつるりとしているのに，対照的に実際の粉の粒は表面が凸凹していることに起因しているのだろうと（なんとなく直感的に）思ってしまいがちだが，この推測は正当化できるだろうか．この点は章末の練習問題で考えてみよう．

ここで，直管の総数を表す式 (5.7) の意味するところを，粉体層の実際の具体的な構造と関連させて考えてみよう．粒子の単位真体積あたりの表面積 S_v は，粒子の大きさとどのように関係しているだろうか．少し思い切った単純化だが，仮に，粉がすべて互いに等しい径の真球状の粒子からなっているとする．この粒子半径を a とすると，1 つの粒子の体積は $4\pi a^3/3$ であるから，単位真体積あたりの粉に含まれる構成粒子の個数はその逆数，すなわち $3/4\pi a^3$ である．ここで，1 つの粒子の表面積は $4\pi a^2$ であるから，S_v は次式のように与えられる．

$$S_v = \left(\frac{3}{4\pi a^3}\right)(4\pi a^2) = \frac{3}{a} \tag{5.9}$$

式 (5.9) を式 (5.7) へ代入すると，次式のようになる．

$$N = \frac{9(1-\varepsilon)^2 A}{4\pi\varepsilon a^2} \tag{5.10}$$

したがって，

$$\left(\frac{A}{N}\right)^{1/2} = \left(\frac{4\pi\varepsilon}{9(1-\varepsilon)^2}\right)^{1/2} a \tag{5.11}$$

式 (5.11) の左辺に現れる A/N は直管 1 本に割り当てられる粉体層の断面積であるから，その平方根 $(A/N)^{1/2}$ は直管 1 本が占める面積のおおよその寸法に相当すると考えられる．式 (5.11) の右辺を ε で微分するとすぐわかるように，$(4\pi\varepsilon/9(1-\varepsilon)^2)^{1/2}$ は ε の単調増加関数であり，ε が 0.1～0.9 程度の常識的な値をとる場合，たかだか 10^0 の桁の大きさである．すなわち，直管 1 本が占める断面はせいぜい粒子 1 つ相当の大きさであり，このことから，「粒子間の隙間を直管と見なす」という考え方からコゼニー-カルマンの式が出てくると考えても間

違いはないことが示唆される．ここで，式 (5.8) へ式 (5.9) を代入して S_v を消去すれば，

$$\Delta P = \frac{18(1-\varepsilon)^2 \mu L Q}{\varepsilon^3 a^2 A} \tag{5.12}$$

となり，直接測定量である圧力損失 ΔP は推定粒子半径 a に関係づけられる(コゼニー-カルマンの式 (5.8) 中の係数には 2 ではなく慣用的に 5 が用いられることに対応して，実際には式 (5.12) の係数は 18 ではなく，45 程度の値が使われる)．粒子半径 a 以外のパラメータが一定であれば，粒子が小さいほど目づまりがきつい (ΔP が大きい)，ということになる．これは，わたしたちの経験的理解と合致していると考えてよいだろう．

なお，コゼニー-カルマンの式の適用領域に関しては，成書にほぼ必ず説明が載っている．要は，空気などのありふれた気体が「均一流体」と見なすことができるスケールであればコゼニー-カルマンの式は信用できるが，それよりも小さい粒子の層が対象となるときは異なるアプローチが必要になるということである．これに関しては，興味のある諸氏には自学を恃みたい．

5.3 「沈む粉」の振る舞いから何がわかるか

透明な水槽に澄んだ水を張って静置し，その水面の上から泥を薄く溶いた水をスポイトで滴下してみよう．滴下された泥が水中でどのような挙動をみせるだろうか．

スポイトの尖端を離れた泥水の滴はまず自由落下し，肉眼では結構な速度で勢いよく水中へ突入する．そのとたん，泥の速度は瞬時に小さくなり，その後はゆっくりと水中を沈んでいくだろう．その過程で，相対的に速く沈む部分と遅く沈む部分があり，泥の縦（鉛直）方向の広がりは時間の経過に伴って増す．粗い泥は早めに沈み，細かい泥はゆっくりと時間をかけて沈むことは経験的によく知られている．

以下では，前節と同じように，泥の構成要素を粒子であると考えることによって，このことを説明してみよう．

今，粒子は半径 a，密度 ρ_p の真球状の微小固体であると考える．この粒子が一定密度 ρ_f の静かな（流れのない）流体に浸されて速さ u で鉛直下向きに沈降しているとき，この粒子には下記のような複数の種類の力が働いていると考えられる（図 5.3）．

① 重力
② 浮力（粒子の表面にかかる静水圧の合力）
③ 流体抵抗力

重量化速度を g とすると，重力，浮力の大きさはそれぞれ，$4\pi a^3 \rho_p g/3$，$4\pi a^3 \rho_f g/3$ で与えられる．ただし，重力は鉛直下向きであるのに対して浮力は鉛直上向きである．流体抵抗力は，ストークスの流体抵抗式（Stokes equation：$f = 6\pi \eta a$

5.3 「沈む粉」の振る舞いから何がわかるか

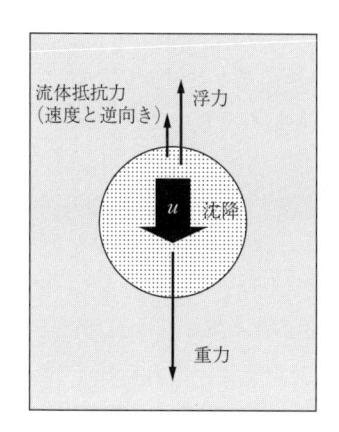

図 5.3 静止した流体の中を粒子が速さ u で沈降する様子
粒子にかかる力は，まわりの流体の有無にかかわらず作用する重力（体積力，鉛直下向き），粒子表面の各部にかかる静水圧の合力としての浮力（鉛直上向き），粒子の運動方向とは逆向きに作用する流体抵抗力である．自然沈降は鉛直下向きに起こるので，この場合は流体抵抗力は鉛直上向きに作用する．

を用いると $6\pi\mu a u$ で与えられ，その向きは鉛直上向きである．ここで，μ は流体の粘性率を表す．ただし，この流体抵抗式の適用範囲に関しては，後で再考を行うことにする．時刻を記号 t で表せば，鉛直下向きに速さ u で沈む球状粒子の運動方程式は，次式のように与えられる（1階非斉次の線形常微分方程式）．

$$\frac{d}{dt}\left(\frac{4\pi a^3 \rho_p}{3} u\right) = \frac{4\pi a^3}{3}(\rho_p - \rho_f)g - 6\pi\mu a u \tag{5.13}$$

今，球状粒子が一定の速さで沈降しているとすると，式 (5.13) の左辺は 0 になる．このときの u を定常沈降速度（均衡速度）という．これを u_{st} と表すと，

$$u_{st} = \frac{2(\rho_p - \rho_f)a^2 g}{9\mu} \tag{5.14}$$

となる．式 (5.14) は，密度が同じ同種の粒子ならば，定常沈降速度 u_{st} は粒子の径の 2 乗に比例することを示しており，さらに，これは上記の「細かい泥ほどゆっくり沈む」というわたしたちの経験的事実と合致している．

では，実際に u_{st} がどの程度の値になるか，ごく大雑把に計算してみよう．ほぼシリカからなる泥の粒子の密度はたいてい約 2×10^3 kg m^{-3} と考えてよい．また，流体は水であるとすると，密度，粘性率はそれぞれおおむね 1×10^3 kg m^{-3}，1×10^{-3} Pa s である．重力加速度は 1×10^1 m s^{-2} としてよいだろう．粒子半径 a をたとえば 5 μm，すなわち 5×10^{-6} m とすると，式 (5.14) により u_{st} は約 6×10^{-5} m s^{-1} と計算される．これは，1 cm だけ沈降するのに約 3 分かかる速さ（普通の大きさのコップくらいの深さであれば約半時間）であり，肉眼で観察するのはいささか難儀ではあるが，一定間隔の目印などをつけて計時すれば容易に測定できる程度の速さである．もし粒子の半径がこの 10 倍の 50 μm まで大きくなるとすれば，式 (5.14) によると u_{st} は上記の場合の 100 倍の約 6×10^{-3} m s^{-1}

となる．これは，1秒間に6 mm沈降するということであるから，肉眼でみても「結構速い」と感じるくらいの速さであろう．

　通常の人間の視力で「形」がはっきりとらえられる下限は大体100 μmであるから，目をこらせばみえるくらいの大きさの粒子は，わたしたちの感覚としては「わりあい速く沈んだり浮いたりする」のだと考えてよい．むろん，その密度が分散流体の密度と接近しているときは沈降や浮上の速度は劇的に低下する．逆に，粒子の半径が5 μmの1/10の0.5 μmまで小さくなると，u_{st}は約6×10^{-7} m s^{-1}まで小さくなり，これでは1 cmの沈降に約5時間かかってしまうことになる．こうなると，さらに粒子径をその1/10の0.05 μm（すなわち50 nm）まで下げると，わずか数cmの沈降に年単位の時間がかかることになり，およそこのようなことが実際に可能とは到底思えない（たとえ沈降が起こったとしても，数か月に1回の地震が起きればもとの木阿弥である）．

　実は，粒子が小さくなっていくと，それらが散らばる傾向が増大していく．たとえば，ポリスチレンラテックスなどは光学顕微鏡で1 000倍近くまで倍率を上げれば粒子が観察できるが，それらは（分散安定性が確保されていれば）容器の底へ沈降したりせず，水中に均一に散らばっている．種々の慎重な考察は必要だが，砂糖水中の砂糖（砂糖分子）が長時間の静置のうちにしだいに下方へ沈み，下の方が濃くなって上方の部分よりも甘くなる，などということは起こらないというのと基本的には同じと考えてよい．

　このような「散らばる傾向」は，まさに「モノがしだいに拡散する傾向」として，わたしたちが巨視的にとらえることができる現象なのであるが，これを説明するからくりはここでは紹介しきれない．ただ，粒子状物体の拡散の速さを表す指標量である拡散係数の算出の仕方は紹介しておこう．

　拡散係数をDで表すと，これは次式のように与えられる（アインシュタインの関係式：Einstein's equation）．

$$D = \frac{k_B T}{\xi} \tag{5.15}$$

ただし，ここで，k_B，T，ξはそれぞれ，ボルツマン定数（Boltzmann constant），絶対温度，流体抵抗係数である．ストークスの流体抵抗式をξに当てはめれば，

$$D = \frac{k_B T}{6\pi\mu a} \tag{5.16}$$

である．経過時間がt_{lapse}であるとき，その間の拡散による移動距離はおおむね$\sqrt{Dt_{lapse}}$である．今，仮に，1昼夜（$\simeq 1.0 \times 10^5$ s）の間に起こる沈降と拡散の距離が相等しくなるような粒子径条件を求めてみよう．これを求めるには，以下の代数方程式を解けばよい（室温領域であれば，$k_B T$は4×10^{-21} J K^{-1}としてよい）．

$$u_{st} t_{lapse} = \frac{2(\rho_p - \rho_f) a^2 g}{9\mu} t_{lapse} = \sqrt{Dt_{lapse}} \tag{5.17}$$

これを解くと，半径aの値は約50 nmになる．すなわち，半径50 nm程度の泥（成分上はシリカに近い）の粒子であれば，日単位静置してもその沈降距離くら

いはばらけてしまう（拡散する）ので，明確な沈降現象自体が起こるとはいいがたいのである．

次に，水中へ突入した瞬間の速さは観察される沈降現象にどの程度影響するのかを考えてみよう．式 (5.13) は下向きの速さ u に関する 1 階非斉次の線形常微分方程式であって，数学の必修事項である定数変化法を使えば，容易に次式のような指数関数を含んだ解を得ることができる．

$$u(t) = u(0)\exp\left(-\frac{9\mu}{2\rho_p a^2}t\right) + \frac{2(\rho_p - \rho_f)a^2 g}{9\mu}\left\{1 - \exp\left(-\frac{9\mu}{2\rho_p a^2}t\right)\right\}$$
(5.18)

ただし，上式 (5.18) 右辺第 1 項中の $u(0)$ は速さ u の初期値であり，この場合は，水中へ突入した瞬間の速さと考えてよい．式 (5.18) 中の指数関数は強い減衰関数であるので，$u(0)$ の u への影響は急速に消失することがわかる．この減衰の時定数の逆数は $2\rho_p a^2/9\mu$ であり，$u(0)$ の影響がほぼ消失するのにかかる時間である．上記の半径 a が $5\,\mu m$ の場合にこの減衰時間を計算すると約 $1\times 10^{-5}\,s$ であり，非常に短い．このようにして，実際の巨視的な沈降現象の観察において，初速度の影響はほとんどないと考えてよい粒子の大きさの範囲を推測することができる．

最後に，ストークスの流体抵抗 $6\pi\mu au$ の適用範囲を考える．流体中の球体のレイノルズ数（球レイノルズ数）Re は，次式のように計算される（化学工学の学習上，これは重要項目である！　記憶のあやふやな人も，これだけは復習しておこう）．

$$Re = \frac{(球体の運動の速さ)(代表長さとしての運動する球体の直径)}{\dfrac{(流体の粘性率)}{(流体の密度)}}$$
(5.19)

定常沈降の場合，球体の運動の速さは u_{st} であるから，式 (5.19) は次式のようになる．

$$Re = \frac{2au_{st}}{\dfrac{\mu}{\rho_f}} = \frac{4(\rho_p - \rho_f)a^3 \rho_f g}{9\mu^2}$$
(5.20)

ストークスの流体抵抗式は，経験的には Re が 6 未満であれば成り立つとされている．もっともこの 6 という境界値は実験的に求められ，かつ経験的に大きな誤差はないとして使われている値であって，成書によりその値は 1 であったり 2 であったり 10 であったりと，一定はしていない．しかし，これらはすべてクリーピングフロー (creeping flow) という，粘性力が圧倒的に流れを支配 (dominate) する領域の上限レイノルズ数の目安，ということであって，いずれにせよそこでは球レイノルズ数が 10^0 のオーダーに収まっている．筆者の経験では，上記の境界値の 6 を使って問題はない場合がほとんどのようだ．さて，式 (5.20) が 6 に等しくなるときの球体の半径 $a_{boundary}$ を求めれば，

$$a_{boundary} = \left(\frac{27\mu^2}{2(\rho_p - \rho_f)\rho_f g}\right)^{1/3}$$
(5.21)

である．これに上記の水中の泥の沈降の場合の各パラメータ値を代入すれば 5×10^{-5} m となる．これは直径にして 0.1 mm に相当し，人間の肉眼ではっきりみえる大きさのほぼ下限である．すなわち，水中での泥の沈降の場合，目でみえるような大きさの粒の沈降にはストークスの流体抵抗式は適用できないということになる．式 (5.21) をみればすぐわかるように，$a_{boundary}$ は分散媒体の粘性率 μ を大きくすればその 2/3 乗に比例して急激に増加する．

実際，水に平均分子量 1×10^4 g mol^{-1} 程度の比較的低分子量のポリエチレングリコール (PEG) などの易溶性高分子を溶かすことにより，分散媒体の密度 ρ_f はあまり変えないまま，容易に分散媒体の粘性率 μ を水の 10^3 倍程度まで増加させることが可能である．仮に μ だけが 10^3 倍に増加すれば $a_{boundary}$ は 10^2 倍になる．Re が 6 より大きい場合は順にアレン域 (Allen regime)，ニュートン域 (Newton regime) と呼ばれ，ストークスの流体抵抗式とは異なる「抵抗係数」（通常，成書では C_D と表記されることが多いようだ）を当てはめる．ストークス域 (Stokes regime) は完全層流領域，ニュートン域は完全乱流領域，アレン域はその中間の遷移的な領域であるととらえてよい．

静止した流体中を 1 方向に並進運動する球体をめぐる流体力学 (hydrodynamics) の問題は，簡単なようであっても，実は一般の学習者に完全に理解可能な理論があるのは完全層流域のストークスの流体抵抗式だけであり，実際はアレン域とニュートン域の抵抗係数はほぼ経験的に与えられたものであると考えておいてよいだろう．それらの具体的な記述は化学工学および流体力学関連の古典的なテキストにはほぼ必ず載っているので，それらの成書に譲る（多くの場合，球体粒子の抵抗係数の球レイノルズ数依存性の図が掲載されている）．

練習問題

5.1 5.2 節で用いた「直管の集まりモデル」（図 5.2 参照）で，直管型空隙が相互にすべて同等であるときに限り，各空隙を通過する流体（空気）の速度が相等しいことを説明せよ（ヒント：ハーゲン-ポアズイユの式 (5.4) をみて考えよ）．

5.2 5.2 節において，式 (5.8) に関し，一般にコゼニー定数が 2 ではなくて 5 であることが言及されている．この説明を試みよ（ヒント：体積と全長が共通の直円筒型空隙を考えよう．片方は径が場所によらず一定，もう一方は径が場所によって変わるとする．同じ体積流量の流体を流すとき，どちらの圧力損失が大きいだろうか．ハーゲン-ポアズイユの式 (5.4) を用いて考えよ）．

5.3 5.3 節では「浮力」が沈降する粒子に作用する力の一つに含まれている．粒子の表面にかかる静水圧の合力が，粒子の浸漬により排除される量の流体に作用する重力に等しいことを示せ（ヒント：粒子表面での内向き単位法線ベクトルに粒子表面に作用する圧力の大きさを乗じたものを粒子表面全体で面積分し，これにガウスの発散定理 (Gauss divergence theorem) を当てはめよ）．

5.4 式 (5.13) から式 (5.14) を導け．

5.5 式 (5.14) へ本文中の各パラメータを代入し，粒子半径が 5 μm の定常沈降速さ約 6×10^{-5} m s^{-1} を実際に求めよ．

5.6 式 (5.17) へ式 (5.16) を代入し，1 昼夜での定常沈降距離と拡散距離が等しく

なるような粒子の径が約 50 nm になることを示せ．

5.7 定数変化法により 1 階非斉次の線形常微分方程式 (5.13) を解き，その解であるところの式 (5.18) を実際に得よ．

6. 分 離 工 学

6.1 分離操作の特徴

a. 分離操作とは

　分離（separation）操作は，混合物から目的物を分別して回収（recovery），あるいは不要物を除去（removal），場合によっては濃縮（concentration）する操作である．目的物質が複数種類ある場合には，分画（fractionation）ということもある．また，目的物質の濃度が高い場合には，純度を上げるという意味で精製（purification）と呼び，ほぼ純粋な状態で分離することを単離（isolation）ということもある．化学反応生成物や天然物をわれわれの生活で役立つ製品とするためには，反応生成物の分離・精製操作が必須のものであることは，医薬品の生産プロセスなどを考えれば容易に理解できよう．また，多くの製造業で利用している工業原料の多くは，鉱物や化石資源，植物材料などの天然資源を，さまざまな方法で分離・精製して純度を高めたものである．

　混合物のままでは事実上利用価値のない物質や，機能が著しく低下してしまう物質も多く存在する．一方，わずかでも混入すると，重大な障害を及ぼす物質も多く，反応操作と分離操作は1対のものと理解するべきかもしれない．なお，分析（analysis）は，物質を構成する，あるいは物体に含有されている元素や分子の種類，濃度，構造を調べることであり，分析に際して分離操作を必要とすることが多いことにも留意してほしい．

b. 分離操作の分類

　物質の分離手法は，平衡過程（equilibrium process）を利用する方法（equilibrium-controlled separation）と，速度過程（rate process）を利用する方法（kinetics-controlled separation）に大別される．前者は，一定時間経過後は，分離の特性が時間に依存しないのに対して，後者は，分離性能が時間に依存し，十分な時間の後にはその一部が再び混合してしまうことも多い．同じ分離手法でも，操作方法によっては平衡支配から速度支配の分離に変わることもある．

　① 平衡過程を利用した分離操作：　平衡過程を利用した分離操作では，種々の相への対象物質の変化の仕方の相違を利用する方法と，分離相（剤）と呼ばれる第3の物質を加えて，3種類の物質間の相互作用の相違を利用する方法がある．

　以下，各分離手法について簡単に説明する．

　(1) 相変化を伴う方法

　・蒸留（distillation）：　液体混合物中の成分ごとの気液平衡関係の相違を利用して特定成分を分離する手法．工業的には最も汎用的な分離プロセス．

・蒸発（evaporation）：　不溶性の固体（溶質）を含む液体を気相に変化させて除去し，固相を取り出す手法．
・乾燥（drying）：　固相中の液体成分を昇温して除去する手法．
・晶析（crystallization）：　液相中の特定成分の結晶を選択的に析出させることにより分離・精製する方法．
・昇華（sublimation）：　不揮発性物質に含まれる揮発性物質を固相から気相に変化させることにより分離・精製する方法．
(2) 分離相（剤）を加える方法
・ガス吸収（gas absorption）：　混合気体を液体と接触させ，特定成分を液相に溶解させて分離する方法．
・吸着（adsorption）：　固体と気体，あるいは，固体と液体が接するとき，気体分子あるいは溶質分子が固体表面に付着する現象を吸着と呼ぶ．その吸着平衡関係が分子種によって異なることを利用した分離方法．各種クロマトグラフィーもこの範疇に含まれるものが多い．
・抽出（extraction）：　固体または液体に含まれている特定成分を溶液（抽剤）に選択的に溶解させて分離・回収する方法．溶解度（溶解平衡）の相違を利用した分離方法．
・その他（光，超音波，流れ場）：　外部から液体中の固体混合物に対して，光場（光圧の勾配），音場（超音波定在波），流れ場（流速分布）などを分離場として加えることにより，特定の大きさ・比重・形状の固体粒子や巨大分子を分離するような手法も提案されている．
② 速度過程を利用した分離
・沪過（filtration）・膜分離（membrane separation）：　気体あるいは液体中の固体粒子や分子を多孔性の膜あるいは沪材を用いて，その大きさ・表面特性によって膜（沪材）を通過する時間が異なることを利用した分離方法．分離相を加えることによる平衡過程を利用した分離になる場合もある（遮りを利用した分離と表現される場合もある）．
・電気泳動（electrophoresis）：　気体に溶解している分子混合物あるいは懸濁している粒子混合物に対して，外部から分離場として電位勾配を付与したとき，その表面電荷や大きさに従って，移動速度が異なることを利用した分離法．電荷をもたない物質の場合でも，誘電率の相違を利用して分離することができる．その場合は，誘電泳動（dielectrophoresis：DEP）という．
・磁気分離（magnetophoresis）：　外部から磁場を与えたときの液体中の分子・粒子ごとの移動度の相違を利用して分離する方法．
・遠心分離（centrifugation）：　主に液体中の分子・粒子の遠心場における移動速度の相違を利用した分離方法．
・沈降分離（sedimentation）：　重力場における粒子の沈降速度の相違を利用した分離．

c. 分離のエネルギー

工場の高い煙突から立ち昇る煙を眺めていると,風がなくても自然に広がって,やがてみえなくなる.コーヒーに入れたミルクは攪拌しなくてもやがて均一に混ざってしまう.このような現象を拡散（diffusion）と呼んでいるが,熱力学の第二法則の一つの表現法である「エントロピーの増大の法則」（9.4節参照）が説明するところと合致している.図6.1に示したように,2種類の物質を箱に入れて仕切板をとると,十分な時間の後には,完全にランダムな状態まで混合してしまう.結果としてエントロピー（乱雑さ）は増大している.

逆に,物質を分離するということは,その系のエントロピーSを減少させることになる.物質Aと物質Bからなる合計1 molの混合物（それぞれのモル分率をx_A, x_Bとする）を温度一定で分離したときのエントロピー変化量ΔSは,物質AおよびBの変化量の和として表され,次式のようになる.

$$\Delta S = [S - S_0]_A + [S - S_0]_B = R x_A \ln x_A + R x_B \ln x_B \tag{6.1}$$

このとき,分離に要する最小仕事量（エネルギー）Wは,全体のギブズの自由エネルギー変化ΔGであるので,

$$W = \Delta G = -T\Delta S = -TR x_A \ln x_A - TR x_B \ln x_B \tag{6.2}$$

となる.ここで,Tは絶対温度,Rは気体定数である.右辺の対数の値が負（$0 < x_A, x_B < 1$）であるため,Wの値は正である.特に,濃度差が大きい場合（$0 < x_A \ll x_B \fallingdotseq 1$）,すなわち,物質Aが物質Bにわずかだけ混入しているときは,式(6.2)の第2項は無視できるので,物質A（x_A mol）1 molあたりの分離に必要なエネルギーは,

$$W = -TR \ln x_A \tag{6.3}$$

となり,濃度が下がると,物質Aの単位量を分離するのに必要なエネルギーは上昇する.

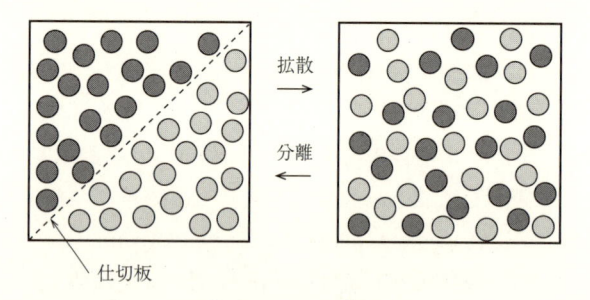

図 6.1 拡散と分離
2種類の物質を収めた箱の中の仕切板を取り去ると,十分な時間の後には,両者は完全に混合している.これは拡散と呼ばれる現象で,熱力学の第二法則の一つの表現形式であるエントロピーの増大の法則の教えるところである.したがって,拡散の逆操作である分離は自発的には起こらず,もとの状態に戻すためには仕事（エネルギー）が必要となる.

d. 分離のコスト

工業製品の製造において，分離・精製のコストは製品価格と密接な関係がある．天然資源の場合には，重さあたりの原料価格には大きな相違がなく，地球上で採掘・採取される原料中の目的物質の存在比が低いほど，価格が高くなることが知られている．たとえば，水は天然でも純度99.9%以上の原料が入手可能であり，一方，わが国における水道水の価格は0.1円/kg程度（一般家庭，2012年，東京都）である．これに対して，天然の重水の存在比は$0.015\% = 1.5 \times 10^{-4}$程度であり，価格は$10^4$円/kg以上である．金は，鉱石の段階での含有率は$3 \times 10^{-6}$程度であり，価格は$2 \sim 6 \times 10^6$円/kg程度である．

また，近年，生産量の増えているバイオ医薬品の価格に関しても，細胞培養後の培養液中の濃度が低いほどその後の精製コストが高いために，最終製品価格が高くなるという明確な負の相関があることが指摘されている．これらの例は，化学品の製造プロセスにおいて，分離・精製プロセスの重要性を示すものである．さらに，低濃度の不純物を取り除いて高純度化する技術も重要で，半導体の製造に必須のシリコン単結晶の製造原料である三塩化シランは，蒸留によって純度99.999 999 9%（ナインナイン）まで精製している．

e. 環境技術としての分離

上述のように，分離・精製は，化学・材料に関連する産業において，製品の品質向上に必須の技術である．その効率化や省エネルギー化に企業の命運が掛かっているといっても過言ではないかもしれない．

しかし，分離・精製技術は製造技術という側面だけでなく，環境技術としても決定的な役割を果たすことになると考えられている．持続可能な（サステイナブルな）社会をつくるためには，資源の再利用が必須であることはいうまでもないが，そのことは，製造した製品をいかにして分別して，再資源化するかを意味している．石油・石炭などの化石燃料に代表される枯渇性資源に頼った製造業から，バイオマスのような再生可能資源に基づく社会への変革が叫ばれている．製品や製造廃棄物を分別（分離）・精製して自然環境に返すためにも，分離・回収して再資源化・再利用するためにも，分離技術の進展に期待するところは大きい．近年，話題となっているレアメタルやリンの枯渇の問題も，枯渇性資源と考えて消費するのか，再生可能な資源と考えて循環利用するのかで，結果は大きく異なると考えられる．

f. 分離操作の高度化

一般的には，ほとんどの分離操作では回分操作と連続操作が可能である．前者は，少量あるいは多品種の処理に適しており，装置スケールも比較的小さいものの，装置内が非定常となるために，運転開始と終了時の操作が煩雑となる．他方，後者は，少品種の大規模運転に適しており，いったん立ち上げてしまえば，定常状態を維持するための操作を行えばよいので，比較的少人数で操作ができ，自動化も容易である．目的に合わせて使い分ける必要がある．

また，分離操作では，分離係数を向上させるために，同じ操作を直列に連結す

ることにより多数回の操作を繰り返すカスケード操作（装置），あるいは，装置内に構造上の工夫を加えることにより多数回の操作と類似の効果が生まれるようにする多段操作（multi-stage operation）を行っている．装置的な工夫には，実際に多数の段構造を有する棚段接触型装置（plate contactor）と，不規則で連続的な構造を利用した微分接触型装置（differential contactor）に大別される．

　化学工学では，b項で示した蒸留，吸収などの分離操作をそれぞれ個別の「単位操作」と考えて，詳細な設計理論を構築してきている．実際，個別に議論すべき点も多くあるが，化学工学全体を俯瞰するという本書の趣旨に鑑み，学習上の効率も考えて，蒸留，ガス吸収，液液抽出についてのみ，以下に詳述する．蒸留は棚段接触操作，ガス吸収は微分接触操作，液液抽出はカスケード操作を説明するための題材として取り上げている．ここで紹介しなかった分離操作については，参考文献を参照されたい．

6.2 蒸　　留

　蒸留は，液体から気体への変化，すなわち，揮発の容易さによって液体混合物を分離する手法で，相変化を利用した物質分離法の一種である．液体を加熱するだけの簡便な手法であるにもかかわらず，比較的精密な分離も可能であり，大量操作，連続操作にも適している．このため，実験室だけでなく工業的にも広範な目的で利用されている．

a. 蒸留の例

　蒸発という現象は，日常生活でもしばしば遭遇する．夏の暑い日に，屋外に撒いた打ち水が短時間で気化する様子や，揮発した酒や食酢から発せられるアルコ

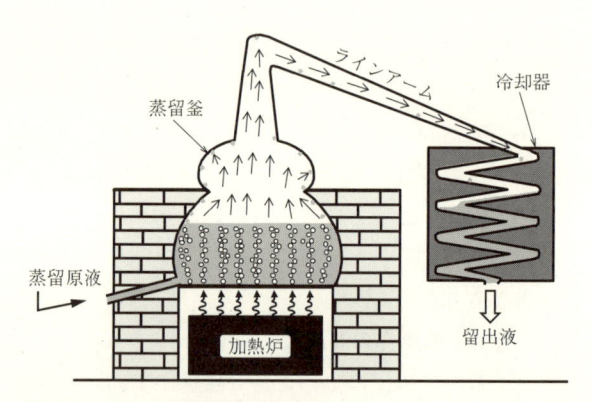

図 6.2　ウィスキー工場の蒸留釜（サントリーホームページより改変）
蒸留釜の形状はメーカーや工場ごとに少しずつ異なっている．特に，上部の首（ネック）の形状には，ノーマルなストレート型以外に，膨らみがあるランタン型，バルジ型などがあり，冷却器（全縮器）とつなぐためのラインアームと呼ばれる管の角度なども，ウィスキーの香りに影響を与えている．

ールや酢酸あるいは各種エステル類の香りや，香水やシャンプーなどの香り，多くの液状の食品から発する匂いなども，快・不快にかかわらず，揮発した液体が気体として空気中に存在していることを認識させるものである．

　このような液体状の物質の分離・精製には，工業的には蒸留が多用されている．たとえば，ウィスキー，ブランデー，焼酎のような蒸留酒の製造には，その名のとおり，蒸留が必須の操作である．通常のアルコール発酵（微生物を利用した糖からアルコールへの変換）では，主にアルコールの阻害のために，数％〜10数％の濃度のエタノールしか蓄積できない．発酵だけでつくられたワイン，ビール，日本酒などのアルコール飲料は醸造酒と呼ばれていて，広く飲用されているが，発酵液をさらに蒸留することによって，アルコール濃度（度数）の高い飲料をつくることができる（図6.2）．

　エタノール（沸点78℃）と水（沸点100℃）では，エタノールの方が蒸発しやすいので，加熱していくと，揮発しやすいエタノールの方が水より多く蒸発し，発生した蒸気を冷却するとエタノール数十％（度）の酒をつくることができる．これを繰り返すことによって，90％以上に濃縮することも可能である．同時に，蒸発しにくい成分は除去されるので，風味の異なった酒になるのはご承知のことかもしれない．

　一方，ガソリン・灯油に代表される石油化学製品は，原油（crude oil）と呼ば

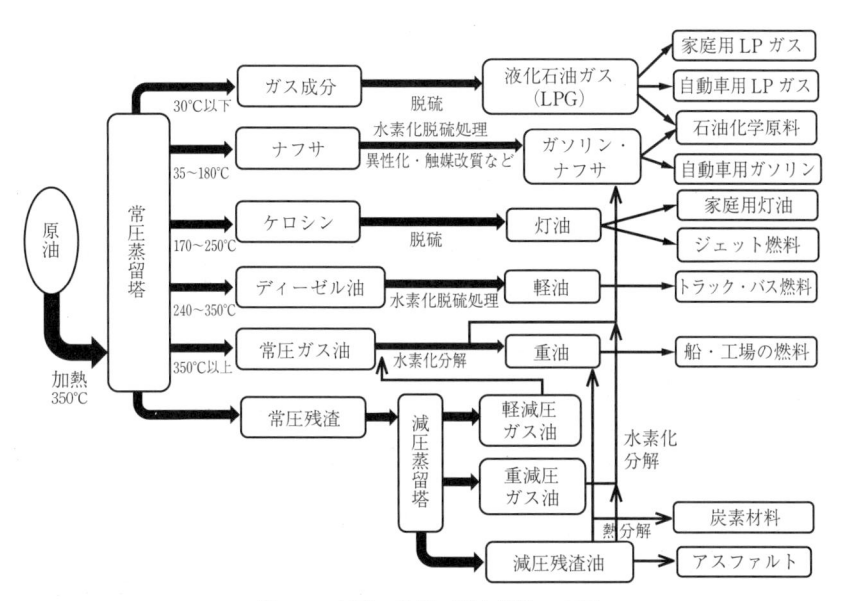

図 6.3　原油の精製工程と製品の利用

　原油から精製された石油製品の内訳は，50％近くが灯油・軽油・重油，約40％がガソリン・ナフサ，約10％が液化石油ガス（LPG）で，アスファルトなどとして利用される割合はわずか1％程度にすぎない．現在，日本国内で必要とされる原油の量は，2億m^3を超えているが，その99.6％以上を輸入に頼っており，わが国はアメリカに次ぐ世界第2位の原油輸入大国である．しかも，その80％以上は，遠く中東地域から大型タンカーに載せて日本に運び，精製を行っている．蒸留技術を核とする原油の精製技術は，日本の産業を根幹で支えている．

れる油田から採掘した液体を，蒸留装置と各種の分解・精製装置を組み合わせて分離・精製することによって製造されている（図6.3）．その中で，最初の常圧蒸留塔（topper）では，沸点の低い順に，主に，随伴ガス成分（沸点30℃以下），ナフサ（naphtha：粗製ガソリン）（沸点35〜180℃），ケロシン（kerosene, kerosine）（沸点170〜250℃），ディーゼル油（diesel oil）（沸点240〜350℃），常圧ガス油（沸点350℃以上），常圧残渣油などを分離して，回収することができる．分別した油は，各種の脱硫・分離装置を通じてさらに精製する．特に，高沸点成分は，減圧蒸留装置を用いて精製分別するとともに，各種分解処理を行って，利用価値の高い低沸点成分に変換されている．

b. 蒸留による分離の原理

図6.4に示したように，液体中の分子は熱振動をしながら，周囲の分子との分子間引力（ファンデルワールス力（van der Waals force），双極子引力，水素結合引力）によって液相に束縛されている．液相分子の中には，大きな運動エネルギーをもつ分子もあって，束縛に勝って気相に飛び出すものもあれば，気相中を比較的自由に飛び回っていた分子が液相に飛び込んで戻れなくなる場合もある．

気液平衡が成立している場合には，両者の頻度が一致するが，その際，気相に存在する分子数（濃度）と液相に存在する分子数（濃度）の比（バランス）は，温度・圧力が一定でも，分子の種類によって異なる．その原因は，分子の種類によって分子間力が異なるためで，分子間に強い引力が働きやすい分子ほど，気相に移行しにくく，沸点が高くなる．図6.5に示したように，分子間力に差のある2種類の物質の間では揮発しやすさが異なるために，気液平衡を達成させたときに，液相での組成比と気相での組成比が異なり，蒸発によってどちらか一方が濃縮することになる．これが，蒸発による分離の原理である．

c. 気液平衡と比揮発度

温度T，圧力Pで気相と液相が平衡にある2成分（AとB）の系を考える．成分Aの気相および液相におけるモル分率をy_A，x_Aとすると，温度・圧力が一

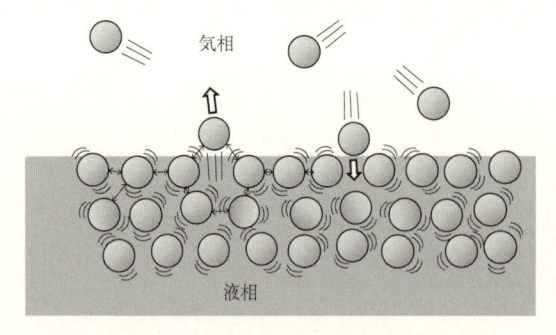

図 6.4 気相と液相の平衡の概念図
液相中の分子間引力による束縛を振り切って，気相に飛び出す分子（揮発する分子）と，気相から液相に飛び込んで捕捉されてしまう分子（液化する分子）の数が等しくなっている．

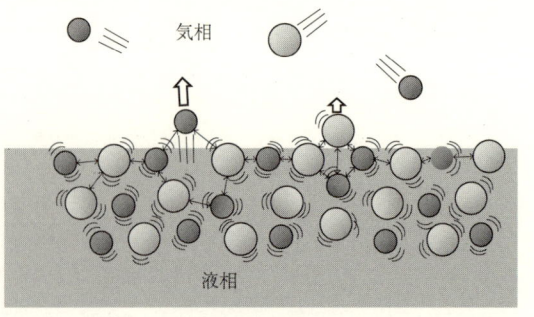

図 6.5 2成分系の気液平衡の概念図
分子間力に差のある2種類の物質の混合物では，その種類によって，液相の分子間の束縛の振り切りやすさが異なる．逆に，気相から液相に飛び込んだ分子の捕捉の強さにも相違がある．

定であれば，（相律（COLUMN 参照）から明らかなように）y_A と x_A の値は自動的に決まり，それらの比も一定となる．このような気液間の組成比（平衡比，分配係数）のことを気液分配比（vapor-liquid distribution ratio），あるいは K 値（K-value），時に平衡比，揮発度（volatility）と呼び，物質 A について K_A，物質 B について K_B と書くと，

$$K_A = \frac{y_A}{x_A}, \qquad K_B = \frac{y_B}{x_B} \tag{6.4}$$

となる．K 値（揮発度）は，簡単にいえば，液相中の分子が周囲の液相分子からの束縛（分子間力）に打ち勝って，気相中に飛び出す（揮発する）ことの容易さ（の程度）を表している．この値が大きいほど気相に飛び出しやすく，小さいと飛び出しにくい．

ここで，A と B の揮発度の比を比揮発度（あるいは相対揮発度（relative volatility））と呼ぶ．これを α_{AB} と書くと，

$$\alpha_{AB} = \frac{y_A/y_B}{x_A/x_B} = \frac{y_A/x_A}{y_B/x_B} = \frac{K_A}{K_B} \tag{6.5}$$

という関係が定義できる．比揮発度は，物質間の揮発（蒸発）しやすさの比を表しており，この値が，1 より大きく，あるいは 1 より小さくなればなるほど，分離は容易になる．この値が 1 のときには，分離はできない．このような分離の難易度の評価に用いることのできる係数のことを分離係数（separation factor）と呼ぶ．

式 (6.5) の定義の比揮発度 α を用いれば，$y_A + y_B = 1$，$x_A + x_B = 1$ であることを考慮すると，2 成分系の気液平衡関係は，

$$\alpha_{AB} = \frac{y_A/x_A}{(1-y_A)/(1-x_A)} \qquad \therefore y_A = \frac{\alpha_{AB} x_A}{(\alpha_{AB}-1)x_A + 1} \tag{6.6}$$

となる．

d. ヘンリーの法則とラウールの法則

2 成分系で一方の成分が希薄な場合には，K 値は組成によらず一定となる．A が希薄成分であれば，全圧を P [Pa] として，次式のヘンリーの法則（Henry's law）が成り立つ．

$$y_A P = H_A x_A \tag{6.7}$$

このとき，比例定数 H_A をヘンリー定数（Henry constant）と呼ぶ．

一方，2 成分系の各成分の化学的性質が似通っている場合には，ある温度における A および B の純粋成分の蒸気圧を P_A° および P_B° とすると，次式のラウールの法則（Raoult's law）が成り立つ．

$$y_A P = P_A^\circ x_A, \qquad y_B P = P_B^\circ x_B \tag{6.8}$$

ラウールの法則が成り立つような溶液を理想溶液（ideal solution）という．ベンゼン（benzene）（沸点 80.1℃）-トルエン系（toluene）（沸点 110.6℃）やメタノール（methanol）（沸点 64.7℃）-エタノール（ethanol）（沸点 78.4℃）系などでは，近似的にラウールの法則が成り立つと考えることもできる．この場合，式 (6.5)，(6.8) より明らかなように，比揮発度は，

$$\alpha_{AB} = \frac{y_A/x_A}{y_B/x_B} = \frac{P_A^\circ}{P_B^\circ} \tag{6.9}$$

すなわち，比揮発度 α は，その温度における蒸気圧の比で表すことができ，定温の気液平衡関係では，比揮発度 α をその系に特有の定数と見なすことができる．

しかし，通常の蒸留装置では，定圧操作が行われることが多い．このときは，組成ごとに温度が異なり，蒸気圧も大きく変化するが，蒸気圧の比である比揮発度はそれほど大きく変化しないので，両沸点の幾何平均値の温度における平均比揮発度 α_{ave} を利用して，次式のように理想溶液の定圧気液平衡関係を記述することができる．

$$y_A = \frac{\alpha_{ave} x_A}{(\alpha_{ave}-1)x_A + 1} \tag{6.10}$$

e. x-y 線図

化学工学では2成分系の気液平衡関係を表すのに，低沸点成分の液相のモル分率 x_A を横軸，気相のモル分率 y_A を縦軸にとって図示することが多い．この図を，「x-y 線図」と呼ぶ．式 (6.10) の示すところでは，x-y 線図における理想溶液の定圧気液平衡関係は，原点および座標 (1,1) を通る，上に凸の直角双曲線で示される．平均比揮発度 α_{ave} が2の場合の例を図 6.6 に示す．x-y 線図においては，原点と座標 (1,1) をつなぐ対角線より上側に x と y の関係点が存在する場合に，低沸点成分の濃縮（分離）が起こることを意味し，対角線と平衡線が重なるような条件では，蒸留しても分離はできない．

しかし，ラウールの法則が成り立たず理想溶液の近似が難しい場合も多く，一般の実在溶液では，非理想溶液として，次式のような取り扱いをする必要がある．

$$y_A P = \gamma_A P_A^\circ x_A, \qquad y_B P = \gamma_B P_B^\circ x_B \tag{6.11}$$

ここに，γ_A，γ_B は，各成分の活量係数（activity coefficient）である．活量係数

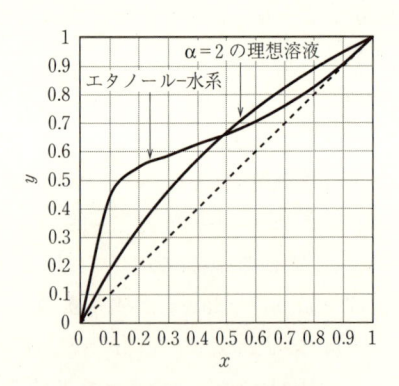

図 6.6 定圧 x-y 線図の例
2成分系理想溶液（$\alpha_{ave}=2$ の場合）とエタノール-水系の定圧気液平衡関係．低沸点成分の液相モル分率 x を横軸に，気相モル分率 y を縦軸にとり，両者の関係を示した．

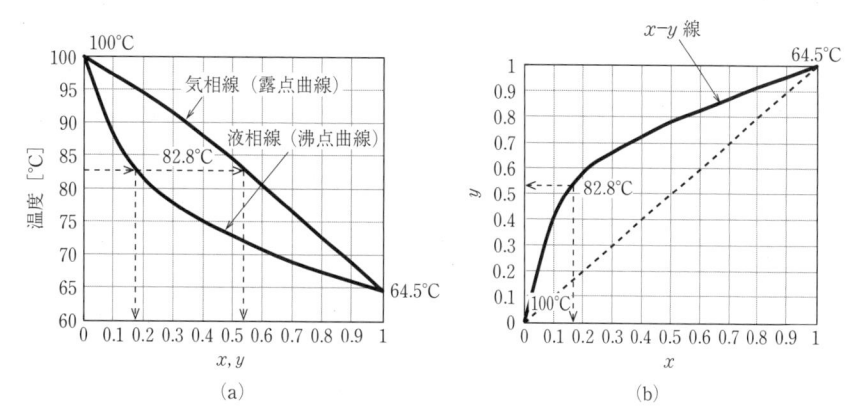

図 6.7 定圧メタノール-水系（全圧 1 atm）の (a) 温度-組成線図（露点曲線（気相線）と沸点曲線（液相線））と (b) x-y 線図

は理想溶液からのずれの補正係数であり，純溶媒に近いほど1に近い値をとる．活量係数を蒸気圧や分子構造から推算する方法がいくつか提案され，利用されている．また，各温度における純物質の蒸気圧の推算式として，アントワン式（Antoine equation）が知られている．その定数（アントワン定数：Antowan constant）は各種データ集にも記載されているが，分子構造から推算する方法も提案されている．気液平衡データ集にも多くの生データが収録されているので，直接，平衡関係を知ることもできる．非理想溶液の一例として，エタノール-水系の定圧気液平衡関係（全圧 1 atm）を図 6.6 に示した．

前項で述べたように，蒸留操作は通常は定圧条件下で行われるので，x-y 線図も定圧条件で描かれることが普通であるが，注意すべきは，組成が異なると平衡温度も異なることである．2成分系の場合，原点では高沸点成分の沸点の温度で平衡になっていたものが，右に行くほど温度が下がっていき，座標 $(1, 1)$ では低沸点成分の沸点が平衡温度になっている．図 6.7 に，メタノール（沸点 64.5 ℃）-水（沸点 100 ℃）系を例にとり，全圧 1 atm における，気相および液相組成に対する平衡温度をプロットした露点曲線および沸点曲線と，x-y 線図の関係を示す．

COLUMN

ギブズの相律

気相と液相が共存するような多相系の状態変数間の自由度を規定するルールとして，（ギブズの）相律（Gibbs' phase rule）と呼ばれる式が知られている．この式は，F を自由度，C を成分の数，P を相の数とすると，これらの間に，

$$F = C - P + 2 \tag{6.12}$$

という関係があるというものである．AとBの2成分が含まれる，液相・気相の2相平衡系の場合は，自由度は2ということになるので，温度・圧力を一定とすれば，組成は自動的に決まることになる．逆に，全圧を大気圧などの一定値とすると，組成を決めれば，その組成に応じた温度が決まる．

f. 単蒸留

図 6.8 に，実験室でよく使われる単蒸留装置の概略図を示した．丸底フラスコ（工場装置における蒸留釜，蒸留缶，スチル (still) に相当する）に入れた混合溶液を一定時間加熱し，発生した低沸点成分が濃縮したガスをリービッヒ冷却器 (Liebig condenser) で冷やして液体として回収するものである．このシステムでは，蒸留缶の中の液相と平衡な気相を回収するだけの操作なので，1 段階の気液平衡関係を利用したにすぎない．そこで，このようなシステムを単蒸留 (single distillation) という．単蒸留は，実験室だけでなく，a 項で述べたように，蒸留酒の製造などに工業規模でも利用されている．ここで示したように，通常の単蒸留は，1 回原料を仕込んだら注ぎ足すことをしない回分操作であるが，単蒸留装置に原液を連続的に供給し，同時に，留出液と缶液も連続的に取り出すような操作もあり，フラッシュ蒸留 (flash distillation) あるいは平衡蒸留という．

g. 単蒸留による分離

通常の単蒸留は回分操作であるため，時間とともに，缶液量が減少し，高沸点成分が濃縮し，他方，留出液中の低沸点成分の濃度は減少していく．そこで，2 成分系の単蒸留のマスバランスを考え，留出量と留出液濃度の関係を求める．

最初の蒸留缶への原料の仕込み量を F_0 [mol]，低沸点成分の仕込み濃度を x_0 とし，時刻 t における蒸留缶内の残液量を F [mol]，その中の低沸点成分の濃度を x，缶液に対する平衡ガス中の低沸点成分の濃度を y とする．微小時間内の缶液変化の前後の物質収支をとると，

$$Fx = (F - dF)(x - dx) + dF(y - dy) \tag{6.13}$$

2 次の項を無視して式 (6.13) を整理し，時刻 $t = t_0$ から $t = t$ まで積分すると，

$$F dx = (y - x) dF$$

$$\therefore \frac{dF}{F} = \frac{dx}{(y-x)}, \qquad \therefore \int_{F_0}^{F} \frac{dF}{F} = \ln \frac{F}{F_0} = \int_{x_0}^{x} \frac{dx}{(y-x)} \tag{6.14}$$

ここで，蒸留缶から外に出た仕込み液の割合を留出率 β と定義すると，$\beta = (F_0 - F)/F_0$ と書けるので，

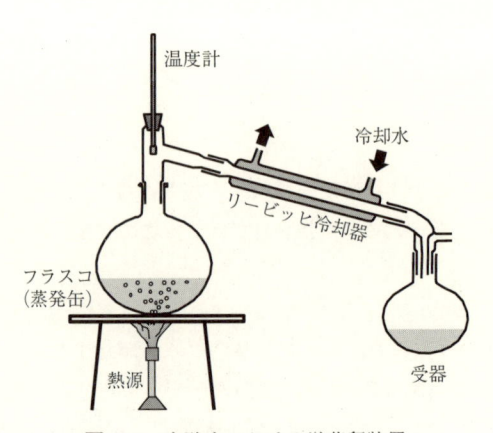

図 6.8 実験室における単蒸留装置

$$\ln\frac{1}{1-\beta}=\int_{x}^{x_0}\frac{\mathrm{d}x}{y-x} \tag{6.15}$$

となる．式 (6.15) をレイリーの式 (Rayleigh's equation) という．x-y 線図がデータとして与えられていれば，式 (6.15) の右辺は数値的に積分可能である．したがって，缶液の組成と留出量の関係が求められる．

また，留出率 β のときの，時刻 $t=0$ から $t=t$ までに蓄積した留出液の平均組成 x_D は，時刻 $t=0$ と時刻 $t=t$ の低沸点成分の収支をとることにより，

$$F_0 x_0 = Fx + (F_0 - F)x_\mathrm{D} \tag{6.16}$$

$$\therefore x_\mathrm{D} = \frac{F_0 x_0 - Fx}{F_0 - F} = \frac{x_0 - (1-\beta)x}{\beta} \tag{6.17}$$

となり，留出量 F と留出液の平均組成 x_D の関係を求めることもできる．

h. 多段蒸留

単蒸留を1回行うだけでは，低沸点成分の濃縮の程度は限られている．たとえば，ウィスキー製造工程では，麦芽発酵液中のアルコール濃度は 7～8% 程度であるのに対して，樽詰めする前の蒸留液（ニューポット）は 60～70% の濃度になっているが，図 6.6 のエタノール-水系の気液平衡線図をみれば明らかなように，1回の操作でこのような高濃度にすることはできないために，複数回の単蒸留を繰り返している（多段の単蒸留）．多段の単蒸留を連続することも可能で，脱塩プロセスなどでは，多段フラッシュ蒸留 (multistage flash distillation) も行われている．

しかし，単蒸留を単純に多数回繰り返すと，毎回，加熱と冷却を繰り返すことになり，エネルギー的には大きな無駄を生じることになる．そこで，多くの工業的な蒸留プロセスでは，棚段塔 (plate column/tower) と呼ばれる内部に気液接触を促進させる仕切りを有する縦長円筒型装置や，充塡塔 (packed column/tower) と呼ばれる気液接触を促進する複雑な形状をもった固体充塡物を詰めた円筒状の装置を利用する．これらは蒸留塔 (distillation column/tower) と総称

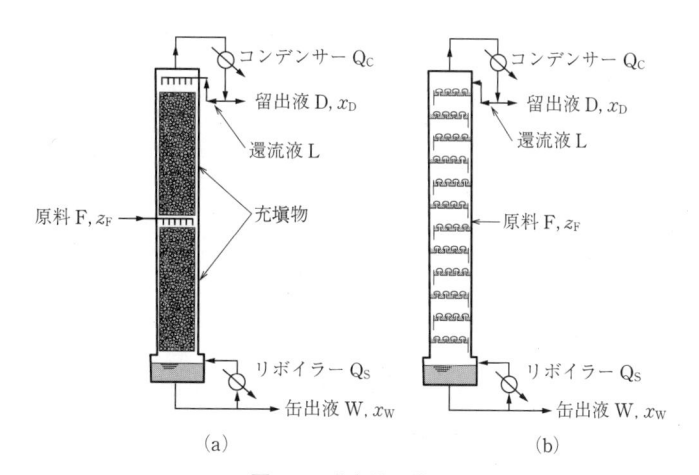

図 6.9 蒸留塔の構造
(a) 充塡塔，(b) 棚段塔（泡鐘塔）．

され，高さ数十 m の大型のものも利用されている．図 6.9 に蒸留塔の構造を概念的に示した．棚段塔は，棚の構造によって，多孔板塔（perforated plate column/tower, sieve tray column/tower），泡鐘塔（bubble cap column/tower），バルブトレイ（valve tray）などの形式がある．また，充填塔の固体充填物も，ラッシヒリング（Raschig ring），ポールリング（Pall ring），サドル（saddle），スルザーパッキング（Sulzer packing）など，種々の形状のものが知られている．

i. 還流と精留

図 6.9 をみればわかるように，蒸留塔の構造と機能の特徴は，単蒸留装置を垂直方向に積み上げただけでなく，塔頂部にコンデンサー（全縮器）を設置し，留出液（distillate）の一部を塔に戻す操作（還流：reflux）を行うことによって，塔頂から下降する液流れ（還流液：reflux (liquid)）と上昇するガスの流れが各段で熱交換を行うことである．還流を伴う蒸留を精留（rectification）といい，その装置を精留塔と呼ぶこともある．a 項で述べたウィスキー製造の単蒸留釜（図 6.2 参照）でも，実際には，釜の上部では，蒸気の一部が冷却されて液化し，凝縮液が壁沿いを下降している．この現象を分縮（partial condensation）といい，その結果として，多段の蒸留に近い効果が出ていることを精留効果という．実際，精留効果は実験室規模の小型の単蒸留装置でも起きており，蒸留缶として使用するフラスコの表面を下降する液滴を観察することは容易である．

j. 多段の連続蒸留と回分蒸留

還流を伴う多段の蒸留塔においても，連続操作と回分操作を行う場合がある．図 6.9 に示したように，通常，連続（精留）操作を行う場合には，原料は塔中間部から連続的に導入し，塔頂まで昇った蒸気はコンデンサーで凝縮させ，一部を留出液として取り出し，残りを還流液として塔に戻す．還流液は塔頂から塔底に向かって下降し，上昇するガスと各位置で熱交換しながら，平衡からのずれを解消するように気化と液化を繰り返す．塔底まで降りた凝縮液は，缶出液（bottoms）として一部を取り出し，残りをリボイラー（再沸器）で加熱して，塔底に戻し，上昇するガスの流れとする．再加熱蒸気が，上昇しながら，下降する液体と熱交換と物質交換を繰り返す点は，下降液の説明の裏返しになっている．便宜上，原料導入段より上部を濃縮部（rectifying section），下部を回収部（stripping section）と呼ぶことがある．

これに対して，回分の精留操作では，原料を底部の液溜め（蒸留缶）に導入した後，一定時間，塔頂部のコンデンサーの凝縮した液体をすべて塔頂に戻す操作（全還流操作）を行い，塔内が定常状態になったところで，還流比を下げて塔頂から留出液を取り出す．この場合，時間の経過とともに缶内の液量が減少し，低沸点成分の濃度も低下していくのは，回分の単蒸留と同じである．

k. 連続蒸留（精留）における物質収支と熱収支

連続蒸留の物質および熱収支を定量的に理解するために，まず，いくつかの量に，記号を割り振って定義する（図 6.9 参照）．

濃縮部の任意の段を最上段から数えて n 段目とし，回収部の任意の段を原料

供給部から数えて m 段目とし,塔内各段の量は段の番号を添え字として付け加える.原料,留出液,缶出液の添え字はそれぞれ,F,D,W とする.原料の供給速度 F [mol s^{-1}],平均組成を z_F とし,原料中の液の割合(モル分率)を q,原料中の液の組成(モル分率)を x_F,蒸気の組成を y_F とする.留出液,缶出液の流量はそれぞれ,D [mol s^{-1}],W [mol s^{-1}] とする.

塔内を上昇する蒸気の流量,組成(モル分率),エンタルピーをそれぞれ,V [mol s^{-1}],y,H [J mol^{-1}] とし,塔内を下降する液体の流量,組成(モル分率),エンタルピーをそれぞれ,L [mol s^{-1}],x,h [J mol^{-1}] とする.

① 塔全体の物質収支: 全物質と低沸点成分の物質収支から,以下の2式が成り立つ.

$$D + W = F \tag{6.18}$$

$$Dx_D + Wx_W = Fz_F = qFx_F + (1-q)Fy_F \tag{6.19}$$

② 塔全体の熱収支: コンデンサーにおける除去熱量を Q_C,リボイラーの加熱量を Q_S とすると,塔全体として熱損出がないとして,以下の関係が成り立つ(左辺が出力,右辺が入力である).

$$Dh_D + Wh_W + Q_C = qFh_F + (1-q)FH_F + Q_S \tag{6.20}$$

③ 上部の物質・熱収支: 蒸留塔の濃縮部の特定の段(n 段)より上部(コンデンサーを含む)の収支を考える.図 6.10(a) に示した範囲で,全物質,低沸点成分,熱の収支を考えると,以下の3式が成立する.

$$V_{n+1} = L_n + D \tag{6.21}$$

$$V_{n+1} y_{n+1} = L_n x_n + D x_D \tag{6.22}$$

$$V_{n+1} H_{n+1} = L_n h_n + D h_D + Q_C \tag{6.23}$$

④ 下部の物質・熱収支: 蒸留塔の回収部の特定の段(m 段)より下部(リボイラーを含む)の収支を考える.上部と同様に,図 6.10(b) に示した範囲で,全物質,低沸点成分,熱の収支を考えると,以下の3式が成立する.

$$V_m = L_{m-1} - W \tag{6.24}$$

$$V_m y_m = L_{m-1} x_{m-1} - W x_W \tag{6.25}$$

$$V_m H_m = L_{m-1} h_{m-1} - W h_W + Q_S \tag{6.26}$$

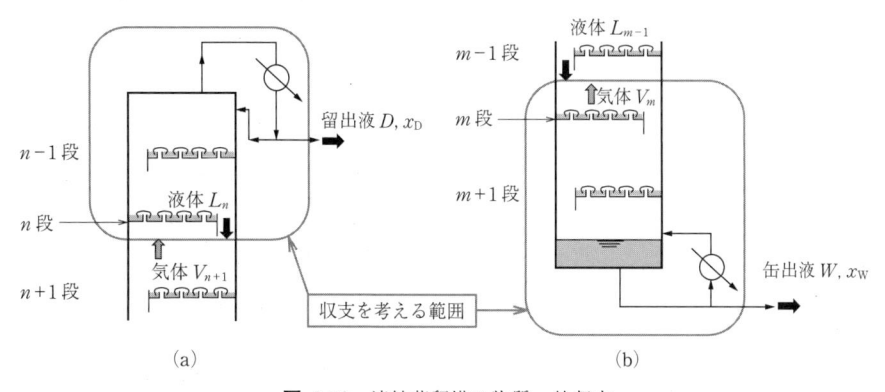

図 6.10 連続蒸留塔の物質・熱収支
収支を考える範囲は,(a) 塔頂部+濃縮部,(b) 塔底部+回収部.

l. 蒸留塔の理論段数

蒸留塔の設計において，所定の分離に必要な段数を知ることは重要である．気液平衡関係の成立を仮定して計算した，いわば理想的な段の数を，理論段数 (theoretical number of plates or stages) あるいは理想段数という．2成分系では，前述の式 (6.18)〜(6.26) に加えて，気液平衡データおよび組成とエンタルピーの関係式が与えられれば図解によって理論段数を求めることができる方法が，1920年代初めに Ponchon（ポンション）と Savarit（サバリ）によって提案されている．しかし，少々複雑なので，ここでは以下の方法を説明する．理論段数は，段塔のように現実に段があるものだけでなく，充填塔（層）でも高さ（長さ）を計算する際に，便宜上，仮想的に用いられる場合がある．

m. マッケーブ-シール法

① 仮定： 蒸留塔による2成分系の分離の際の理論段数を求めるより簡便な方法が，1925年に W. L. McCabe（マッケーブ）と E. W. Thiele（シール）によって提案され，その後，マッケーブ-シール法 (McCabe-Thiele method) と呼ばれるようになった．以下，その方法について概説する．

まず，3つの仮定（マッケーブ-シールの仮定）をおく．

(1) 各段上の液体は十分に混合されていて，濃度は一定．

(2) 両成分の液体のエンタルピー $h\,[\mathrm{J\,mol^{-1}}]$ は等しく，温度・濃度によらない．

(3) 両成分のモル蒸発潜熱 $\lambda\,[\mathrm{J\,mol^{-1}}]$ は等しい．

これらの仮定が近似的に許される範囲にあると考えられる場合（成分の組み合わせ）も多い．

② 仮定から求められる蒸気流速と液流速の定常性： 仮定 (2) と (3) からは，次式が導かれる．

$$h = h_n = h_m = h_D = h_W, \qquad H = H_n = H_m = H_F \tag{6.27}$$

$$\lambda = H - h \tag{6.28}$$

また，上記の仮定から式 (6.20) は，式 (6.18) を用いて，

$$Fh + Q_C = qFh + (1-q)F(\lambda + h) + Q_S$$

$$\therefore Q_C = (1-q)F\lambda + Q_S \tag{6.29}$$

さらに，式 (6.23) は，式 (6.21) を用いて，

$$V_{n+1}H = L_n h + Dh + Q_C = (L_n + D)h + Q_C = V_{n+1}h + Q_C$$

$$\therefore V_{n+1}(H-h) = Q_C, \qquad \therefore V_{n+1} = \frac{Q_C}{\lambda} \quad (\equiv V \text{とおく}) \tag{6.30}$$

となる．同様に，式 (6.26) は，式 (6.24) を用いて，

$$V_m H = L_{m-1}h - Wh + Q_S = (L_{m-1} - W)h + Q_S = V_m h + Q_S$$

$$\therefore V_m(H-h) = Q_S, \qquad \therefore V_m = \frac{Q_S}{\lambda} \quad (\equiv V' \text{とおく}) \tag{6.31}$$

式 (6.30)，(6.31) の意味するところは，濃縮部および回収部の蒸気上昇速度はそれぞれ，V，V' という一定の値になるということである．連続蒸留では，各

段での定常状態の成立が前提であるので，蒸気上昇速度が一定であれば，液降下速度も一定でなければならない．そこで，濃縮部および回収部の液降下速度をそれぞれ，L, L' という一定の値であるとする．

③濃縮部と回収部の操作線： ここで，式 (6.19) に式 (6.20), (6.21) の結果を代入すると，

$$\therefore V\lambda = (1-q)F\lambda + V'\lambda, \qquad \therefore V - V' = (1-q)F \qquad (6.32)$$

となる．また，式 (6.21), (6.24) より，

$$V = L + D, \qquad V' = L' - W$$

したがって，式 (6.18) の関係を使えば，

$$V - V' = (L - L') + (D + W) = (L - L') + F \qquad (6.33)$$

よって，式 (6.32), (6.33) より，

$$L' - L = qF \qquad (6.34)$$

このとき，式 (6.22) および式 (6.25) は，次のように変形できる．

$$y_{n+1} = \frac{L}{V}x_n + \frac{D}{V}x_D = \frac{L}{L+D}x_n + \frac{D}{L+D}x_D = \frac{R}{R+1}x_n + \frac{1}{R+1}x_D \qquad (6.35)$$

$$y_m = \frac{L'}{V'}x_{m-1} - \frac{W}{V'}x_W = \frac{V'+W}{V'}x_{m-1} - \frac{W}{V'}x_W = \frac{R'+1}{R'}x_{m-1} - \frac{1}{R'}x_W \qquad (6.36)$$

ここで，新たに定義した $R \equiv L/D$ は，留出液量に対する還流液量の比で，還流比 (reflux ratio) と呼ばれる．また，$R' \equiv V'/W$ は，缶出液量に対する再沸液量（リボイラーで加熱して塔底に戻す液量）の比で，再沸比 (reboil ratio) と呼ばれる．式 (6.35) は，x-y 線図上で直線となり，濃縮部における各段の液組成とその上部の蒸気組成の関係を示しているので，濃縮部の操作線 (operating line) という．これに対して，式 (6.36) は，回収部における各段の液組成とその上部の蒸気組成の直線関係を示しているので，回収部の操作線という．

④操作線の交点の軌跡 (q 線)： 濃縮部と回収部の交点は，原料供給段に存在するはずである．原料供給段では，式 (6.22), (6.25) の両者が成立するはずなので，原料供給段の液組成を x，蒸気組成を y として，式 (6.25)－式 (6.22) を計算すると，

$$(V' - V)y = (L' - L)x - Wx_W - Dx_D$$

ここで，式 (6.32) および式 (6.34) の関係を用い，さらに，式 (6.19) の関係を代入すると，

$$(q-1)Fy = qFx - Wx_W - Dx_D = qFx - Fz_F$$

$$\therefore (q-1)y = qx - z_F, \qquad \therefore y = -\frac{q}{1-q}x + \frac{z_F}{1-q} \qquad (6.37)$$

したがって，式 (6.37) は x-y 線図上で直線になり，q 線あるいは原料線と呼ばれる．なお，式 (6.37) は，原料供給段の組成は原料組成と等しいと考えれば，式 (6.19) から直接導くこともできる．

ここまで，q は，原料中の液の割合（モル分率）として説明してきたが，厳密

には，

$$q = \frac{\text{原料 1 mol を供給状態から沸点の蒸気にするのに要する熱量}}{\text{原料のモル蒸発潜熱}}$$

(6.38)

と定義される．沸点における気液を供給する場合には，原料中の液の割合と一致するが，沸点未満の液を供給するときには異なる．$q=1$ は原料が沸点の液体であることを意味し，$q=0$ は沸点の蒸気，$0<q<1$ は沸点の液と蒸気の混合物，$q<1$ は沸点未満の温度の液体を原料として供給することを意味している．

⑤マッケーブ-シールの図解法による理論段数の求め方：2成分系において，原料の流量 F・組成 x_F および q，留出液組成 x_D，缶出液組成 x_W，還流比 R を決めたときの理論段数を求める（図 6.11）．

(1) 図 6.6 に示したような x-y 線図上に濃縮部の操作線（式 (6.35)）を描く．式 (6.35) は対角線上の点 $D(x_D, x_D)$ を必ず通るので，傾きだけ計算して，この点を通る直線を引く．

(2) 同じ x-y 線図上に q 線（式 (6.37)）を描く．この場合も，式 (6.37) は対角線上の点 $F(x_F, x_F)$ を必ず通るので，傾きだけ計算して，この点を通る直線を引く．

(3) 濃縮部の操作線と q 線の交点（点 Q）と，対角線上の点 $W(x_W, x_W)$ を結ぶ直線を引く．この直線は，回収部の操作線（式 (6.36)）になっている．

(4) 缶出液の組成は x_D であるので，凝縮する前の塔頂部（塔より1段目）の蒸気組成 y_1 も x_D に等しい．そこで，図 6.11 の点 $D(x_D, x_D)$ から，x 軸に平行な直線を左方向に引いて平衡線にぶつかった点1が第1段の液組成と蒸気組成を表している．2段目の蒸気組成は1段目の液組成と等しいので，点1から y 軸に平行な直線を下向きに引いて操作線にぶつかったところで，向きを変えて x 軸に平行な直線を左方向に引いて平衡線にぶつかった点2が第2段の液組成と蒸気組成を表していることになる．以下，同様な操作を塔底の組成を表す点 $W(x_W$,

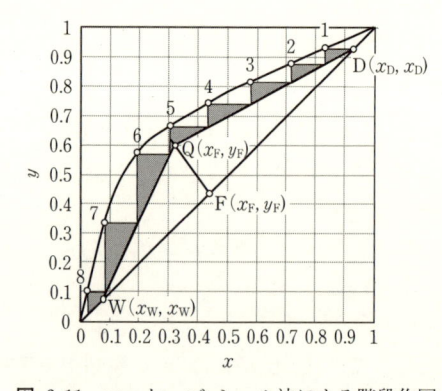

図 6.11 マッケーブ-シール法による階段作図
本作図の例では，全ステップ数 7.3，理論段数 6.3 程度，原料供給段は塔頂から数えて5段目である．

x_W) を通過するまで行う．ただし，q 線を越えてからは，回収部の操作線について行う．この一連の作図操作は，平衡線と操作線の間を階段を降りてくるように線を引くために，階段作図と呼ばれている．

(5) 階段の線が塔底を表す点 W を越えたときの階段の総段数から 1 を引いた数が，理論段数を示している．1 を引く理由は，最後の段は，缶液との平衡関係を表しているので段数としては数えないためである．階段の途中の位置に点 W がある場合には，比例配分して，段数に小数を付けて表示することもある．図 6.11 の例の場合，理論段数は 6.3 段程度である．また，1 を引かない階段の数をステップ数（number of steps）ということもある．点 Q を越えたときの段が原料供給段となることも，いうまでもない．

n. 最小理論段数とフェンスケの式

理論段数を最小にする操作法はどのようなものであろうか．特定の 2 成分系で，原料と製品（留出液と缶出液）の組成が決まっている条件では，還流比を変えると理論段数も変化する．図 6.11 の階段作図をみれば明らかなように，理論段数が最小になるのは，マッケーブ-シール法で操作線が対角線に一致したときである．このときの還流比 R は無限大であり，そのときの理論段数を最小理論段数（minimum theoretical number of plates）N_m という．還流比が無限大（このような状態を全還流（total reflux）という）では，留出液が出てこないが，精留効果が最大になるので，蒸留塔の性能の限界を知るためには有効な方法である．図解法でも最小還流比を知ることができるが，理想溶液では簡単にその値を求める方法が知られている．

d 項で述べたように，理想溶液では，比揮発度（相対揮発度）が組成に依存しない．着目する 2 成分の両沸点の幾何平均 α_{ave} を用いると，温度が変化しても一定と近似することができる．このとき，比揮発度の定義から，

$$\frac{y}{1-y} = \alpha_{ave}\frac{x}{1-x} \tag{6.39}$$

操作線が対角線であることを考えると，階段作図の交点は，留出液組成の D 点から順番に，次式のように決定できる．

$$\frac{x_D}{1-x_D} = \frac{y_1}{1-y_1} = \alpha_{ave}\frac{x_1}{1-x_1} = \alpha_{ave}\frac{y_2}{1-y_2} = \alpha_{ave}\cdot\alpha_{ave}\frac{x_2}{1-x_2} = (\alpha_{ave})^2\frac{x_2}{1-x_2}$$

$$= \cdots = (\alpha_{ave})^n\frac{x_n}{1-x_n} = (\alpha_{ave})^{N_m}\frac{x_{N_m}}{1-x_{N_m}} = (\alpha_{ave})^{N_m+1}\frac{x_W}{1-x_W} \tag{6.40}$$

したがって，理想溶液の最小理論段数は，次式で示される．

$$N_m = \frac{\log\left(\frac{x_D(1-x_W)}{(1-x_D)x_W}\right)}{\log(\alpha_{ave})} - 1 \tag{6.41}$$

式 (6.41) は，フェンスケの式（Fenske's equation）と呼ばれ，2 成分系だけでなく，多成分系の計算にも利用されている．

o. 最小還流比

逆に，全還流状態から少しずつ還流比を大きくしていくと，留出液が増えていき，マッケーブ-シール法の濃縮部操作線の傾きが小さくなり，q 線との交点が平衡線に近づいてくる．これ以上小さくできない還流比を最小還流比（minimum reflux ratio）といい，濃縮部操作線と q 線との交点が平衡線上に来たときの還流比である．このとき，階段作図の段数は無限大となり，理論段数も無限大となる．こうなると，装置設計はできなくなるが，精留による分離の困難さを示すパラメータとして，最小理論段数とともに，最小還流比は重要である．詳しくは示さないが，理想溶液については，アンダーウッドの方法（Underwood's method）と呼ばれる簡便な手法がある．実際には，最小還流比の 1.5 倍程度の還流比の条件が，経済的な理由から選ばれるようである．

p. 段効率

ここまでの蒸留塔の理論段数の考え方は，各段において液体と蒸気が平衡になっていることが前提となっている．蒸留塔の棚段（tray）や充填物の構造は，このような平衡の達成をできるだけ促進するように工夫されている．たとえば，図 6.12 に示したような泡鐘塔では，ライザー（riser）という蒸気出口にキャップがかぶせてあり，その側面の小さな孔（スロット）から気泡を液に吹き込むような仕組みになっている．その際，上段から液を下降させるための降下管（downcomer）と呼ばれる構造とキャップの配置，出口堰（wier）の高さ，液の深さなどに，気液接触効率を高めるさまざまな工夫がある．しかし，液深を大きくとると圧力損失が高まるという問題もあるので，実際の操作では必ずしも平衡に達していない場合もある．このような気液平衡からのずれを表す指標として，段効率（plate efficiency）という概念が定義されている．しばしば用いられるのはマーフリーの段効率（Murphree plate efficiency）E_{MV} と呼ばれるもので，塔頂から n 段目については次式で定義される．

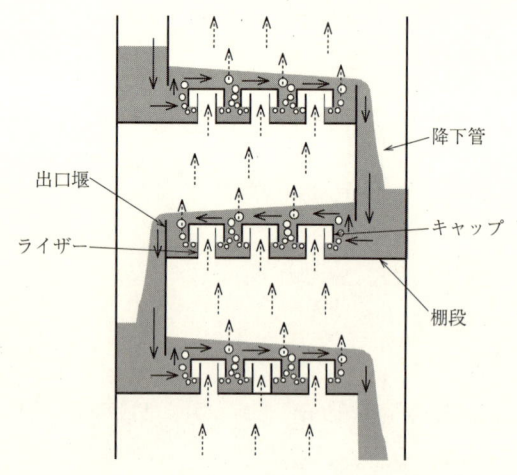

図 6.12 蒸留塔（泡鐘塔）の棚段の構造
気液接触を促進するように工夫されている．

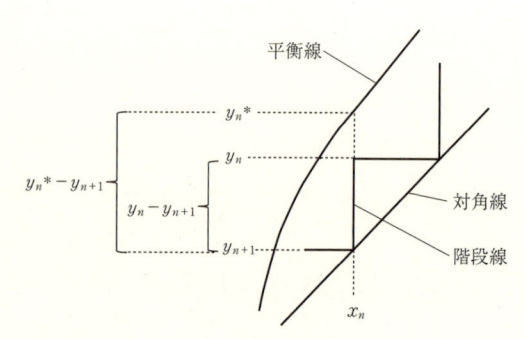

図 6.13 マーフリーの段効率（各段の平衡からのずれの指標）

$$E_{\text{MV}} = \frac{y_n - y_{n+1}}{y_n{}^* - y_{n+1}} \tag{6.42}$$

ここで，$y_n{}^*$ は，n 段目を去る液の組成 x_n と平衡な蒸気組成である（図 6.13）．また，各段の段効率の平均値を塔全体の段効率と考えて，理論段数を実際に必要な段数で割った値を塔効率（overall column efficiency）という場合もある．

q. 充填塔による蒸留

充填塔の解析方法については次節（ガス吸収）で詳述するが，蒸留を充填塔で行うこともある．充填塔の設計では，塔内の組成変化は連続的に起きるため，分離に必要な塔の高さ（充填層の高さ Z）を計算することが重要である．そこで，段塔の理論段数の考え方を充填塔にも適用して設計を行う方法として，理論段相当高さ（height equivalent to a theoretical plate: HETP）という考え方が提案されている．HETP [m] は次式で定義される．

$$\text{HETP [m]} = \frac{\text{充填層（塔）の高さ } Z}{\text{理論段数 } N} \tag{6.43}$$

HETP は実際に使用する充填物を使用した小規模の充填塔による蒸留実験によって決定することができ，各種の充填物について，実測されている．HETP がわかっていれば，l～o 項の段塔のところで説明した方法で計算した理論段数を用いて，式 (6.43) で容易に充填塔の高さ Z [m] が求められる．しかし，充填層内の濃度変化を連続的に取り扱うためには，次節の l 項で説明する移動単位高さ（HTU）の考え方が必要である．

r. 多成分系の蒸留

多成分系の場合には，2成分系のように簡単に x-y 線図が描けないと考えるかもしれないが，操作線は物質収支式なので，多成分系の特定成分についても成立する．問題は気液平衡関係であるが，これも温度・組成に対応したデータが得られれば，1段ずつ順番に計算することは可能であり，計算機プログラムが作成されているので利用することができる．ただし，1つの蒸留塔からは低沸点成分と高沸点成分の2種類しか取り出せないので，多成分の分離を行うためには，論理的には成分数 −1 の蒸留塔が必要となる．

s. 共沸蒸留

2成分系の比揮発度が組成（2成分の濃度比）に依存しないと近似できるケースについて，蒸留塔による分離の考察をしてきたが，実際には濃度に強く依存する液体の組み合わせも多い．これは，異種分子間の相互作用が同じ分子同士の相互作用とは大きく異なる場合に生じる現象で，異分子間の相互作用が強まる場合と弱まる場合がある．後者の例として，ヘキサンなどの有機溶媒中の微量の水分は，水素結合が弱まるために，ヘキサンよりも揮発しやすくなることが知られている．

しかし，2種類の液体分子を混ぜたときに，両者の揮発性が一致して，比揮発度が1になってしまうこともある．これは，共沸（azeotropy）と呼ばれる現象で，エタノールと水の系では，低沸点成分のエタノール96％で共沸となり，そ

のまま蒸留しても濃度を上げることができなくなる．図6.6のx-y線図では，平衡線が対角線と交わった位置がこの共沸が生じる濃度に相当する．この場合，共沸温度は78.2℃で，低沸点成分のエタノールの沸点78.3℃よりも低くなっている．このように，共沸によって沸点が低下する現象を最低共沸という．逆に，沸点が高沸点成分の沸点よりも上昇する現象を最高共沸といい，アセトン-クロロホルム系，フェノール-ピリジン系などが知られている．最高共沸は，異種分子の方が相互作用が強い場合である．

それでは，エタノール-水系で純粋なエタノールを得るにはどうするかというと，通常，共沸剤（entrainer）と呼ばれる第3成分，たとえば，シクロヘキサン，ペンタン，ベンゼンなどを添加して，3成分系で蒸留を行う．共沸混合物分離のための蒸留を共沸蒸留（azeotropic distillation）という．たとえば，図6.14に示したように，エタノール-水の共沸混合物にシクロヘキサン（沸点80.7℃）を加えて蒸留すると，塔頂から3成分の共沸混合物が留出し，塔底から，純エタノールを回収することができる．ここで新たに生成した3成分共沸混合物は不均一系で，簡単に2相分離する．シクロヘキサンがリッチな相は，還流液として塔に戻し，水リッチな相は，別の蒸留塔に導入して，塔頂から3成分共沸混合物，塔底から水を回収する．前者は全縮器を通して分離器に戻すことにより，2本の蒸留塔全体として，純エタノールを製造することができるようになる．

共沸蒸留は，そのままでは共沸化合物をつくらない場合にも，比揮発度（沸点）が近くて比較的分離しにくい液体混合物の分離に適用される．たとえば，水（沸点100℃）-酢酸（沸点118℃）系では共沸は起きないが，分離が難しいので，酢酸ブチル（沸点116.2℃）を共沸剤として加えて蒸留を行い，水と酢酸ブチルの混合物（水27%）が沸点90℃の共沸混合物をつくることを利用して，酢酸との分離を容易にしている．

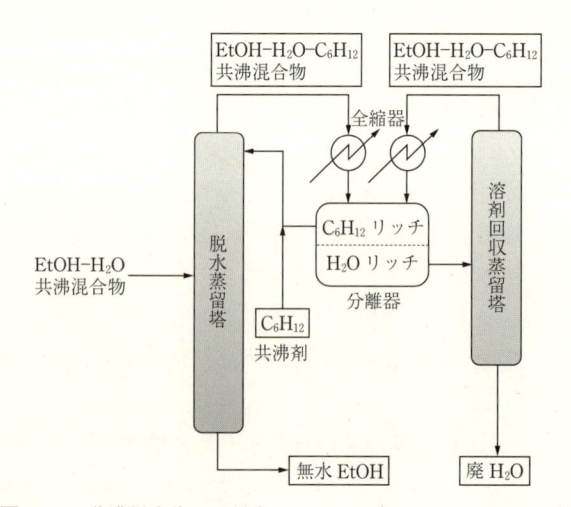

図 6.14 共沸混合物の分離（エタノール-水-シクロヘキサン系）
EtOH：エタノール，C_6H_{12}：シクロヘキサン．

図 6.15 化学工場に立ち並ぶ蒸留塔
（平 真一郎撮影）

t. 抽出蒸留

共沸蒸留は，第3成分の添加によって特定成分の分子間相互作用を低下させることで分離を容易にする手法であるが，逆に，相互作用の強い第3成分を加えて行う蒸留のことを抽出蒸留（extractive distillation）という．たとえば，アセトン-メタノール系は共沸混合物を形成するが，ここに，水を第3の成分として添加して蒸留すると，メタノールが水と強く相互作用するために，塔頂からアセトン，塔底から水-メタノール混合物が得られる．

COLUMN

工場鑑賞の主役

化学工場は複雑な配管やタンクが立ち並び，一見しただけでは，どのような仕組みになっているかわからないほど込み入った構造をしている．1970年代の公害問題が世間で取り沙汰されていたころには，廃ガスを撒き散らす工場は，諸悪の根源のようにいわれたものだが，その後，化学工場は格段にきれいになり，昨今では工場の構造美の鑑賞を趣味とする人々もいて，「工場萌え」といったりもするらしい．

確かに，夜のライトアップされたようにみえる（単に安全灯がついているだけのことも多い）工場の姿は，全体として有機生命体のような迫力があり，別世界に入り込んだかのような錯覚さえおぼえることもある．化学工場の林立するタンクや配管の中に，一際高くそびえ立つ細身のタワーは，常圧蒸留塔である．垂直方向に規則的に繰り返される構造に一定間隔につけられた白色の照明が，独特の空間を醸し出す．これが工場鑑賞の華であるのかもしれない．

6.3 ガス吸収

混合気体を液体と接触させて，気液界面を通じて溶解度の高い成分を液体中に溶解・吸収させる操作をガス吸収と呼んでいる．化学工業の製造プロセスにおいて，混合気体から有用成分を分離・回収する目的で利用されるだけでなく，気体と液体を反応させる場合などに広く利用されている．さらに，大気中へ放出する排ガスを浄化して環境保全に資する技術として重要であり，気体に含まれる種々の有害成分や不要成分の除去を目的として吸収操作が行われている．

a. ガス吸収の例

気体中の有害物質を吸収除去する操作は，特に，スクラビング（scrubbing）と呼び，その装置をスクラバー（scrubber）という．化学実験室のドラフト装置の大気放出側に装着されていることも多い．この場合には，吸収剤（液体）として，中性の水による水溶性有機ガスの吸収だけでなく，水酸化ナトリウム水溶液や硫酸水溶液を用いて，主に，塩化水素やフッ化水素，硫黄酸化物（SO_x），窒素酸化物（NO_x）や，アンモニア，アミン類の回収も行われている．また，処理水に次亜塩素酸カルシウム（さらし粉）を添加して，アルデヒドやメルカプタン類の酸化的分解を促進する場合もある．

工業的にも排気中の有害ガス成分を取り除くことは，大気汚染を防ぐ上できわめて重要で，実験室ドラフトと同様の目的で大規模なシステムが稼働している．特に，1930年代に開発された「石灰-石膏法脱硫プロセス」は，火力発電所などの燃焼排ガスを石灰水中に吹き込み，亜硫酸ガス（SO_x）を除去すると同時に石膏を副生するという方法で，1970年代以降，わが国で種々の改良が加えられ，大気環境の改善に大きく貢献してきた．

近年では，地球温暖化問題と関連して，各種燃焼ガスからの二酸化炭素の除去の必要性も高い．処理量が膨大であるために，吸収剤の循環・再利用も必須で，図6.16に示したように，吸収塔とともに，放散塔（ストリッパー：stripper）と呼ばれる蒸留塔の回収部だけのような装置が併用される．また，これと同様のシステムで，硫酸や硝酸製造に利用する酸素ガス中の二酸化炭素を除くためのアルカリ洗浄も行われている．さらに，塩化水素ガスを水に吸収させて塩酸を製造することも行われている．

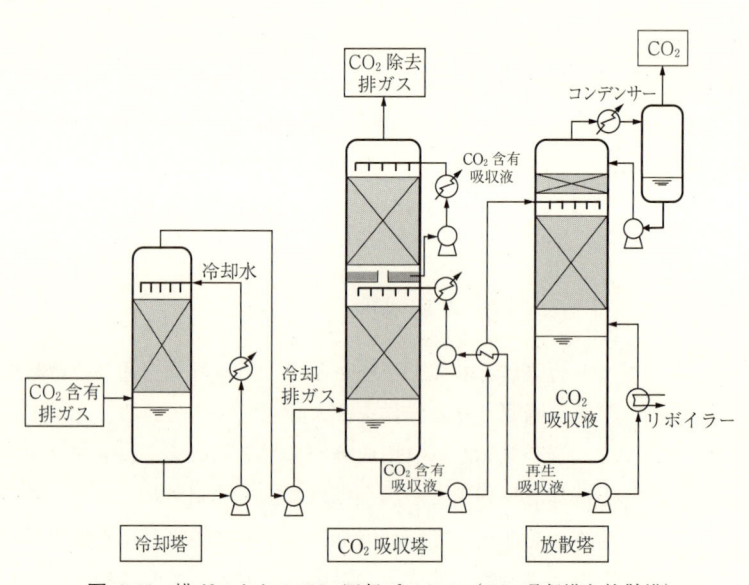

図 6.16 排ガスからの CO_2 回収プロセス（CO_2 吸収塔と放散塔）

b. ガス吸収の原理

ガス混合物のうちの特定の成分が，他の成分に比べて気相から液相に溶解しやすいときに，ガス吸収による分離が可能である．すなわち，気体の液体に対する溶解度の相違を利用した成分分離法である．溶質ガスを単に液中に溶解させるだけの物理吸収と，酸性ガスをアルカリ性液体に溶解させる場合のように，溶質ガスが吸収液と化学反応しながら溶解する反応吸収に分類される．一般に，前者に比べて後者の方が吸収速度は速くなる．気液平衡関係を利用する点では蒸留と共通する部分もあるが，蒸留のように相変化を起こさずに気体分子が液相に溶解する点が異なり，結果として，混合ガス中の比較的希薄な成分の分離に利用することが多い．分離の可否は吸収する液体（吸収剤）の選択に依存する．通常のガス成分は低温の方が溶解度が高いので，常温で操作することが多い．

c. 液体に対する気体の溶解度

前節 d 項の蒸留の気液平衡の説明の中でも触れたが，気相中の希薄な成分の液相への溶解では，ヘンリーの法則が成り立つ．蒸留の場合とは異なり，ガス吸収の操作では，対象としている成分と比べて相対的に溶けにくい気相成分については，全く溶けない物質として取り扱うことも多い．その場合，この種の成分を同伴ガス（carrier gas）と呼び，被吸収ガス濃度の基準として表示することがある．

ヘンリーの法則には，いくつかの異なる表現方法があり，気相分圧 Py_A [Pa] と液相モル分率 x_A [−] の関係を示した式 (6.7) のほかにも，気相分圧 p [Pa] と液相モル濃度 C [mol m^{-3}] の関係を示した式 (6.44) や気相モル分率 y [−] と液相モル分率 x [−] の関係を示した式 (6.45) なども使われている．

$$p = HC \tag{6.44}$$
$$y = mx \tag{6.45}$$

ここで，注意すべきは，ヘンリー定数の定義が異なれば，数値だけでなく，その単位も異なることである．上記の記号であれば，その単位は，H_A [Pa]，H [Pa m^3 mol^{-1}]，m [−] となり，いずれも，値が大きくなると気体の溶解度は低下する．ヘンリー定数の値は温度の関数として各種便覧に掲載されている．一般に，低温ほど溶解度は高くなる．

d. 気液界面近傍の濃度分布

b 項で述べたように，ガス吸収においては，気相中の希薄ガス成分が液相に溶解する．そこで，この溶解過程で重要となる「気液界面を通じた物質移動」について考察する（図 6.17）．

気相から液相への物質移動の推進力は，気液平衡からのずれ（濃度差＝圧力差）である．すなわち，対象とするガス成分を A とすると，気相中の A の分圧が，液相中の A のモル分率に対する平衡分圧よりも高い（あるいは逆に，液相中の A のモル分率が，気相中の A のモル分率に対する平衡モル分率よりも低い）状態にあるということである．このとき，界面近傍の A の濃度分布が形成されるメカニズムは複雑であるが，以下のようなモデル化（単純化）により，近

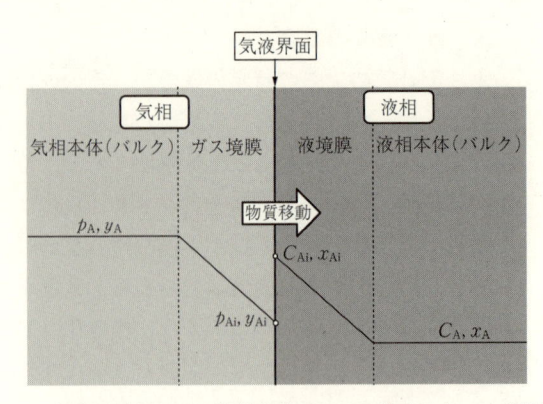

図 6.17 気液界面を通じた物質移動における濃度分布（二重境膜説）

似して考えることが実際的である．

まず，前節の蒸留の説明でも述べたように，界面のきわめて近傍では，気相から液相に飛び込む分子数と液相から飛び出す分子数が，短時間のうちにバランスして，ヘンリーの法則に従った気液平衡が成立していることを仮定する．

次に，気相および液相の界面から遠く離れた場所，これを気体本体および液体本体とする．界面から離れた場所という意味で本体をバルク（bulk）と呼ぶことも多い．バルクでは，十分に混合（対流・乱流拡散）が起こっていて，濃度分布は存在しない（濃度は均一）と仮定する．一方，気液界面近傍の両側には，境膜（fluid film）と呼ばれる動きにくい分子の薄い層が付着していて，この中では対流（流れ）が起きず，物質は分子拡散でのみ移動すると仮定する．気相側の境膜をガス境膜（gas-film），液相側の境膜を液境膜（liquid-film）と呼ぶ．

上記のような仮定をおいて異相界面の物質移動を議論するモデル（仮説）を，二重境膜説（double-film theory）あるいは二重境膜モデル（double-film model）という．ガス吸収の理論として，1924年にW. K. Lewis（ルイス）とW. G. Whitman（ホイットマン）によって提唱されたものである．

e. 物質移動係数とガス吸収速度

二重境膜説に従えば，濃度分極は境膜内にしか存在せず，したがって，物質移動の抵抗も境膜に存在すると考えられる．気相中のガス成分Aが液相に溶解する（気相から液相に物質移動が起きている）ときの濃度分布は，図6.17に示したようになる．気相本体ではAの分圧p_A（およびモル分率y_A）は一定となる．ガス境膜内では，気相本体側から界面に向かって濃度が低下する．界面におけるAの気相分圧をp_{Ai}（気相モル分率をy_{Ai}）とし，単位界面積あたり単位時間にガス境膜内を移動する物質量（Aのフラックス）を$N_{AG}\,[\mathrm{mol\,m^{-2}\,s^{-1}}]$とすると，次式のように表現できる．

$$N_{AG} = k_G(p_A - p_{Ai}) \tag{6.46}$$

ここで，$k_G\,[\mathrm{mol\,m^{-2}\,s^{-1}\,Pa^{-1}}]$はガス境膜（または気相）物質移動係数（gas-film coefficient of mass transfer）と呼ばれる比例定数で，バルクと界面の分圧の差にガス境膜内物質移動のフラックスが比例することを意味している．

一方,液相側の界面における液相濃度 C_{Ai}(および液相モル分率 x_{Ai})は,気相側の界面濃度と平衡関係にあり,ヘンリーの法則により,次式が成立する.

$$p_{Ai} = H_A C_{Ai} \tag{6.47}$$

さらに,液境膜内では,界面から液相本体に向かって濃度が低下していき,境界でAの濃度 C_A(およびモル分率 x_A)となり,液本体内部では一定となる.液境膜内でのAの物質移動速度を N_{AL} [mol m^{-2} s^{-1}] とすると,次式のように表現できる.

$$N_{AL} = k_L (C_{Ai} - C_A) \tag{6.48}$$

ここで,k_L [m s^{-1}] は液境膜(または液相)物質移動係数(liquid-film coefficient of mass transfer)と呼ばれる比例定数で,界面とバルクの濃度差に液境膜内物質移動のフラックスが比例することを意味している.

定常状態では,ガス境膜と液境膜内の物質移動速度は一致しており,その速度は気液界面におけるガス吸収速度 N_A [mol m^{-2} s^{-1}] を意味している.したがって,

$$N_A = k_G (p_A - p_{Ai}) = k_L (C_{Ai} - C_A) \tag{6.49}$$

が成立する.

f. 総括物質移動係数

界面の分圧 p_{Ai} および濃度 C_{Ai} を実測することはできないので,式 (6.49) から,これらの値を消去する.式 (6.49) を変形すると,

$$N_A = k_G (p_A - p_{Ai}) = \frac{p_A - p_{Ai}}{\frac{1}{k_G}} = \frac{H_A (C_{Ai} - C_A)}{\frac{H_A}{k_L}} \tag{6.50}$$

となる.したがって,式 (6.50) の右端の等式の分母同士と分子同士を加えて,式 (6.47) の関係を用いると,

$$N_A = \frac{(p_A - p_{Ai}) + H_A (C_{Ai} - C_A)}{\frac{1}{k_G} + \frac{H_A}{k_L}} = \frac{p_A - H_A C_A}{\frac{1}{k_G} + \frac{H_A}{k_L}} = \frac{p_A - p_A^*}{\frac{1}{k_G} + \frac{H_A}{k_L}} \tag{6.51}$$

が成立する.ここで,$H_A C_A \equiv p_A^*$ とした.ヘンリーの法則によれば,p_A^* はバルク液相(液本体)濃度と平衡となる気相分圧を意味している.各濃度間の関係は図 6.18 に示した.さらに,分母を次式のように書き換える.

$$\frac{1}{K_G} = \frac{1}{k_G} + \frac{H_A}{k_L} \tag{6.52}$$

式 (6.51) と式 (6.52) から,ガス吸収速度は,

$$N_A = K_G (p_A - p_A^*) \tag{6.53}$$

のような簡単な形式で記述することができる.このとき,K_G [mol m^{-2} s^{-1} Pa^{-1}] のことを気相分圧差基準の総括物質移動係数(overall coefficient of mass transfer)と呼ぶ.物質移動係数の逆数は物質移動抵抗を意味する.したがって,式 (6.52) の第1項は気相の物質移動抵抗,第2項は液相の物質移動抵抗に対応し,その直列和が全体の移動抵抗を表している.

同様にして,液相濃度差基準の総括物質移動係数 K_L [m s^{-1}] を定義すること

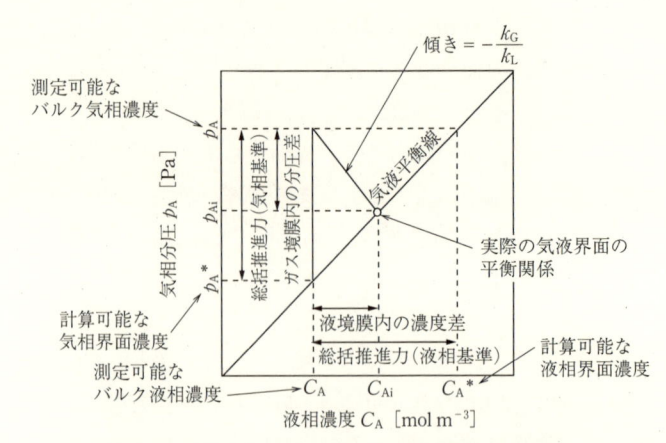

図 6.18 気液界面近傍での気液平衡関係（溶解平衡）
この図では，気液平衡線はヘンリーの法則に従うものとして直線で表したが，一般的には直線とは限らない．添え字に i が付いた界面濃度は実測できない．
*印が付いた濃度は実測値からヘンリーの法則により計算で求められる．

もできる．

$$\frac{1}{K_L} = \frac{1}{H_A k_G} + \frac{1}{k_L} \tag{6.54}$$

$$N_A = K_L(C_A^* - C_A) \tag{6.55}$$

このような係数変換をする理由は，実測できない界面濃度を基準とした物質移動係数は実用上の意味がないので，実測可能なバルク液相濃度から計算できる気相平衡分圧とバルク気相分圧の差を推進力とする総括物質移動係数の方が便利だからである．いずれにしても，後述するように，物質移動係数は周囲の流れ場の影響を受けるので実測する必要があり，種々の反応装置を利用した場合の相関式が提案されている．

また，ヘンリーの法則を式 (6.45) のように，気相のモル分率 y と液相のモル分率 x の間の関係として記述した場合には，ヘンリー定数を m として，気相モル分率差基準の総括物質移動係数 K_y [mol m^{-2} s^{-1}] を以下のように定義できる．

$$\frac{1}{K_y} = \frac{1}{k_y} + \frac{m}{k_x} \tag{6.56}$$

$$N_A = K_y(y_A - y_A^*) \tag{6.57}$$

同様に，液相モル分率差基準の総括物質移動係数 K_x [mol m^{-2} s^{-1}] も以下のように定義できる．

$$\frac{1}{K_x} = \frac{1}{m k_y} + \frac{1}{k_x} \tag{6.58}$$

$$N_A = K_x(x_A^* - x_A) \tag{6.59}$$

ここまでの説明から明らかなように，ここで示した 4 つの総括物質移動係数の間には，次式で示した関係がある．

$$K_y = K_G P_T, \quad K_x = K_L C_T \tag{6.60}$$

ここで，P_T [Pa] は全圧，C_T [mol m^{-3}] は溶液の全モル濃度である．

g. 物質移動係数と拡散係数

二重境膜説では,境膜内での物質移動は分子拡散によって起こるので,フィックの拡散の法則(式(3.85),(3.86))に従う.したがって,物質Aの気相および液相における相互拡散係数(diffusion coefficient)をD_{GA} [m²s⁻¹]およびD_{LA} [m²s⁻¹]とすると,物質移動のフラックス[mol m⁻² s⁻¹]は濃度勾配に比例するとして,

$$N_A = D_{GA}\frac{\frac{\rho_M}{P_T}(p_A - p_{Ai})}{\delta_G} = D_{LA}\frac{C_{Ai} - C_A}{\delta_L} \tag{6.61}$$

となる.ここで,δ_G [m]およびδ_L [m]はガス側境膜厚さおよび液側境膜厚さ,ρ_M [mol m⁻³]は気体のモル密度である.気相に移行しない液相成分(不活性成分)を考える場合には,一方向拡散と考えて,境膜厚さに不活性成分の境膜内対数平均モル分率を乗じる必要がある.

式(6.61)を式(6.49)および式(6.50)と比べてみればわかるように,物質移動係数は,境膜内の拡散係数を境膜厚さで割った値に比例する.拡散係数は物性定数であり,実験系や装置に依存せずに拡散物質と温度(濃度)を定めれば決定できるので,各種便覧に数値が載っている.他方,境膜厚さは,直接測定できないが,周囲の流れの状況によって厚さが変わることは容易に想像できよう.たとえば,周囲を激しく混合すれば,境膜は薄くなり,物質移動の抵抗は軽減する(物質移動係数は増大する).実験系・装置に依存する点では,境膜厚さも(総括)物質移動係数も同じことであるが,対応する物理現象を理解しておくことは重要である.

h. 反 応 吸 収

b項でも言及したように,反応吸収(chemical absorption)では,混合ガス中の特定成分(溶質ガス)が物理的に液体に溶解した後,化学反応によって気体中とは異なる分子やイオンに変化する.したがって,溶解後,未反応のまま拡散する物質量が減少し,濃度が低下するために,液側境膜内での濃度勾配が急になり,拡散速度が上昇する結果,物理吸収に比べて溶解速度が向上する.

この反応によるガス吸収の促進効果は,反応しなかった場合,すなわち,物理吸収の物質移動係数k_L'と反応吸収の場合の物質移動係数k_Lの比βを用いて,次式のように表す.

$$N_A = k_L'(C_{Ai} - C_A) = \beta k_L(C_{Ai} - C_A) \tag{6.62}$$

このとき,β [-]のことを反応係数(反応促進係数)(reaction factor, enhancement factor)と呼び,1より大きな値をとる.反応吸収の研究を精力的に行った八田四郎次(1.2節b参照)に因み,八田数(Hatta number)ということもある.反応吸収の機構は複雑で,反応係数βは,反応次数,反応速度定数,平衡定数,液相濃度などに依存し,境膜内の反応速度と拡散速度の比の関数として相関されている(詳細は参考文献[1,8]を参照).反応吸収では,ヘンリーの法則に従わないことも多く,たとえば二酸化炭素を水酸化ナトリウム水溶液に溶解させ

る場合には，平衡気相濃度はほぼ0と見なせる．また，有害物質の除去のような目的では，吸収剤の再生のために，放散（stripping）させる必要があり，反応物が加熱分解するような系が望まれる．

i. ガス吸収装置

ガス吸収装置は，気液接触方式によって2種類に大別される．一つは連続相が液体で，この中に気泡を分散させるタイプである．このようなガス分散型の吸収装置としては，通気攪拌槽，気泡塔，棚段塔（泡鐘塔）などがある．もう一つは逆に，連続相の気体中に液体を分散させるもので，スプレー塔，充填塔，濡壁塔などがある．図6.19に充填塔，気泡塔，泡鐘塔の構造を示した．気液接触という意味では，蒸留のための装置と共通する部分が多い．一般に，分散した相の中の流体は連続相に比べて動きにくいので，気相側境膜の物質移動抵抗が支配的な場合には気相中に液相を液滴として分散させ，逆に，液相側境膜の物質移動抵抗が支配的な場合には液相中に気相を気泡として分散させることが多い．泡鐘塔のような棚段接触装置（操作）については，前節の蒸留で説明したので，ここでは，充填塔（層）に代表される微分接触装置（操作）について説明する．

充填塔によるガス吸収操作では，通常，塔上部から導入された液体は，内部の不活性で複雑な構造の充填物の表面を伝わって膜状に流下し，塔下部より排出する．一方，気体は塔底部より導入し，充填物の隙間を通って上昇し，塔上部より排出する．この間，主に充填物の表面で気液接触によりガス吸収が起こるため，その面積を増大させつつ，空隙率を高く圧力損出を低く保つことのできる種々の形状の充填物が利用されている（前節のh項参照）．液の流れとガスの流れが逆向きの操作を，向流操作といい，その装置を向流吸収塔と呼ぶ．

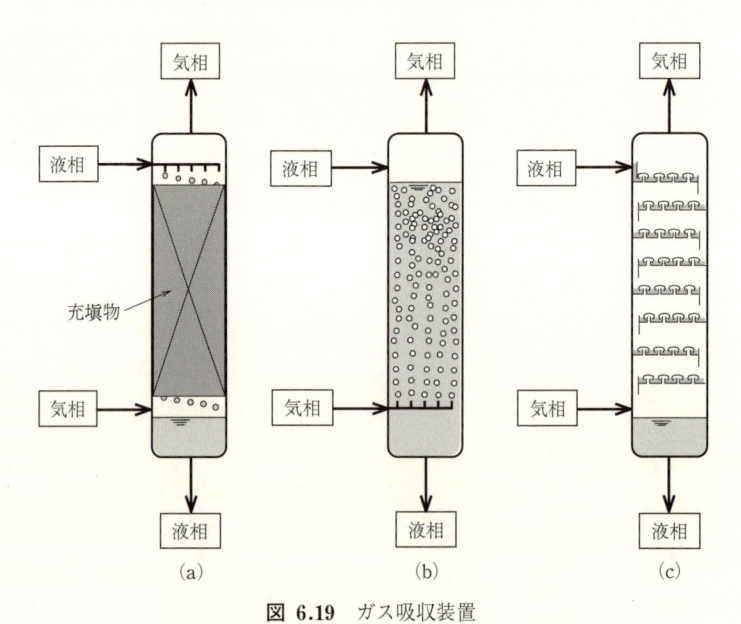

図 6.19 ガス吸収装置
(a) 充填塔，(b) 気泡塔，(c) 棚段塔（泡鐘塔）．

j. 充填塔の物質収支

向流充填塔（吸収塔）を用いたガス吸収操作では，処理気体の流量，吸収対象の特定成分のモル分率，出口で必要とされる除去後のモル分率などが与えられたときに，処理剤（吸収液）の流量をどのように決定するかが1つの課題である．そのためには，まず，向流吸収塔全体の物質収支を考える必要がある．

図6.20に物質の出入りを概念的に示し，記号を付記した．ここで，吸収に関与しない不活性な（inertな）ガス成分 G_{Mi} [mol m^{-2} s^{-1}] および溶質成分 L_{Mi} [mol m^{-2} s^{-1}] の（物質量の）流量を基準に，吸収される溶質の収支を議論する．前者の例としては，酸性ガス吸収の際の同伴ガス（空気）があげられる．塔底から塔頂に向かって酸性ガスの吸収に伴い，ガス流量は減少していくが，同伴ガスの流量は変化しないため，基準として用いることができる．後者の液相についても，たとえば，純溶媒（水など）の流量を基準とすることができる．着目する溶解ガスの液相および気相のモル分率をそれぞれ，x および y とすると，気相から失われた着目溶質成分と液相に溶け込んだ着目溶質成分の流量は一致するので，塔底を添え字1，塔頂を添え字2として，

$$G_{Mi}\left(\frac{y_1}{1-y_1}-\frac{y_2}{1-y_2}\right)=L_{Mi}\left(\frac{x_1}{1-x_1}-\frac{x_2}{1-x_2}\right) \tag{6.63}$$

が成り立つ．式（6.63）で，左辺は気相内の溶質の（塔底からの入量）−（塔頂からの出量），右辺は液相内の溶質の（塔底からの出量）−（塔頂からの入量）を意味している．ガス吸収が起これば，両辺とも正の値となる．

ここで，気相および液相の溶質と溶媒のモル比を X, Y とおくと，

$$X=\frac{x}{1-x}, \qquad Y=\frac{y}{1-y} \tag{6.64}$$

$$G_{Mi}(Y_1-Y_2)=L_{Mi}(X_1-X_2) \tag{6.65}$$

と比較的簡単な関係になる．溶質の濃度が希薄な場合には，$1-x≒1$, $1-y≒1$ なので，$x=X$, $y=Y$ となり，G_{Mi} [mol m^{-2} s^{-1}], L_{Mi} [mol m^{-2} s^{-1}] も気相，

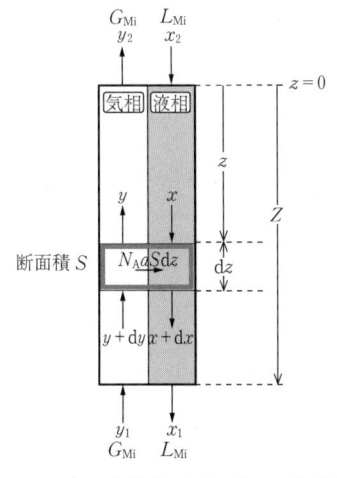

図 6.20 向流充填塔（吸収塔）の物質収支

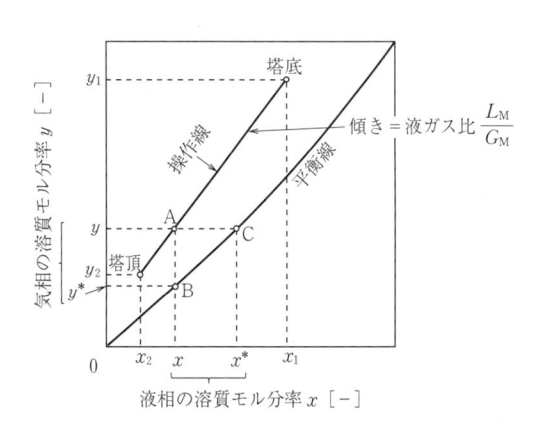

図 6.21 吸収塔の液相濃度と気相濃度の関係

液相の物質量流量 G_M [mol m^{-2} s^{-1}], L_M [mol m^{-2} s^{-1}] に近似できるので,
$$G_M(y_1-y_2)=L_M(x_1-x_2) \tag{6.66}$$
が成立する.

続いて,塔頂 ($z=0$) から塔内の任意の高さ ($z=z$) の断面までの物質収支をとると,その位置での溶解ガスの気相および液相のモル分率をそれぞれ,x, y として,式 (6.63) の導出と同様にして (図 6.20 参照),
$$G_{Ml}\left(\frac{y}{1-y}-\frac{y_2}{1-y_2}\right)=L_{Ml}\left(\frac{x}{1-x}-\frac{x_2}{1-x_2}\right) \tag{6.67}$$
$$G_{Ml}(Y-Y_2)=L_{Ml}(X-X_2) \tag{6.68}$$
となり,溶質が希薄な場合には,
$$G_M(y-y_2)=L_M(x-x_2) \tag{6.69}$$
となる.式 (6.69) を書き直すと,
$$y=\frac{L_M}{G_M}(x-x_2)+y_2 \tag{6.70}$$
となる.この式は,x-y 平面上では,塔頂組成を意味する点 (x_2, y_2) を通る傾き L_M/G_M の直線の方程式である.近似できない場合には,X-Y 平面上でも同様のことが成立するので,以下,近似した状況について説明する.

ここで,L_M/G_M のことを液ガス比 (liquid-gas ratio) と呼んで,吸収塔などの気液接触操作では重要な操作因子である.図 6.21 に吸収塔の気液組成を表す x-y 線図を示した.横軸は液相の溶質モル分率,縦軸は気相の溶質モル分率である.このとき,上述の式 (6.69) は,塔底と塔頂の間の各高さにおける x と y の関係を示した直線で,操作線と呼ばれるものである.塔頂が左下の点に対応し,塔底が右上の点に対応する (吸収塔が坂道で逆様になっているイメージである).この直線上の任意の点 A(x, y) から y 軸に平行な直線を引き,平衡線との交点を B(x, y^*) とすると,線分 AB の長さ ($y-y^*$) は気相境膜基準の総括物質移動の推進力を示しており,x 軸に平行な直線と平衡線との交点を C(x^*, y) とすると,線分 AC の長さ ($x-x^*$) は液相境膜基準の総括物質移動の推進力を示している.すなわち,操作線と平衡線の間隔が大きいほど,気液物質移動の推進力が大きく,操作線が平衡線の左上方にあれば,気相から液相への物質移動が起こることを示している.

k. 吸収塔の液ガス比の決定

通常,吸収塔の操作では,気相の入口条件は処理ガスの原料組成としてあらかじめ決まっている.また,気相の出口条件も放出ガスの規制や原料回収率などから決まってくる.さらに,液相の入口条件も使用する吸収剤を選定した時点で決定している (溶質濃度は 0 であることが多い).そうすると,問題は,操作因子である液ガス比を変えることによって液相出口条件がどうなるかである.したがって,図 6.22 の x-y 線図において,液相出口条件のみ変化させることは,操作線の塔頂に対応する点 T (top) を固定し,塔底に対応する点 B (bottom) を直線 $y=y_1$ に沿って移動させることに対応している.この傾きが液ガス比を示して

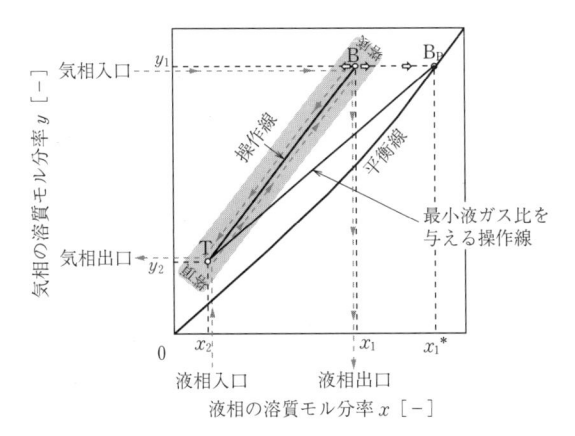

図 6.22 吸収塔の液ガス比の決定

いる.前述のように,操作線の傾きが液ガス比を示している.操作線と平衡線が重なると物質移動(吸収)が起こらなくなるので,液ガス比が最小になるのは,点Bを水平方向に移動させていって,平衡線と重なったとき(点B_P)の操作線(線分TB_P)の傾きである.このときの液相流量を最小液流量,液ガス比を最小液ガス比(minimum liquid-gas ratio)という.塔底の気相濃度に平衡な液相濃度をx_1^*と書けば,最小液ガス比は,

$$\left[\frac{L_M}{G_M}\right]_{最小} = \frac{y_1 - y_2}{x_1^* - x_2} \tag{6.71}$$

となる.最小液ガス比では,塔底で物質移動が起こらなくなるので,実際はこれより大きな液ガス比(1.2~2倍程度)を採用する.一方,液ガス比が一定でもガス流量を上げすぎると,液体が塔内を流下できなくなり,塔内の液量(液ホールドアップ)が増大し始める.この状態をローディング(loading)と呼んでいて,実際の運転操作では,この点を越えないような流量とする.さらに,ガス流量を上げていくと,飛沫同伴が増大し,塔頂に向かって液が逆流するフラッディング(flooding)と呼ばれている現象が起こって,運転ができなくなる.

l. 向流充填塔の高さの決定方法

図6.20に示したように,向流充填塔の塔頂から高さz [m] の位置に高さdz [m] の微小区間を考え,塔断面積をS [m²] として,この微小体積の空間で,溶質(吸収)ガスの物質収支を考える.塔内では,気液接触界面は複雑な形状をとっているので,塔の単位体積あたりの気液接触面積を考え,これをa [m² m⁻³] とおく.このとき,単位界面積あたりのガス吸収速度(フラックス)をN_A [mol m⁻² s⁻¹] とすると,この微小空間内で気相から液相に吸収される物質移動速度は,$N_A \times a \times S \times dz$ [mol s⁻¹] なので,

$$N_A a S dz = K_y (y - y^*) a S dz \tag{6.72}$$

となる.微小空間の気相側の溶質の物質収支は,

$$G_M S(y + dy) = G_M S y + K_y (y - y^*) a S dz \tag{6.73}$$

$$\therefore dz = \frac{G_M}{K_y a} \frac{dy}{y-y^*} \qquad (6.74)$$

この両辺を塔頂（添え字 2）から塔底（添え字 1）に向かって積分すると，全塔高 Z [m] が求まる．

$$Z = \int_0^z dz = \frac{G_M}{K_y a} \int_{y_2}^{y_1} \frac{dy}{y-y^*} \qquad (6.75)$$

式（6.75）の右辺の積分値は，積分接触型装置の高さを決めるために必要な無次元数で，移動単位数（number of transfer unit：NTU）という．また，積分に関わる係数 $G_M/K_y a$ を移動単位高さ（height per transfer unit：HTU）と呼ぶ．ここでは，気相基準の総括物質移動係数によって定義しているので，気相基準の総括移動単位数（総括 NTU：number of overall transfer unit），気相基準の総括移動単位高さ（総括 HTU：height per overall transfer unit）といい，それぞれ，N_{OG} [−]，H_{OG} [m] という記号で表す．よって，

$$H_{OG} = \frac{G_M}{k_y a} \text{ [m]}, \qquad N_{OG} = \int_{y_2}^{y_1} \frac{dy}{y-y^*} \text{ [−]} \qquad (6.76)$$

$$Z = H_{OG} N_{OG} = \frac{G_M}{K_y a} \int_{y_2}^{y_1} \frac{dy}{y-y^*} \text{ [m]} \qquad (6.77)$$

となる．また，移動単位高さに含まれる $K_y a$ [s^{-1}] の項は，単位体積あたりの総括物質移動係数を意味しており，総括物質移動容量係数（overall volumetric coefficient of mass transfer）という．

m. 移動単位高さと移動単位数

総括移動単位高さ H_{OG} [m] は，充填物の形状・大きさ，塔径，使用する流体の物性・流量などに依存した値であるので，複雑な形状の種々の充填物を利用しているガス吸収操作では実験的に求める必要がある．種々の操作条件における物質移動係数の値に関する相関式がいくつかの充填物について提案されており，各種便覧などの成書にも出ているので，これらを参照して計算によって H_{OG} を求めることができる場合もある．なお，気相基準の総括移動単位高さ H_{OG} は，式（6.56）を用いれば，気相と液相基準の移動単位高さ H_G および H_L を用いて，次式のように表現できる．

$$H_{OG} = \frac{G_M}{K_y a} = \frac{G_M}{a}\left(\frac{1}{k_y} + \frac{m}{k_x}\right) = H_G + H_L \frac{mG_M}{L_M} \qquad (6.78)$$

一方，総括移動単位数 N_{OG} [−] は，式（6.76）の積分の項を図積分あるいは数値積分することによって求めることができるが，平衡線がヘンリーの法則で近似でき，これまで述べてきたように溶質濃度が希薄で操作線が直線に近似できるときには，次式のように解析的に求めることもできる．

$$総括 NTU = N_{OG} = \frac{y_1 - y_2}{(y-y^*)_{lm}} \qquad (6.79)$$

ここで，添え字 lm は，塔頂と塔底の気相基準の総括推進力 $(y-y^*)$ の対数平均で，

$$(y-y^*)_{\mathrm{lm}} = \frac{(y_1-y_1^*)-(y_2-y_2^*)}{\ln\left(\dfrac{y_1-y_1^*}{y_2-y_2^*}\right)} \tag{6.80}$$

である．

6.4 抽　　出

a. 固液抽出と液液抽出

抽出操作は，固体または液体中の目的成分を親和性の高い液体に移行させて分離する方法である．固体物質から分離する操作を固液抽出（solid-liquid extraction）（図 6.23(a)）と呼ぶのに対して，液体に溶解している物質を抽出する操作を液液抽出（liquid-liquid extraction）（同図 (b)）と呼ぶ．抽出の対象となる物質を溶質（あるいは抽質（solute, extract product）），抽出に用いる液体を抽剤（あるいは抽出溶媒（extraction solvent）），溶質を取り込んだ抽剤を抽出液（extract）という．液液抽出の場合には，原料となる抽質が溶け込んだ液体（抽料ともいう）の溶媒を（原）溶媒（solvent）（あるいは希釈剤（diluent））と呼ぶが，原溶媒と抽剤が混合後に静置することによって容易に相分離して 2 相に分かれるような抽剤を選択することが必須である．このとき，抽出後の原溶媒に富んだ相を抽残液（raffinate）と呼んでいる．図 6.23(b) では，原溶媒と抽剤は互いに混じり合わないような印象を受けるかもしれないが，実際は，2 相分離していても，ある程度まで相互に溶解していることに留意しなければならない．

固液抽出と液液抽出は，目的物質が溶解しやすい抽剤との固液または液液平衡関係を利用した分離操作という意味では類似点もあるが，実際の分離プロセスはかなり異なる面があるので，本節では，主に，液液抽出操作について説明する．なお，液液抽出操作では，目的物質を原溶媒から抽出液溶媒に移行させた後，目的物質と抽出溶媒を分離・回収するために，通常，蒸留操作（あるいは蒸発操作）を行う必要がある．したがって，分液ロートなどを使って実験室で頻用される液液抽出も，工業的には，蒸留による分離が困難な混合物を対象とする場合に有利な分離プロセスと考えるべきである．

b. 抽出の例

石油化学プラントでは，エチレン製造時の副生油や粗製ガソリンから芳香族化

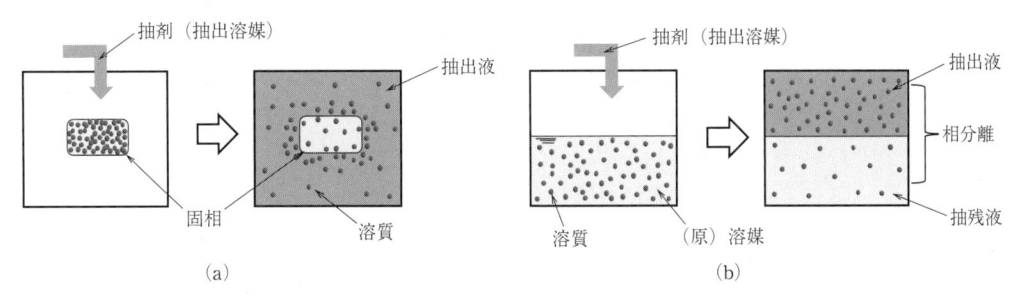

図 6.23 (a) 固液抽出と (b) 液液抽出の概念図

合物（ベンゼン，トルエン，キシレンなど）を分離するために，非プロトン性極性溶媒であるスルホラン（sulfolane）などを用いた液液抽出が行われている．また，酢酸含有廃水（水溶液）からの酢酸の回収に酢酸ブチルやメチルイソブチルケトン（MIBK）などが利用できる．

固液抽出では，ヘキサンを用いた植物原料からの食用油（植物油）の抽出，各種有機溶媒や超臨界二酸化炭素を利用したコーヒー豆からのカフェイン除去（「デカフェ」として市販されている），各種鉱石からの金属イオンの抽出（たとえばウランなど）に利用されている．

c. 液液抽出の原理

単純化のために，図6.23(b) に示したように，原料が溶質と原溶媒の2成分系であるとする．抽剤として加えた第3成分の液体と原溶媒が互いに混じり合わないとき，原溶媒より抽剤の方が溶質との親和性が高ければ，溶質は抽剤に移行する．3成分系を十分に混合した後に相分離させると，両相は性質の似通った分子に取り囲まれる溶質が多くなるような状態で平衡に達する．これが液液抽出の原理であるので，抽剤は，原溶媒よりも，溶質に対する親和性の高い溶媒を選択する必要がある．

d. 三角線図

液液抽出では，溶質，原溶剤，抽剤の平衡関係によって分離後の組成が決定される．3成分系の平衡関係は三角線図で表現する．正三角形でも直角三角形でもよいが，ここでは作図の容易な後者について図6.24を使って説明する．3成分系のモル比（あるいは重量比）は2成分を決めると残りは自動的に決まるので，直角三角形の直角を挟む2辺の座標に2成分を割り当てる．通常は縦軸に溶質の割合（重量比のことが多い），横軸に抽剤の割合を当てる．その和は1を超えないので，三角形の斜辺の外側の座標は不要になる．このとき，三角形内の各点が3成分系の組成に相当し，その縦と横の座標が，それぞれ，溶質と抽剤の割合を示し，その点から座標軸に平行な線を三角形の斜辺まで伸ばしたときの交点までの距離が，残りの原溶媒の割合を示していることは図から容易に理解できる．

e. 3成分系2液の混合組成

異なる組成を有する3成分系の2液 P $(x_P, y_P, 1-x_P-y_P)$ と Q $(x_Q, y_Q, 1-x_Q-y_Q)$ を，それぞれ p kg，q kg ずつ混合したとき，その混合液 M $(x_M, y_M, 1-x_M-y_M)$ の組成は，各成分の物質収支をとることによって容易に知ることができる．

$$px_P + qx_Q = (p+q)x_M \quad \therefore x_M = \frac{px_P + qx_Q}{p+q} \tag{6.81}$$

$$py_P + qy_Q = (p+q)y_M \quad \therefore y_M = \frac{py_P + qy_Q}{p+q} \tag{6.82}$$

このとき，図6.25における直角三角形 △MSQ と △PRM の辺の長さの比は，

$$\frac{\overline{MR}}{\overline{QS}} = \frac{x_M - x_P}{x_Q - x_M} = \frac{\frac{px_P + qx_Q}{p+q} - x_P}{x_Q - \frac{px_P + qx_Q}{p+q}} = \frac{q(x_Q - x_P)}{p(x_Q - x_P)} = \frac{q}{p} \tag{6.83}$$

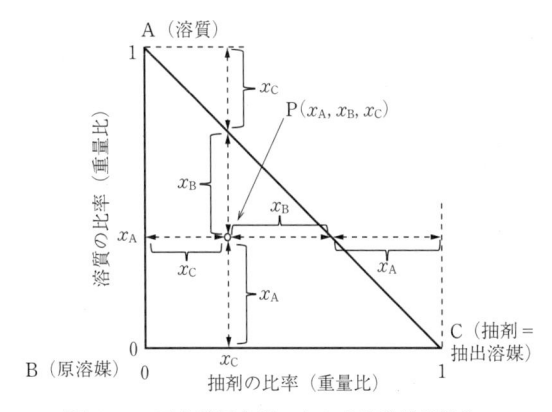

図 6.24 三角線図を用いた3成分系抽出操作の濃度表示方法

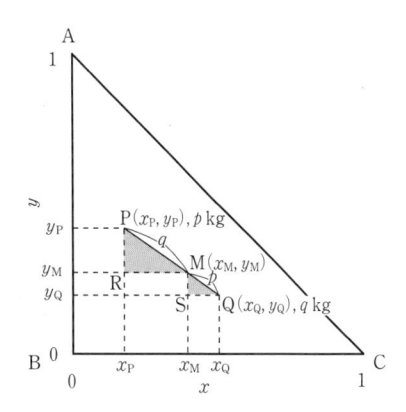

図 6.25 三角線図における3成分系液体混合濃度の表示方法（てこの原理）

$$\frac{\overline{\text{PR}}}{\overline{\text{MS}}} = \frac{y_P - y_M}{y_M - y_Q} = \frac{y_P - \dfrac{py_P + qy_Q}{p+q}}{\dfrac{py_P + qy_Q}{p+q} - y_Q} = \frac{q(y_P - y_Q)}{p(y_P - y_Q)} = \frac{q}{p} \tag{6.84}$$

となり，両者は一致することから，直角三角形 △MSQ と △PRM は相似である．したがって，残りの1辺の比も q/p に等しく，次式が成立する．

$$\overline{\text{PM}} : \overline{\text{MQ}} = q : p \tag{6.85}$$

この結果から，三角線図上の2点 P，Q の組成を有する液体を $p:q$ の比で混合すると，混合液の組成は，線分 PQ を $q:p$ で分割した点 M の組成に一致することを意味する．別の表現をすると，

$$q \times \overline{\text{PM}} = p \times \overline{\text{MQ}} \tag{6.86}$$

となるので，点 M を支点とする棒の両端の点 P および点 Q にそれぞれ質量 p および q のおもりが下がっているときのバランスの条件式との類似性から，「てこの原理」と呼ぶこともある．このように，三角線図上では，2液混合による組成変化を簡単に図示することができる．

f. 3成分系の溶解度平衡

3成分系では混合後，2相に分離する場合と1相（均一相）になる場合があり，a項で述べたように，液液抽出のためには，2相分離するような抽剤を選定する必要がある．図 6.26(a) の三角線図では，1相領域と2相領域を隔てる曲線が溶解度曲線（solubility curve）で，この上方は1相，下方は2相に分かれる．分離後の互いに平衡にある2相の組成を示す点（たとえば，図中のEとR）を結んだ線分（ER）をタイライン（対応線）と呼ぶ．Eから垂直に下ろした線とRから水平に伸ばした線の交点の軌跡を共役線と呼び，共役線が決まれば，タイラインも定まる．共役線と溶解度曲線が交わる点をプレイトポイント（plait point）と呼び，ここでは2相に分離した組成が一致して1相になることを意味する．

相分離した平衡な2液の組成の間の関係を平衡曲線と呼び，図 6.26(b) に示

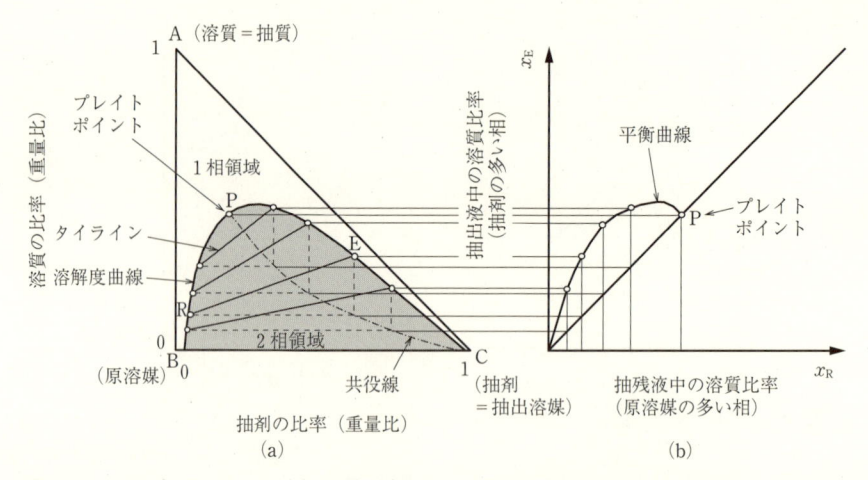

図 6.26 三角線図を用いた (a) 3 成分系液体の溶解度曲線および (b) 2 相分離した場合の両相に対する溶質の分配平衡曲線

したように溶解度曲線から容易に作図できる．縦軸は抽剤の組成の多い方の相の溶質の割合，横軸は抽剤が少ない相の溶質の割合を示しており，この曲線が対角線から離れるほど抽剤は有効に働く．平衡曲線上の各点と原点を結んだ直線の傾きは分配係数を表している．

g. 液液抽出の装置

代表的な液液抽出装置は，ミキサーセトラー (mixer-settler) と呼ばれるもので，原料と抽剤を混合するための撹拌槽（ミキサー）と平衡に達した混合液を 2 相に分離するための静置槽（セトラー）から構成されている（図 6.27(a)）．通常，セトラーでは密度差による 2 相分離を行い，上層と下層を異なる出口から回収することにより抽出液と抽残液を得る．このとき，比重の大きい方の液を重液，小さい方の液を軽液と呼ぶ．工業的な装置では，抽出液を蒸留して溶質を精製すると同時に抽剤を回収し，再利用するための設備が付随している．

ミキサーとセトラーの 1 セットで抽出が完了する操作を単抽出 (single extraction) 操作という．しかし，それでは抽出が不十分な場合には，複数のミキサーセトラー（槽）を直列に連結した多段抽出 (multistage extraction) という方法がとられる．多段抽出には，各段の抽残液に抽剤を加えて次の槽に送り，抽出液は槽を通さずに，並流で集めて取り出す並流多段抽出 (co-current multistage extraction) と，各槽出口の抽出液と抽残液の流れが向流になるように次の槽に送る向流多段抽出 (countercurrent multistage extraction) と呼ばれる方法がある．前者は，単一の槽で多数回抽出を行うことと抽出結果に関しては同じことになるので，多回抽出ということもある．各段で抽剤を供給するので，本来の意味での並流操作ではなく，また，結果として，溶質が希釈されてしまう．これに対して，向流多段抽出では抽剤は最初の段に導入するだけなので，抽出後の分離・精製が容易で効率的である．

塔型の抽出装置としては，充填塔 (packed column)，多孔板塔 (perforated-

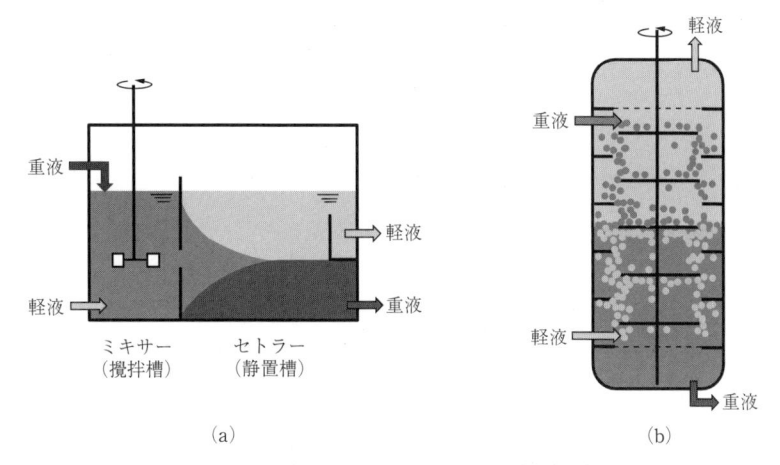

図 6.27 液液抽出のための装置例(概念図)
(a) ミキサーセトラー,(b) 回転円板型抽出塔(RDC).

plate column),バッフル塔(baffle column),回転円板塔(rotating disc column:RDC)(図 6.27(b)),振動板塔などが利用されている.これらのうち,RDC と振動板塔は,動力式の攪拌促進機構をもっている.いずれも,重液を塔頂から,軽液を塔底から導入し,逆に,塔頂から軽液,塔底から重液を回収する向流操作を行う.また,上昇する液滴は少しずつ合一するため,途中で合一した液滴の再分割が誘起されるような構造になっている.しかし,相分離は基本的に重力に依存しているため,密度差が小さい2液の場合には,遠心式の連続抽出装置も利用されている.ペニシリンの抽出に 1945 年ごろから使われていたというポドビルニアク抽出機(Podbielniak contactor:Pod)も,遠心分離式抽出装置の一種である.

h. 単 抽 出

抽剤を選定し,使用する原料および抽剤の量および組成を決めた場合,3 成分の溶解度曲線(平衡曲線)が明らかであれば,三角線図を利用して作図することによって,抽出液および抽残液の組成および量,溶質の回収率を求めることができる.

ここで,回分操作における原料の処理量を f [kg],原料中の溶質の組成を x_F [―],抽剤の使用量を s [kg] とすると,溶質の物質収支により,混合液 M の組成 x_M [―] は,

$$fx_F + s \times 0 = (f+s)x_M \qquad \therefore x_M = \frac{fx_F}{f+s} \tag{6.87}$$

となるので,図 6.28(a) の三角線図上の線分 FC 上で,式 (6.87) を満たすように,混合液の組成を表す点 M を決定することができる.さらに,点 M を通るタイラインを引き,溶解度曲線との交点を定めれば,抽出液組成を表す点 E および抽残液組成を表す点 R を定めることができる.タイラインを引く際には,平衡曲線から,M 点近傍を通るタイラインを試しに何本か引き,試行錯誤的に

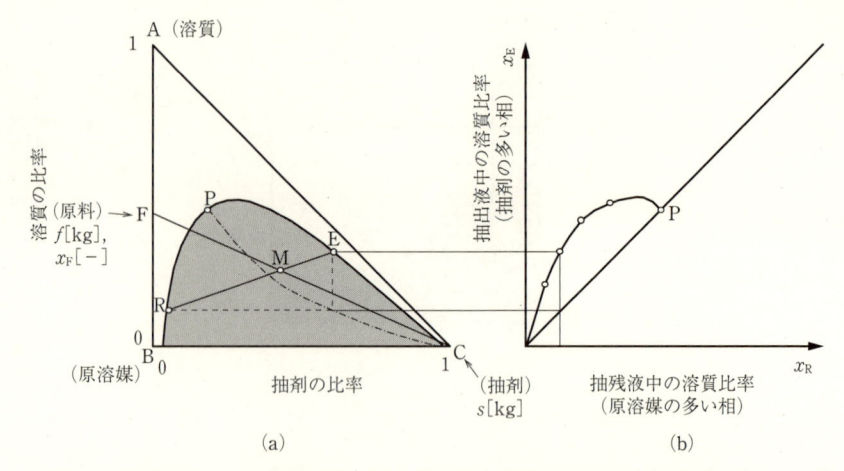

図 6.28 三角線図を用いた単抽出における (a) 抽出液濃度および (b) 抽残液濃度の計算

決定する必要がある.

点 E および点 R の縦軸座標を三角線図から読み取り, x_E [—] および x_R [—] とすると, 抽出液の量 e [kg] および抽残液の量 r [kg] は, 全液量と溶質の物質収支から,

$$e + r = f + s \quad \therefore r = f + s - e \tag{6.88}$$

$$e x_E + r x_R = e x_E + (f + s - e) x_R = (f + s) x_M$$

$$\therefore e(x_E - x_R) = (f + s)(x_M - x_R), \quad \therefore e = (f + s)\frac{x_M - x_R}{x_E - x_R} \tag{6.89}$$

$$\therefore r = f + s - e = (f + s)\left(1 - \frac{x_M - x_R}{x_E - x_R}\right) \tag{6.90}$$

となり, 容易に求めることができる. また, 溶質の回収率は, 次式で求まる.

$$回収率 = \frac{抽出液中の溶質}{原料中の溶質} = \frac{e x_E}{f x_F} \tag{6.91}$$

i. 並流多段抽出（多回抽出）

g 項で述べたように, 単抽出では溶質の回収が不十分な場合に, 複数のミキサーセトラー（槽）を直列に連結した多段抽出が行われる. 並流多段抽出の物質の流れを図 6.29(a) に示した. 第 1 槽に原料と抽剤を導入し, 抽残液を第 2 槽に送り, 抽出液は槽を通さずに, 並流で集めていく. 前項で示した作図法に従い, 第 1 段について抽残液の供給速度と組成を求めれば, これを, 第 2 槽の供給液の組成と考えることにより, 第 2 槽以下の抽残液の供給速度と組成を順に求めることができる. 以下, 第 n 槽について記述する. 原料（前段の抽残液）および抽剤の供給速度を r_{n-1} [kg h^{-1}], s_n [kg h^{-1}] とすると, 図 6.29(b) に示したように, 第 n 槽に関する溶質の物質収支から, 第 n 槽の混合液 M_n の組成 $x_{M,n}$ [—] は,

$$r_{n-1} x_{R,n-1} = (r_{n-1} + s_n) x_{M,n} \quad \therefore x_{M,n} = \frac{r_{n-1} x_{R,n-1}}{r_{n-1} + s_n} \tag{6.92}$$

となる. 三角線図上の線分 $R_{n-1}C$ 上で, 式 (6.87) を満たすように, 混合液の

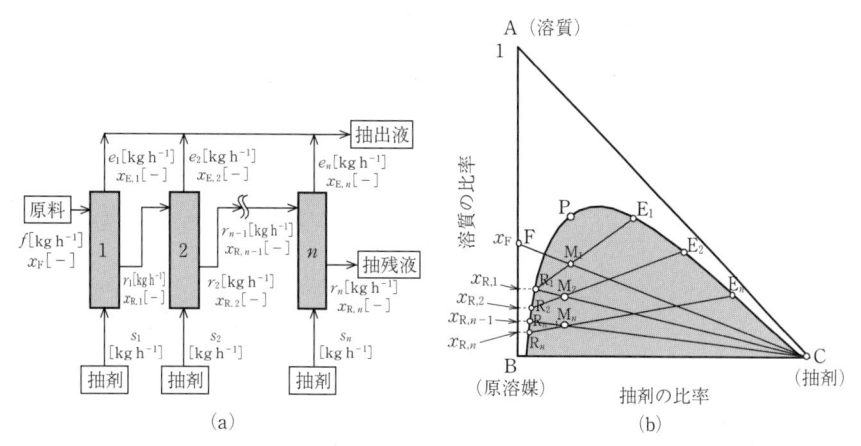

図 6.29 並流多段抽出
(a) 物質の流れ,(b) 濃度の変化(三角線図).

組成を表す点 M_n を決定することができる.さらに,点 M_n を通るタイラインを引き,溶解度曲線との交点を定めれば,抽出液組成を表す点 E_n および抽残液組成を表す点 R_n を定めることができる.点 E_n および点 R_n の縦軸座標を三角線図から読み取り,$x_{E,n}$ [—] および $x_{R,n}$ [—] とすると,抽出液の量 e_n [kg] および抽残液の量 r_n [kg] は,全液量と溶質の物質収支から,

$$s_n + r_{n-1} = e_n + r_n \quad \therefore r_n = s_n + r_{n-1} - e_n \tag{6.93}$$

$$e_n x_{E,n} + r_n x_{R,n} = e_n x_{E,n} + (s_n + r_{n-1} - e_n) x_{R,n} = (s_n + r_{n-1}) x_{M,n}$$

$$\therefore e_n(x_{E,n} - x_{R,n}) = (s_n + r_{n-1})(x_{M,n} - x_{R,n}) \tag{6.94}$$

$$\therefore e_n = (s_n + r_{n-1}) \frac{x_{M,n} - x_{R,n}}{x_{E,n} - x_{R,n}} \tag{6.95}$$

$$\therefore r_n = s_n + r_{n-1} - e_n = (s_n + r_{n-1}) \left(1 - \frac{x_{M,n} - x_{R,n}}{x_{E,n} - x_{R,n}}\right) \tag{6.96}$$

のように求めることが可能である.また,溶質の回収率は,次式で求まる.

$$回収率 = \frac{すべての抽出液中の溶質の総和}{原料中の溶質} = \frac{e\Sigma x_{E,n}}{f x_F}$$

$$= \frac{e(x_{E,1} + x_{E,2} + \cdots + x_{E,n})}{f x_F} \tag{6.97}$$

j. 向流多段抽出

n 段の向流多段抽出操作では,第 1 槽に原料,第 n 槽に抽剤(以下の説明では溶質を含まない抽剤)を導入し,第 1 槽から抽出液,第 n 槽から抽残液を抜き出す.中間の第 j 槽($1<j<n$)では,第 $j-1$ 槽の抽残液と第 $j+1$ 槽の抽出液を導入し,抽出液を第 $j-1$ 槽,抽残液を第 $j+1$ 槽に送る.全体として,抽出液と抽残液の流れが反対方向(向流)になっている.この場合,流量および組成に,前項同様に,図 6.30(a) に示したような記号を付けると,全液量と溶質の物質収支から,

$$s + f = e_1 + r_n = m \tag{6.98}$$

$$f x_F = e_1 x_{E,1} + r_n x_{R,n} = m x_M = (s + f) f_M \tag{6.99}$$

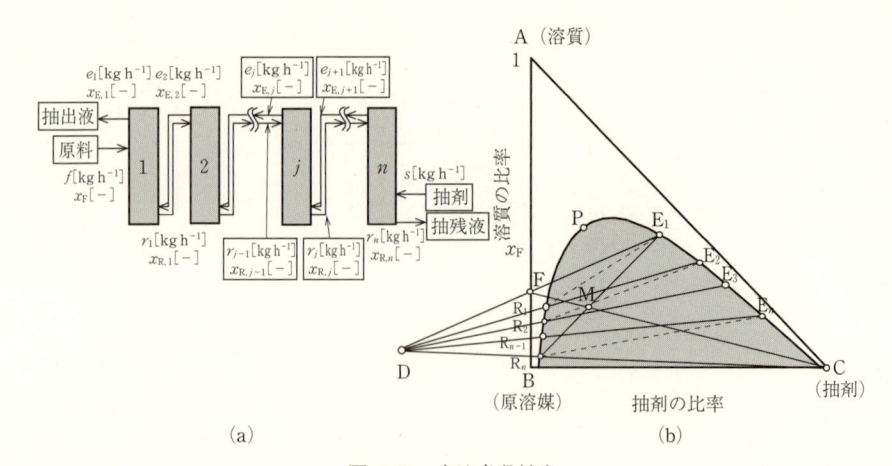

図 6.30 向流多段抽出
(a) 物質の流れ，(b) 濃度の変化（三角線図）．

$$\therefore x_M = \frac{fx_F}{s+f} = \frac{e_1 x_{E,1} + r_n x_{R,n}}{e_1 + r_n} \tag{6.100}$$

となる．ここで，m [kg h^{-1}] は，多段抽出装置（システム）全体に導入された液体全体の流量で，x_M [—] は原料と抽剤の中の溶質の平均濃度である．システムは定常状態にあるので，装置から留出する全流量も m [kg h^{-1}] で，その平均濃度は x_M [—] となる．すなわち，1段目の抽出液と n 段目の抽残液の混合組成も x_M [—] となる．ここで，装置への原料の導入流速 f [kg h^{-1}] とその組成 x_F [—] および抽剤の導入流速 s [kg h^{-1}] が与えられれば，式 (6.100) の左側の等式から，x_M を計算できる．そこで，図 6.30(b) の三角線図において線分 FC 上の x_M を満たす点を M とすると，この点は，原料と抽剤の混合組成と同時に，1段目の抽出液と n 段目の抽残液の混合組成も表すことになる．

このとき，n 段目の抽残液中の溶質組成 $x_{R,n}$ [—] が与えられると，三角線図上でその組成を表す点 R_n が定まり，線分 R_nM の延長線が溶解度曲線と交わった点が，1段目の抽出液の組成を表す点 E_1 となる．結果として，抽出液量も，抽残液量も定まる．

次に，第1段から第 j 段の物質収支を全物質と溶質について考えると，

$$f + e_{j+1} = e_1 + r_j \tag{6.101}$$

$$fx_F + e_{j+1}x_{E,j+1} = e_1 x_{E,1} + r_j x_{R,j} \tag{6.102}$$

式 (6.98) と式 (6.101) より，

$$f - e_1 = r_n - s = r_j - e_{j+1} \equiv d \quad (=一定) \tag{6.103}$$

よって，各段の間を移動する物質量は等しい．これを d [kg h^{-1}] とおく．式 (6.99) と式 (6.102) より，

$$fx_F - e_1 x_{E,1} = r_n x_{R,n} - s x_S = r_j x_{R,j} - e_{j+1} x_{E,j+1} = dx_D \tag{6.104}$$

が成り立つ（ここでは，供給抽剤は純溶媒ではなく，組成 x_S とした）．式 (6.102) の関係は，溶質だけでなく，抽剤についても成り立つので，上式で，溶質組成 x の代わりに抽剤組成を x' とおくと，

$$fx'_\mathrm{F} - e_1 x'_{\mathrm{E},1} = r_n x'_{\mathrm{R},n} - sx'_\mathrm{S} = r_j x'_{\mathrm{R},j} - e_{j+1} x'_{\mathrm{E},j+1} = dx'_\mathrm{D} \tag{6.105}$$

したがって，図 6.30(b) の三角線図上に点 $\mathrm{D}(x'_\mathrm{D}, x_\mathrm{D})$ を仮定すると，線分 DE_1 上に点 F，線分 DC 上に点 R_n，線分 DE_{j+1} 上に点 R_j が存在するような点 D を定めることができることがわかる（e 項参照）．別の言い方をすれば，線分 $\mathrm{E}_1\mathrm{F}$，線分 CR_n，線分 $\mathrm{E}_{j+1}\mathrm{R}_j$ の延長線は，すべて点 D で交わる．三角線図を用いた組成決定の作図上，点 D を操作点と呼ぶ．

原料の導入流速 $f\,[\mathrm{kg\,h^{-1}}]$ とその組成 $x_\mathrm{F}\,[-]$，抽剤の導入流速 $s\,[\mathrm{kg\,h^{-1}}]$（とその組成 $x_\mathrm{S}\,[-]$），抽残液中の溶質組成 $x_{\mathrm{R},n}\,[-]$ が与えられたときに，以下の手順で抽出に必要な段数を計算することができる．

図 6.30(b) の三角線図において，与えられたデータから，点 F，点 R_n，点 C（$x_\mathrm{S} \neq 1$ のとき点 C は端点ではない）を定める．式 (6.100) で求まる x_M を満たす線分 FC 上の点 M を求める．線分 $\mathrm{R}_n\mathrm{M}$ の延長線と溶解度曲線の交点として点 E_1 を定める．線分 CR_n と線分 $\mathrm{E}_1\mathrm{F}$ の延長線の交点として点 D を定める．点 E_1 を通るタイラインを引いて溶解度曲線との交点として点 R_1 を定める．線分 DR_1 の延長線と溶解度曲線の交点として点 E_2 を定める．点 E_2 を通るタイラインを引いて溶解度曲線との交点として点 R_2 を定める．同様の操作を繰り返して，点 R_j が点 R_n より下になった時点で止める．このときの j が抽出の必要段数となる．

k. 塔型抽出装置の設計

充填塔のような積分型抽出装置では，前述の抽出に必要な段数を用いて，下記の方法で，抽出装置の所要高さを計算することが行われている．

$$\text{所要高さ} = \mathrm{HETS} \times \text{抽出段数} \tag{6.106}$$

ここで，HETS (height equivalent to a theoretical stage) は，6.2 節 q で説明した充填塔の性能を表す理論段相当高さ（HETP）と同様のもので，経験的に数値が求められている．なお，6.2 節 q でも説明したように，この場合も移動単位高さ（HTU）による推算の方が理論的ではある．

参考文献

1) 化学工学会編，化学工学便覧（改訂第 7 版），丸善 (2011).
2) 化学工学会監修，相良 紘・海野 洋・渋谷博光，分離，培風館 (1996).
3) 化学工学会編，基礎化学工学，培風館 (1999).
4) 化学工学会監修，多田 豊編，化学工学（改訂第 3 版），朝倉書店 (2008).
5) 古崎新太郎，分離精製工学入門，学会出版センター (1989).
6) 橋本健治，ベーシック化学工学，化学同人 (2006).
7) 日本化学会編，分離精製技術ハンドブック，丸善 (1993).
8) 橋本健治，反応工学（改訂版），培風館 (1993).

練習問題

6.1 表 6.1 に示したメタノール（MeOH）-エタノール（EtOH）系の定圧気液平衡データ（全圧 1 atm）に基づいて，以下の問いに答えよ．

表 6.1 メタノール-エタノール系の定圧気液平衡データ

メタノールのモル分率 [−]		温度 [°C]	全圧 [mmHg]
液相 x	気相 y		
0.000	0.000	78.3	760
0.134	0.183	76.6	
0.242	0.326	75.0	
0.320	0.428	73.6	
0.401	0.529	72.3	
0.435	0.566	71.7	
0.542	0.676	70.0	
0.652	0.759	68.6	
0.728	0.813	67.7	
0.790	0.858	66.9	
0.814	0.875	66.6	
0.873	0.919	65.8	
0.910	0.937	65.6	
1.000	1.000	64.6	

① 温度-組成線図（沸点曲線と露点曲線）と x-y 線図を描け．
② MeOH 25%，EtOH 75%（モル分率）の混合液の大気圧下での沸点と蒸気組成を求めよ．
③ MeOH-EtOH 2成分系の沸点が 72°C であったときの液相および気相の組成を求めよ．

6.2 MeOH 40 mol%，EtOH 60 mol% の混合液体（沸点温度）を連続蒸留塔に供給する．供給速度は 800 mol h^{-1} である．留出液の MeOH 濃度を 90 mol%，缶出液の EtOH 濃度を 90 mol% にしたい．還流比を 5 としたとき，以下の値を求めよ．定圧気液平衡データは表 6.1 を用いてよい．
① 供給液の温度
② 留出液量 D および缶出液量 W
③ 理論段数
④ 原料供給段
⑤ 塔効率 80% のときの段数

6.3 向流充塡塔において，吸収液として水を用いて，アセトンを 2 mol% 含む空気からアセトンの 95% を除去・回収したい．アセトンの水に対する溶解課程ではヘンリーの法則（$y=mx$ の関係において $m=1.6$）が成立するとする．物質移動単位高さは気相基準，液相基準の場合，それぞれ，$H_G=0.8$ m および $H_L=0.15$ m である．また，液相の供給速度は，最小流量の 2 倍とする．なお，溶質濃度が希薄なので，塔頂から塔底まで気相および液相の物質量流速は変化しないと近似してよい．このとき，以下の値を求めよ．
① 塔頂のアセトンのモル分率 y_2
② 最小液ガス比
③ x-y 線図における操作線を表す関係式
④ 総括移動単位数 N_{OG}

⑤ 総括移動単位高さ H_{OG}

⑥ 充填塔の高さ Z

6.4 エタノール（C_2H_5OH）と水（H_2O）の混合液（C_2H_5OH：25 wt%）10 kg から，抽剤としてジエチルエーテル（$C_2H_5OC_2H_5$）を用いて，エタノールを分離したい．以下の問いに答えよ．3成分系（C_2H_5OH-H_2O-$C_2H_5OC_2H_5$）の液液平衡データは表6.2を用いてよい．

① ジエチルエーテルのモル分率を横軸，エタノールのモル分率を縦軸にして，三角線図（直角三角形）を作成し，液液平衡線（溶解度曲線）を描き，タイラインを引け．

② 抽剤を原料の重さの1.5倍の15 kg使用したとき，抽出液と抽残液の組成と重さを求めよ．また，EtOH の回収率を計算せよ．

表6.2 エタノール（C_2H_5OH）-水（H_2O）-ジエチルエーテル（$C_2H_5OC_2H_5$）系の液液平衡データ

下層（抽残相）		上層（抽出層）	
$C_2H_5OC_2H_5$	C_2H_5OH	$C_2H_5OC_2H_5$	C_2H_5OH
0.060	0.000	0.987	0.000
0.062	0.067	0.950	0.029
0.069	0.125	0.900	0.067
0.078	0.159	0.850	0.102
0.088	0.186	0.800	0.136
0.096	0.204	0.750	0.168
0.106	0.219	0.700	0.196
0.133	0.242	0.600	0.241
0.183	0.265	0.500	0.269
0.250	0.280	0.400	0.282
0.319	0.285	0.319	0.285

各層の残りの組成は H_2O である．

7. プロセスシステム工学

化学工業では，化石資源からさまざまな製品を製造している．このとき，反応や分離，精製といった工程を組み合わせて，1つの化学プロセスとして製品を製造している．一般的な化学プロセスでは，定期修理期間を除けば，24時間体制で1年中，製品を製造し続けている．

この化学プロセスには，前章までで紹介されているような化学平衡や移動速度，反応工学，分離工学などを駆使して構築された単位操作が含まれており，それらを連結することによって，原料を反応させて目的物質を合成し，そこから製品のみを分離して取り出している．

プロセスシステム工学（process systems engineering：PSE）は，こうした化学プロセスを計画，開発，設計，建設，運転，廃棄する化学プロセスのライフサイクル（プラントライフサイクル：plant life cycle, PLC）各段階において，合理的に必要な原料や反応，分離を特定して単位操作を選定し，管理していくための方法論を追究する工学である．

本章においては，PSEとPLCの関係を整理しながら紹介し，基本的な用語や考え方を示す．特に，設計段階に着目して，実際に化学プロセスを開発する際の一般的な手順を解説する．

7.1 化学プロセス開発とプロセスシステム工学

a. プロセスシステム

化学プロセスには，大きく分けて回分式システムと連続式システムの2種類が存在している．

回分式システムとは，物質をある一定の装置や容器の中に置いておき，その中で物理変化や化学変化を起こして製品を製造するシステムである．たとえば，実験室における実験などは，フラスコやビーカーの中で反応を起こして目的物質を合成しており，回分式のシステムといえる．また，たとえば，調理というのも広義では野菜や肉といった原料に加熱や調味料の添加を行い，目的となる料理をつくる製造プロセスである．これも多くの場合，鍋やフライパンといった1つの装置内で物理的・化学的作用を起こして原料から目的物質を得ているため，回分式のシステムといえる．

一方，連続式システムというのは，複数の装置を結合させて，それぞれの装置で同じ操作を行い，入力物質を出力物質に変換する．そして全体として最終的に目的物質を得るものである．たとえば，組立加工の流れ作業のようなものも連続式のシステムである．各工具（装置）が持ち場につき，ベルトコンベア上を流れ

7.1 化学プロセス開発とプロセスシステム工学

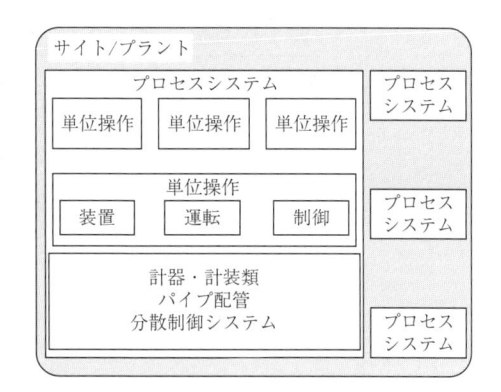

図 7.1 製造サイトの構成要素

ていく製品に同じ操作を施す．すべての操作を経ると目的となる製品が完成する．一般に回分式システムは一つ一つの操作を確認しながら目的物質を製造することができるため，複雑な操作を実施する場合やトラブルが起こりやすい物質を扱う場合などに採用される方式である．連続式システムは連続で運転を行い続けることが可能であり，大量に製品を製造することができる．低コスト化や品質の維持が回分式に比べて達成しやすいため，多くの化学プロセスで採用されているが，その分，プロセスの管理や保全を十分に行う必要がある．

図 7.1 に化学プロセスを含む製造サイトの構成要素を示す．化学製品の製造工場はサイト (site) やプラント (plant) などと表現することができる．このとき，1つのサイト内において複数の製品を製造しており，一つ一つの製品の製造を行う部分をまとめてプロセスシステム (process system) や単にプロセス (process) と呼ぶことができる．プロセスシステムの中には化学物質を合成する反応や分離といった単位操作もしくはユニットオペレーション (unit operation) と呼ばれるものや，計器・計装類，パイプ配管，制御装置（分散制御システム：distributed control system, DCS）などが含まれている．単位操作には反応器や蒸留塔，抽出塔のような装置とそれを稼働させる運転，さらにそれを管理する制御が必要となる．このように，化学製品製造においてサイトは階層構造を有しており，各階層がさまざまな要素で構成されている．なお，プラントやプロセス，単位操作などにはさまざまな表現が存在しており，図 7.1 に示しているのは1つの例である．

b. 実験から化学工場の建設まで―ダイアグラムの作成―

化学プロセスを設計していくためには，実験室レベルで行った結果を工場規模にまで拡大させていく必要がある．このとき，実験において行っていた作業を工場のプロセスシステムに書き換えていく．これを以下の化学反応に基づき，原料である物質 A および物質 B から目的物質 C を得るためのプロセスシステムを例にしながら解説していく．

$$A + B \rightleftarrows 2C$$

ここで，平衡定数を 0.7 とし，ほかに副反応は存在しないこととする．反応は

表 7.1 物質 A～C の沸点・融点

物質	沸点 [°C]	融点 [°C]
A	70	−110
B	200	−40
C	110	−70

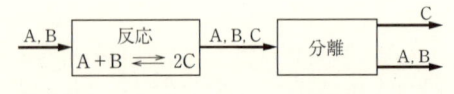

図 7.2 フローダイアグラムの展開① ブロックフローダイアグラム

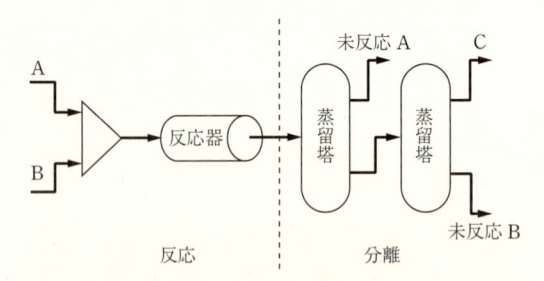

図 7.3 フローダイアグラムの展開② プロセスフローダイアグラム（単位操作の設定）

300 °C, 1 atm で起こり, 物質 A～C の沸点と融点は表 7.1 に示すとおりとする.

①ブロックフローの設計: まず, 上記の反応によって目的物質である C を取り出すためのシステムを, 操作を長方形で, その間の物質の流れ（フロー）を矢印で記述して示すと, 図 7.2 のようになる. ここで, 反応の平衡定数が 0.7 であるため, 反応操作の後のフローには未反応原料である物質 A と物質 B が混在している. 目的物質 C を製品として出力するためには, このフローから目的物質 C のみを取り出す分離操作が必要になる. このように, プロセスシステムにおける単位操作の機能を長方形で記述して並べ, その間の主要な物質や熱の流れを図示したものをブロックフローダイアグラム (block flow diagram: BFD) と呼ぶ. BFD はプロセスを設計していくための重要なダイアグラムの一つであり, 化学プロセス全体と大まかな内容を図示するものである.

②単位操作の決定: 構築した BFD に基づいて化学プロセスをより詳細に設計する. 図 7.2 に示されるような BFD では, プロセスシステムに存在している単位操作の機能だけを表記している. 実際の化学プロセスとして設計するためには, 具体的な装置を特定していく必要がある. たとえば, 反応操作についてならば, 回分反応器, 管型反応器, 連続槽型反応器などがある (4.2, 8.3 節も参照). 連続式システムである場合には, 管型反応器か連続槽型反応器が用いられる. 物質と物質を分離するためには, 沸点・融点の差や特定の溶媒への溶解度の差, 特定の固体表面への吸着度の差などを利用する. これらの差を利用した装置として, 蒸留塔や抽出塔, 吸着塔といった装置が存在しており, 実際の化学プロセスにおいては, これらを単独もしくは組み合わせて分離操作を行っている.

図 7.3 に, 反応および分離を行う装置で記述し直したプロセスのダイアグラムを示す. 反応操作は管型反応器で行う場合を示している. 反応器へは原料である物質 A と物質 B を混合器により混合させたものを入力している. 分離操作にお

いては表 7.1 に示す物質 A～C の沸点差を利用する．このとき，目的物質 C が物質 A よりも沸点が高く，物質 B よりも沸点が低いため，物質 C のみを 1 本の蒸留塔で分離することは容易ではない．このように，目的物質よりも低い沸点のもの（低沸点成分）と高い沸点のもの（高沸点成分）を分離するとき，2 本の蒸留塔で分離する方法が存在している．図 7.3 に示すように，まず，1 段目の蒸留塔で低沸点成分を分離し，次の蒸留塔で高沸点成分を分離して目的物質を得ることができる．このように，図 7.2 の BFD において必要となる単位操作を決定していく．なお，図 7.3 のようにプロセスを構成する単位操作を物質や熱のフローでつないだダイアグラムを一般にプロセスフローダイアグラム（process flow diagram：PFD）と呼び，プロセス設計において作成する化学プロセスの設計図としての役割を担っている．PFD にはさまざまな粒度・詳細度のものがあり，図 7.3 に示すのはその中でも最も簡易なものといえる．

③熱交換器の導入： 図 7.3 に示す PFD をさらに詳細化していくために，物質だけでなく熱の流れについても検討していく必要がある．化学プロセスにおいては，加熱や冷却といった操作が繰り返され，さまざまな熱源が必要となる．このとき，冷却において回収した熱は再利用させるという，熱の相互利用を行うことで燃料や冷却器の使用量を削減することができる．

図 7.4 に，化学プロセス内における熱の相互利用の概念図を示す．ほとんどの化学プロセスには動力プラントと呼ばれる，スチームを製造して自家発電を行い，同時にサイト内へ熱源となるスチームを供給しているボイラーおよびタービンが存在している．プロセスシステム内に存在する単位操作間だけでなくプロセスシステム間で熱の相互利用を行うことで，動力プラントからのスチーム供給を削減することができる．

図 7.3 における反応器のまわりにおいて熱交換器を導入した結果を，図 7.5 に示す．図 7.5 に示すように，反応器において反応温度 300℃ に原料を加熱する必要がある．原料はほぼ常温の 20℃ で供給されているため，熱交換器がない図 7.3 においては 20℃ から 300℃ まで加熱する加熱器が混合器と反応器の間に必要となる．さらに，反応器の後の単位操作である第 1 蒸留塔においては，低沸点

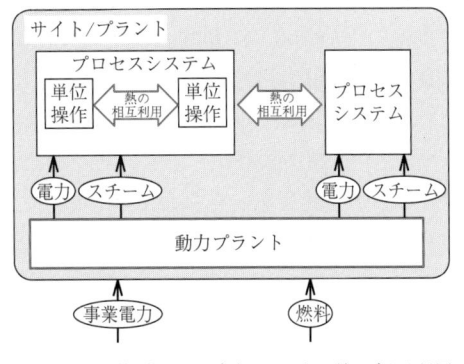

図 7.4 化学プロセス内部における熱の相互利用

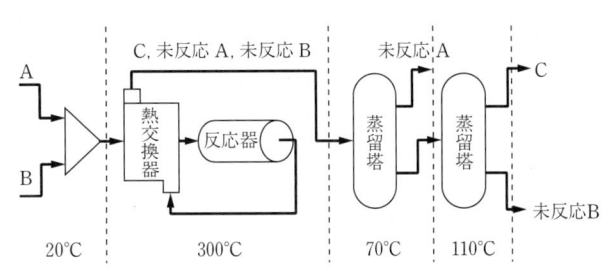

図 7.5 フローダイアグラムの展開③ プロセスフローダイアグラム（熱交換器の設置）

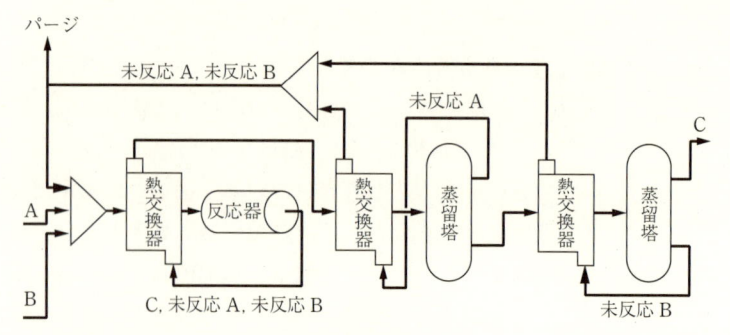

図7.6 フローダイアグラムの展開④ プロセスフローダイアグラム
（熱交換器およびリサイクルを導入）

成分である物質Aを分離するため，物質Aの沸点付近（表7.1より70℃）までフロー冷却しなければならない．このように，加熱と冷却が反応器の前後で必要となる．ここに熱交換器を導入することで，大幅に加熱量，冷却量を削減することができるようになる．図7.5において，熱交換器内において反応器からの出力のフローが混合器から来る反応器への入力のフローを加熱し，同時に蒸留塔へのフロー冷却することができる．このように，熱交換器はフローの加熱・冷却を同時に実行することができる装置である．基本的に，単位操作間において加熱や冷却が存在する場合，熱交換器の導入を検討することができる．すべての熱交換の可能性のあるフローに熱交換器を導入すると，図7.6のようになる．反応器前後，蒸留塔前後に熱交換器を導入することで，加熱器や冷却器の基数や負荷を削減できるようになる．

　④ リサイクルの導入： 反応器においてはすべての原料が反応するわけではなく，未反応原料が存在する．これをリサイクルすることで，原料の消費量を削減することができるようになる．リサイクルを導入すると，図7.6に示すようなプロセスフローとなる．リサイクルの流れとして，物質Aと物質Bを物質Cから分離して，新規の物質Aおよび物質Bと混合させて反応器へと戻している．このとき，取り出した未反応の物質Aおよび物質Bの流れから，一部を排出するパージと呼ぶ流れを組み込むことがほとんどである．

　たとえば，物質Aに微量の窒素ガスが含まれているとする．空気中にも大量に含まれている窒素は多くの反応と関わらない不活性ガス（inert gas）であり，消費されることがない．これが図7.6の第1蒸留塔において未反応の物質Aとともにリサイクルされると，化学プロセスは完全な閉鎖系システム（closed system）であるため，物質Aに含まれていた窒素が徐々に蓄積し，プロセスが崩壊してしまう．そこで，そういった循環してしまう物質を一定割合で取り出すことでプロセスの崩壊を防ぐものをパージと呼んでいる．この機構を組み込むことで，未反応原料をリサイクルすることができるようになる．

　以上のように，化学反応を図7.2に示すBFDならびに図7.6に示すPFDへと展開していくことができる．このように設計してきたダイアグラムが化学プロセスの設計図となる．化学反応の特徴や物質の特徴に合わせた設計だけでなく，

使用する電力や燃料といったユーティリティの量を最小限にとどめられるような工夫も必要となる．

c. プロセス開発

化学プロセスを開発していくためには，いくつかのステップを踏んでいく必要がある．実際のプロセス開発の流れにはさまざまなものがあり，断定することはできないが，基本的に，図 7.7 に示すような流れになっている．これをプラントライフサイクル（PLC）と呼ぶ．前項で展開したダイアグラムは，プロセス開発の中の一部のダイアグラムである．本項においては，ダイアグラムの展開と合わせて，化学プロセスの計画と設計，建設から運転，廃棄に至るまでの過程を，図 7.7 をもとにしながら説明する．

まず，具体的なプロセスの設計を始める前に，事業計画を立てることから開発は始まる．製品製造の計画や事業規模（製造量や製造期間などを含む），予算などをはじめ，立地や他社の製造状況なども考慮する必要がある．立てられた計画内容に従い，研究開発（research and development：R&D）を行う．ここでの研究開発は，製品の新規開発や触媒の開発，調達できる原料に合わせた合成経路の開発など，さまざまな種類が存在している．なお，計画と R&D は必ずしもこの順番で行われるとは限らず，並行して行われることもある．化学プロセスにおける製造期間は，数年から長いものでは 30 年以上になるものがある．事業計画は PLC に大きく影響するものであるため，入念な計画立案が行われる．

次に，事業開発フェーズの結果に基づいてプロセスを設計していく．プロセス設計は大きく，概念設計・基本設計・詳細設計・パイロットプラント建設に区分することができる．概念設計においては，開発された製造ルートに合わせて単位操作を連結させてプロセスシステムの構成要素を図示するための，BFD（図 7.2

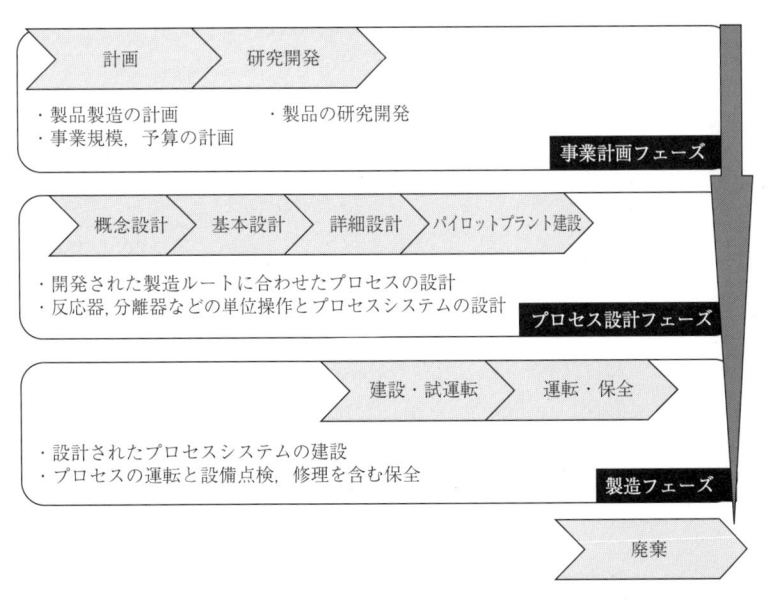

図 7.7 プロセス開発の流れ

参照）を作成する．BFD は，原料から製品に至るまでのすべての単位操作を含んでいる．反応はもちろんのこと，未反応物質と目的物質を分離し，目的物質を精製して製品を出力するまでを含む．未反応原料を分離精製し，それを反応器へリサイクルする仕組みなども含めて検討することがある．これら反応や分離，リサイクルといった単位操作を長方形で記載し，その間を主要な物質や熱の流れとして矢印でつないでいき，BFD とする．簡単な物質収支（マスバランス：mass balance）や熱収支（ヒートバランス：heat balance）を定量的にとることもある．

概念設計から基本設計に移る際，この BFD を中心としてプロセスシステム内の構成要素を認識し，さらに詳細化していく．たとえば分離においては，蒸留や抽出といった分離方法に合わせた装置を選択し，より詳細に分離部として図示していく．このような作業により，プロセスシステムの単位操作を装置とその間をつなぐフロー（もしくはストリーム）として図示できるようになる．これを PFD と呼ぶ．概念設計と基本設計の境目に明確な区分は存在していないが，おおむね，PFD を詳細化していく作業は基本設計で行うとされている．図 7.3 に示すような装置の選定や，図 7.5，7.6 に示すような熱交換器やリサイクルの導入なども，基本設計において行うことがある．

基本設計においては，PFD を中心にして，さらに詳細なプロセスシステム全体および各単位操作における物質収支と熱収支をとる必要がある．このとき，各単位操作を構成する装置の設計条件と入力フローから，供給すべき電気エネルギーや熱エネルギーと出力フローを推算するためのモデルが必要であり，多くの反応や分離操作に関してさまざまなモデルが提案されている．なお，このとき，熱交換器によって削減できる熱需要を考慮するには，熱量 [J] と温度 [K] に注意しなければならない．十分な熱量を有するフローで被加熱フローと熱交換をしようとしても，温度が被加熱フローよりも高温でなければそもそも熱交換をすることができない．また，たとえ温度が被加熱フローよりも高温であっても，目的温度に達していなかったり，温度差が十分ではなかったりする場合には，目的としている熱交換ができなかったり，熱交換するための接触面積が非常に大きい，巨大な熱交換器になってしまいかねない．なお，このような熱の相互利用を検討していくことをヒートインテグレーション（heat integration）と呼ぶ．

基本設計で展開した PFD をもとにしながら，さらに詳細にプロセスを設計するフェーズが詳細設計である．この詳細設計ではプロセスのフローを示す PFD だけではなく，実際の装置を想定したプロセスシステムの設計図である配管と計装図（piping and instrumentation diagram：P&ID）を作成する．このダイアグラムは実際の装置や配管の大きさや位置などを記述したものであり，プロセスシステムの建設における設計図となり，さらに直後のフェーズであるパイロットプラント建設に必要な情報となる．パイロットプラントは，実際に計画した製品を製造するプラント（商業プラント）よりも規模（製造量など）を小さくした中小規模のプラントであり，装置の大きさや配管の位置だけでなく，実際の運転や

スタートアップの手順，センサの位置など，実際の製造に関わる細部を決定するための試験を行うものである．パイロットプラントの設計と詳細設計を繰り返し行いながら，PFDやP&IDといった各種図面類をプロセス設計の結果として作成していく．

プロセス設計の結果を利用し，試運転を通しながら，実際にプラントを建設する．プラント建設が完了すれば，いよいよ製品の製造を開始できる．このとき，最初に行わなければならない作業として，スタートアップがある．連続式の化学プロセスでは，装置を立ち上げる際，装置に化学物質を仕込んで運転を開始するが，はじめから設計したとおりの製造を行うことはできない．装置が組み立った状態から製品を製造できる状態にするまでの作業をスタートアップと呼ぶ．その後，実際の装置を用いた試運転を通し，製品製造のための運転を開始する．運転を開始した後，重要な作業として保全がある．これは，たとえば製造する化学製品の純度や組成を変更するためのプロセスの変更を行ったり，装置や配管の腐食などのような経年変化によるプロセスの変更および補修を行ったりするものである．保全はプロセスを管理する上で常に行わねばならないものであり，法律で定められた定期修理（定修）もその一環である．保全を繰り返しながらプロセスを運転し，やがて最終的にプラントは廃棄される．

d. 最適化とプロセスモデリング

① プロセス最適化： プロセス開発，特に設計においては，さまざまな条件を考慮しながら，装置や運転といった設計変数を決定していく．このとき，ある特定の目的に対して，よりよい結果が得られるように設計変数を選択することが必要になる．このような設計変数を探索することを最適化と呼ぶ．最適化は，数学的には一般に以下のように記述することができる．

・目的関数： $f(x)$ を最大化（最小化）（あるいは max. $f(x)$ (min. $f(x)$)）
・制約条件 (s. t.)： $g(x)=0$（等号制約条件）
$h(x) \geq 0$（不等号制約条件）

この最適化問題は，2つの制約条件を満たす変数群 x において，目的関数 $f(x)$ が最大もしくは最小になるような組み合わせを選択するというものである．目的関数としては，たとえば，最大化するものとして経済的な利益，最小化するものとしてエネルギー使用量などがあげられる．化学プロセスを設計するとき，このような最適化問題を解くことが必要になる．最適化問題は数学的にも知られている一般的な問題の一つであり，計画問題とも呼ばれ，さまざまな解法が方法論として提案されている．たとえば，制約条件や目的関数が線形の関数でのみ表現できる場合を線形計画問題，非線形のものが混在するときを非線形計画問題，連続値ではないパラメータ（整数など）が混在するときを整数計画問題などと呼んだりする．ここで，目的関数（評価指標や重要業績評価指標（key performance index：KPI）とも呼ばれる）が複数存在しているようなときを多目的最適化問題（multi-objective optimization）と呼ぶ．

② シミュレーションとプロセスモデル： 化学プロセスの設計においては，

装置や運転の設計変数を変更するため，プロセスの結果である製品出力速度や原料供給速度，必要な装置，必要なエネルギーなどが変化する．そのため，最適化問題を解くには目的関数を評価したり制約条件との適合性を考慮したりするために，プロセス設計の段階でプロセスの結果を予測することが必要になる．このように，設計変数を変更したときの結果を推算することをシミュレーションと呼び，化学プロセスの開発においてはこのシミュレーション技術が多く採用され，最適化に役立てられている．

このシミュレーションを実行可能とするために，プロセスモデルが必要になる．ここで，プロセスモデルとは，プロセスを決定づける変数とプロセスの結果となる関数の関係をつなぐ数理モデルのことを意味している．

図7.8に，数理モデルで表現したプロセスの例を示す．ユニット①およびユニット②を数理モデルで表現している．ここで，フローF_1とプロセス設計変数$x_{1,i}$はプロセス①にとって入力変数であり，この変数に対してフローF_2が結果として出力される．このとき，フローF_2を決定する各種変数がユニット①のモデルf_2によって決定される．

なお，図7.8に示しているのはモデルの一部であり，ほかにも装置の設計変数，運転の操作変数，装置やフローの状態変数など，さまざまなパラメータが存在しており，それらすべてがプロセスモデルの入出力となる．プロセスシミュレーションを行うにはこのようなプロセスモデルを組み合わせることが必要であるが，化学プロセスの設計においては確立されたプロセスシミュレータがいくつも開発されており，利用されている．たとえば，AspenTech社のAspen Plus™やAspen HYSYS™などは，さまざまなプロセスのシミュレーションを実行可能な汎用シミュレータとして世界中で利用されている．国産のシミュレータとしてもオメガシミュレーション社のVisual Modeler™などが拡張性も高く，利用されている．このようなシミュレータを用いた設計と評価の繰り返しが，図7.7におけるプロセス設計フェーズで行われる．

③プロセス安全： 化学物質を反応させるために，高温であったり高圧であったり，さまざまな状態にフローを調整する必要がある．このとき，装置内容物である化学物質によって，たとえば火災や爆発といった事故が発生しうる．有害な化学物質を使用している場合，微量でもその化学物質が装置外に漏洩すれば，たちまち作業者の健康への被害や，規模によっては周辺環境に影響を及ぼしうる．歴史的に大きな事故としては，1974年に英国のフリックスボローで起きたシクロヘキサン酸化プラントの爆発事故，1976年にイタリアのセベソで起きた

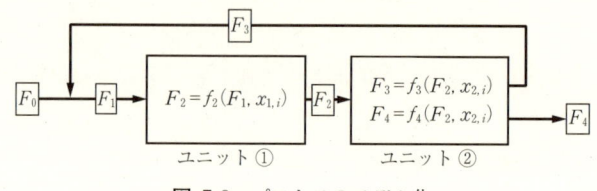

図 7.8 プロセスのモデル化

ダイオキシンの大量流出事故, 1984 年にインドのボパールで起きたイソシアン酸メチルの大量流出事故などがある. いずれの事故においても, 死者や負傷者, 重度の健康被害が多数出ている. これら化学プロセスにおける事故の原因のほとんどが, 装置や配管の劣化, 適切な安全操作の未実施などである. また, 装置の点検や清掃など, 日常の業務では実施しない業務 (非定常業務) も事故の原因となっている.

プロセス安全は, 化学プロセスに限らず, 製品製造プロセスにおいて最も重要な問題といえる. プロセスの設計と評価においては, 最適化問題の中の制約条件ともいえる. このとき, プロセス安全は単にプロセス設計フェーズにおいて考慮する条件というだけではなく, プロセスを運転し実際に製造を行っているフェーズにおいても常に注意をしなければならない課題である. プロセス安全のための研究としては, プラント管理における安全業務のモデル化やアラームマネジメントシステムの設計など, さまざまな研究がなされてきている.

④ 制御と品質管理: 化学プロセスを設計するときにさまざまな数理モデルで最適化を行い, 装置や運転といった設計変数を決定していくが, 実際の製造になると, さまざまな条件の変化によって当初設計したとおりの製造が行えなくなることがある. たとえば, 外気温の変化や原料成分の微妙な変化といった外乱によるものや, 純度やポリマーの重合度のような製品のグレードを変更するときなどが考えられる. こういった変化が起きたとき, 手動でプロセスシステム内の装置や運転状態を変更することもあるが, 多くの場合でコンピュータによる自動制御を行っている. 制御とは, 図 7.8 に示したプロセスモデルのような場合で, F_3 のあるパラメータが基準値内に収まらなくなってきたとき, 自動的に F_3 のパラメータに影響を与える他のパラメータの条件を変更し, 修正するというものである. 制御方法には, ある条件のときの結果を受けて, それと目標値を比較し, 条件の変更を行うフィードバック制御や, あらかじめ用意したプロセスモデルに基づき, 条件と結果の関係を予測して目標値を得るモデル予測制御などがある. 化学プロセスにおいてはこの制御の機構を駆使し, 反応や分離における微妙な変化を打ち消しながら製品の品質を保っている.

⑤ 環境配慮型プロセス設計: 近年, 製品製造において, 二酸化炭素 (CO_2) などの温室効果ガス (greenhouse effect gas : GHG) や有害物質の排出などのような環境影響に配慮することは必須の事項となりつつある. 環境配慮型プロセス設計とは, これら環境影響を考慮し, プロセスを設計することであり, 最適化問題の制約条件もしくは目的関数の一つとして環境影響の指標を組み込むものである. 環境影響を定量的に評価する方法としては, たとえば, ライフサイクルアセスメント (life cycle assessment : LCA) というものがある. これは, 製品全体のライフサイクルを考慮して, より環境負荷の低い選択肢を選ぶというものである. たとえば, 電力や水素, 重油, 軽油, 灯油などのエネルギーの中から利用するものを選ぶとき, それぞれを使用するときに排出される CO_2 だけでなく, それを製造するときに排出される CO_2 も含めて検討するということである. 上

記の例では，電力や水素は使用するときにCO_2を排出しないため，使用段階だけで考えると環境に優しいようにみえるが，実際には電力を製造する場合，国内で1 kWh あたり約 0.4 kg の CO_2 が排出される（0.4 kg-CO_2・kWh^{-1}）．このように，製造における負荷までを考慮することで，適切な環境負荷の評価と設計が可能となる．

7.2 プロセスシステム工学の最近の展開

a. 化学産業以外の製造プロセスへの応用

PSE とは，対象となるプロセスをモデル化し，数式などで表現し，特定の目的関数について制約条件の下で最適化し，意思決定を合理化するものである．近年，PSE によって，化学産業だけでなく他のさまざまな産業におけるプロセスモデリングや設計，最適化を行う試みがなされている．たとえば，製薬プロセスにおける高度品質管理や中小事業所におけるプロセスモデリングと設計など，多岐にわたっている．

b. 循環型社会形成に向けたシステム工学的解析

PSE の考え方は社会システムの設計にも応用できるものであることが，近年の研究から明らかとなっている．たとえば，リサイクルシステムにおける回収の仕組みやプロセスの配置などは，環境負荷とコストを目的関数とした最適化問題とみることもできる．ただし，単一のプロセスを設計するときとは異なり，製品を製造する者，消費する者，回収する者，リサイクルする者が異なり，複数の意思決定者が存在するマルチステークホルダー（multi stakeholder）間の多目的最適化問題である．そのため，従来のプロセスシステムの設計における方法論だけでは対処できず，さまざまな手法の研究開発が必要となる．

c. アクティビティモデリングと統合化工学

プロセス設計においては，さまざまな知識を駆使して意思決定を行っていく．反応工学や分離工学はもちろんのこと，物性推算や流体力学，環境安全，経済や法律についての知識も必要となりうる．このように，プロセス設計においては多くの業務の中で適材適所に知識や情報を利用することが必要になり，その流れを合理化することが重要とされている．業務を可視化しながら知識や情報の利用方法を議論するために，業務をモデル化するアクティビティモデリングと，知識や情報を各アクティビティと結びつけて議論する統合化工学が提案されてきている．

このとき，作業をより明確な形でモデリングするために，機能モデリング手法 Integrated Definition type 0（IDEF0）などのような，作業を可視化できるモデリングツールを利用する．IDEF0 における作業の記述方法を図 7.9 に示す．この記述方法に従えば，1つの作業において使用する情報の種類や関係する作業を可視化することができ，必要な作業の間の情報のやりとりが，制約条件や入力情報，利用できる情報などで明記することができるため，より具体的な意思決定の

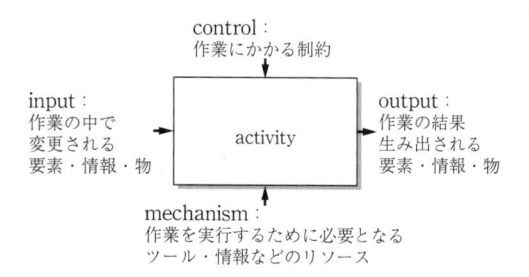

図 7.9 IDEF0 における作業の記述方法

流れを議論できるようになる．詳細については，章末に掲げた参考文献を参考とされたい．現在さまざまな議論がなされている PSE の新しい分野の一つである．

7.3 プロセスシステム工学の習得のために

本章では，PSE に関連する事項を，特に基礎的なものを中心に最新の議論の内容までを解説した．PSE は化学プロセスを開発し，さらに省エネルギー化や低コスト化を実現してきた工学分野である．現在も PSE は発展し続けており，前節で示したようにさまざまな応用分野が存在している．

PSE を習得するためには，常に俯瞰的な視点をもち続けながら，細部を理解できるよう努めることが必要である．反応や蒸留といった単位操作を理解しつつ，つなぎ合わせるための熱交換などの機構も理解し，全体として最適化していく．同時に，問題を見つけ出すことも重要な要素といえる．最適化問題のように，制約条件や目的関数が数式によって定義できれば，解くことは可能である．PSE を学び身につけるために，常に新しい情報を収集しつつ，常に疑問をもち続けることが必要である．

参 考 文 献

1) 仲　勇治編著, 統合学入門―蛸壺型組織からの脱却, p.235, 工業調査会 (2006).
2) プロセス安全管理のフレームワーク構築 WG, 安全管理の見える化〜化学プラント安全管理のための業務フローモデルの提案〜. 化学工学テクニカルレポート, No.42, p.126, (社) 化学工学会安全部会 (2010).
3) 眞弓和也, 菊池康紀, 中谷　隼, 平尾雅彦, 化学工学論文集, **36**(4), 243-254 (2010).

練 習 問 題

7.1 以下に示すアンモニア合成を行う工業プロセスについて，ブロックフローダイアグラム（BFD）とプロセスフローダイアグラム（PFD）を描け．
　・$N_2 + H_2 \longrightarrow 2NH_3$
　・反応温度：500℃
　・各物質の沸点 [℃]，融点 [℃]：窒素 (−196, −320), 水素 (−253, −259),

アンモニア（−33, −78）

7.2 分離を行う単位操作には，沸点差を用いて分離する蒸留塔のほかにも，溶解度の差を用いる抽出塔や吸着度の差を用いる吸着塔などがある．図 7.10 は，(a) 抽出塔および (b) 吸着塔を PFD で記述したときの例である．それぞれの図において，X および Y のプロセスが存在する意味を，それぞれの分離操作の特徴を考慮しながら答えよ．また，抽出塔に関しては，フロー $x_1 \sim x_3$ の主成分は何か．

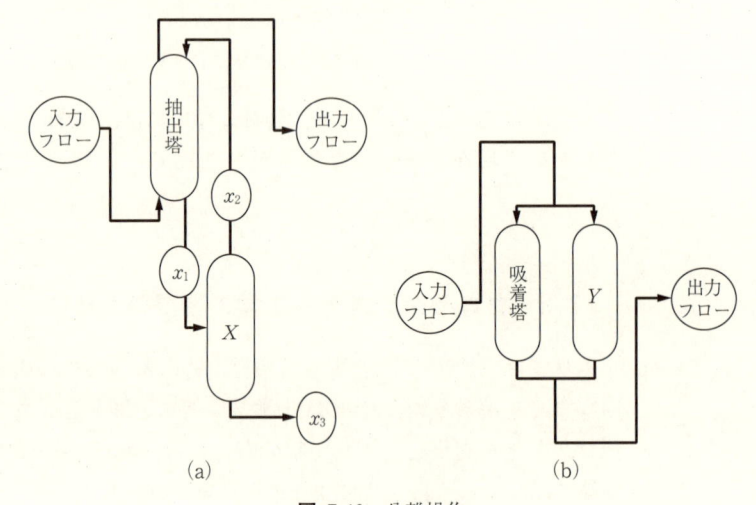

図 7.10 分離操作
(a) 抽出塔, (b) 吸着塔.

7.3 石油精製において得られるナフサは，化学原料として広く一般的に利用されている．このとき，炭素数 5〜10 の炭化水素を含有しているナフサをエチレンやプロピレン，ブテンなどに変換するために，ナフサクラッキングというプロセスが石油化学プロセスに導入されている．このナフサクラッキングにおいては，クラッカーと呼ばれる反応器においてナフサをクラックして上記の化学物質を得るが，数多くの副反応が存在し，上記の化学物質はさまざまな比率の混合物として得られる．そのため，上記の物質を分離するための分離操作が必須となっている．この分離操作を複数の蒸留塔で行うとして，蒸留塔ネットワークを設計せよ．なお，ナフサに含まれる化学物質の種類とそれぞれの沸点，融点を表 7.2 に示す．また，

表 7.2 ナフサクラッキング後の成分

物質	沸点 [°C]	融点 [°C]
エタン	−89	−183
エチレン	−104	−169.2
プロパン	−42	−187.6
プロピレン	−47.6	−185.2
ブタン	−0.5	−138
イソブタン	−12	−160
イソブテン	−6.9	−140
ペンテン	30.1	−165
ヘキサン	63	−139.8

結果は PFD で記述せよ．蒸留によってエタン，エチレン，プロパン，プロピレン，C_4 留分，その他重質油に分離せよ．

7.4 化学プロセス内において，気体のフローの圧力をコントロールするためにコンプレッサーとエクスパンダーを導入している．コンプレッサーは気体を圧縮し昇圧するための機器であり，エクスパンダーは気体を膨張させて降圧させるものである．

コンプレッサーにおける気体の圧縮は，断熱圧縮と仮定できる．断熱圧縮の場合，以下の関係式が一般に成り立つ．

$PV^\gamma = $ 一定

なお，R：気体定数 (8.314 J mol^{-1} K^{-1})，理想気体では $\gamma = C_p/C_v$ ($=1.4$)，C_p：等圧モル比熱 [J mol^{-1} K^{-1}]，C_v：等積モル比熱 [J mol^{-1} K^{-1}] である．ここで，温度 T_0 [K]，圧力 P_0 [Pa] のフローを P_t [Pa] まで昇圧する．以下の問いに答えよ．

① 断熱圧縮でコンプレッサー 1 基による昇圧に必要なエネルギーを，μ：モル流量 [mol s^{-1}]，γ，R，T_0，P_0，P_t を用いて示せ．なお，断熱圧縮による必要エネルギーは，次式で表せる．

W [J s^{-1}] $= \mu C_p (T_2 - T_1)$

また，C_p と C_v には，

$C_p = C_v + R$

の関係が成り立つ．

② N 段の多段圧縮で昇圧する場合の必要エネルギーを求めよ．このとき，各段の昇圧比率は同じとする．

③ $N \to \infty$ のとき，等温圧縮における必要エネルギーと比較し，考察せよ．なお，等温圧縮における必要エネルギーは，次式で表せる．

$W = \int_{P_0}^{P_t} V dP$

7.5 プラスチックのライフサイクルは一般的に，原料となる原油の採掘と精製，ナフサクラッキング，プラスチック製造，製品製造，消費，回収，焼却処理もしくはリサイクルによって成り立っている．プラスチックライフサイクルを BFD で示せ．また，リサイクルを行うためにはプラスチックを他の廃棄物から分離する必要がある．化学プロセスとは異なり消費者を経由することを考慮して，リサイクルを行うためにどのような方法が考えられるか，その効率なども含めて考察せよ．

8. 生物化学工学

　生物化学工学とは，微生物，動物細胞，植物細胞，酵素を活用した物質変換プロセスを体系化する工学である．この物質変換を行う目的は，有用物質生産，エネルギー生産，環境浄化など，さまざまである．
　本章は，微生物と酵素を使った有用物質生産に焦点を絞り，バイオプロセスを設計・制御するための基礎を学ぶことを目的とする．

8.1 酵素を利用するプロセス

a. 酵素利用プロセスの実際

　19世紀末，Buchner（ブフナー）兄弟は，すりつぶした酵母を使ってアルコール発酵ができることを突き止めた．この実験により，酵母による発酵は酵母が有する酵素反応にほかならないことを証明した．
　同じころ，日本では高峰譲吉がアルコール発酵の研究過程で，コウジ菌から強力な消化作用のある物質を抽出した．これは，各種の消化酵素の混合物であり，後にタカジアスターゼと呼ばれ，消化促進剤・胃腸薬として販売された．
　その後も酵素反応はさまざまな用途に利用され，現在では，特に食品や医薬品の製造に欠かすことのできない反応である．酵素の工業的利用例を表8.1に示す．

b. 酵素の分類

　酵素は，その触媒する反応に基づいて，①酸化還元酵素，②転移酵素，③加水分解酵素，④脱離酵素，⑤異性化酵素，⑥合成酵素の6つに分類される．それぞれの酵素の反応の特徴を表8.2に示す．

表 8.1 酵素の工業的利用例

酵素	用途
α-アミラーゼ	製パン，グルコースの製造，デキストリンの製造
セルラーゼ	野菜や果実の加工
ペクチナーゼ	果汁の清澄化
リパーゼ	油脂加工
アスパルターゼ	L-アスパラギン酸の製造
アミノアシラーゼ	L-アミノ酸の製造
トランスグルコシダーゼ	分岐オリゴ糖の製造
キシラナーゼ	キシロオリゴ糖の製造
ペニシリンアシラーゼ	抗生物質の製造
グルコースイソメラーゼ	転化糖の製造

表 8.2 酵素の分類と性質

分類名	性質	属する酵素の例
酸化還元酵素	基質から水素もしくは電子を奪い，奪った水素を補酵素に渡す．	カタラーゼ，オキシダーゼ，デヒドロゲナーゼ
転移酵素	基質に含まれる一部の官能基（アミノ基，リン酸基など）を他の基質に移動させる．	アミノトランスフェラーゼ，ヘキソキナーゼ
加水分解酵素	基質に含まれるエステル結合，グリコシル結合，ペプチド結合などを加水分解する．	アミラーゼ，リパーゼ，プロテアーゼ
脱離酵素	水など他の物質を必要とせずに基質を分解し，二重結合を残す．	ヒドラターゼ，デカルボキシラーゼ
異性化酵素	基質に含まれる原子の配列状態を変え，光学異性化やシス/トランス変換を行う．	キシロースイソメラーゼ，アラニンラセマーゼ
合成酵素	アデノシン三リン酸（ATP）を利用して分子を結合させる．	DNA リガーゼ，アシルコエンザイム A シンテターゼ

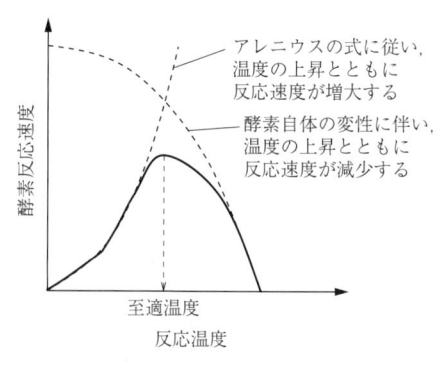

図 8.1 酵素反応速度の温度依存性

c. 酵素の特性

酵素は生体触媒の一つであり，その名のとおり，触媒の一種といえる．基質と呼ばれる反応物に特異的に作用し，反応を触媒する．また，化学触媒と同じように，平衡定数を変化させずに反応の活性化エネルギーを低下させるという性質をもつ．一方，酵素が化学触媒と異なる点は，基質に対してきわめて高い特異性をもつという点と，生体内の環境に近い常温・常圧付近に反応の最適条件をもつという点である．化学触媒では，アレニウスの式（式 (4.36)：$k = k_0 e^{-E/RT}$）に従うことが多く，温度の上昇とともに反応速度が増大するが，酵素の場合はある一定の温度までは反応速度が増大し，極大値を迎えた後は逆に温度の上昇とともに反応速度は低下する傾向がある．酵素の正体はタンパク質であり，温度の上昇とともにタンパク質自体が変性していくということが，アレニウスの式から外れる理由である（図 8.1）．

d. 酵素反応速度論

上述のように，温度によって酵素反応速度は大きく変化する．このほかに，酵素反応速度は，pH，イオン強度，基質濃度の影響も受ける．この中で，温度，pH，イオン強度といった因子は，比較的最適な条件に設定しやすいが，基質濃度は反応の進行に伴って刻々と変化する場合もあり，制御が難しい．生産性を上

げるために，基質濃度が酵素反応速度に与える影響を詳細に把握する必要がある．

① ミカエリス-メンテンの式： 1種類の基質だけが不可逆的に反応する1基質不可逆反応について，酵素反応速度と基質濃度との関係を最もよく表した式が，以下に示すミカエリス-メンテンの式である．

$$v = \frac{V_{\max} s}{K_m + s} \tag{8.1}$$

ここで，v は基質の消費速度（あるいは生成物の生成速度），s は基質濃度である．また，$V_{\max}$ は最大反応速度，K_m はミカエリス定数と呼ばれる定数である．

ミカエリス-メンテンの式は，酵素 E と基質 S が不安定な複合体 ES を経て生成物 P を生じるという以下のモデルから理論的に導かれた（COLUMN および 4.1 節 d も参照）．

$$E + S \rightleftarrows ES \longrightarrow E + P$$

ミカエリス-メンテンの式を用いて基質濃度と反応速度との関係をグラフに表すと，図 8.2 のような直角双曲線形になる．この図からわかることをまとめると，次のようになる．

まず，基質濃度が低いうちは濃度の増加とともに反応速度は直線的に増大し，1次反応に近い傾向を示す．一方，基質濃度が高くなると，反応速度はしだいに頭打ちになり，最終的には $V_{\max}$ に達する．このとき，反応速度は基質濃度に依存しない 0 次反応に近い傾向を示すようになる．

図 8.2 をみてわかるとおり，基質濃度が K_m に等しいときは，反応速度は $V_{\max}$ の半分の値になる．K_m は酵素と基質の組み合わせによって $10^{-5} \sim 10^{-2}$ M の値をとる．K_m の値が小さいということは，酵素の基質に対する親和性が高いことを意味し，低い濃度の基質でも高い反応速度が得られる．逆に，K_m の値が大きいということは酵素の基質に対する親和性が低いことを意味し，反応速度を増加させるために高濃度の基質が必要となる．

酵素反応速度がミカエリス-メンテンの式に従うことを作図法で確認するには，図 8.3 に示すラインウィーバー-バークのプロット（Lineweaver-Burk's plot：L-B プロット）が便利である．この作図法では，横軸に基質濃度の逆数 $1/s$，縦

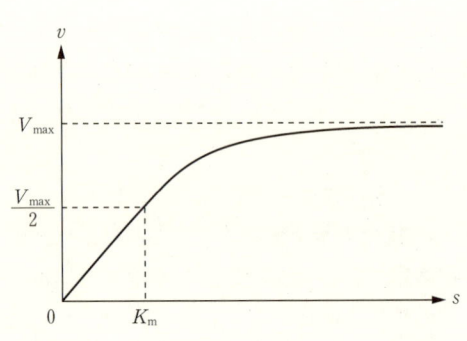

図 8.2 基質濃度 s と酵素反応速度 v との関係

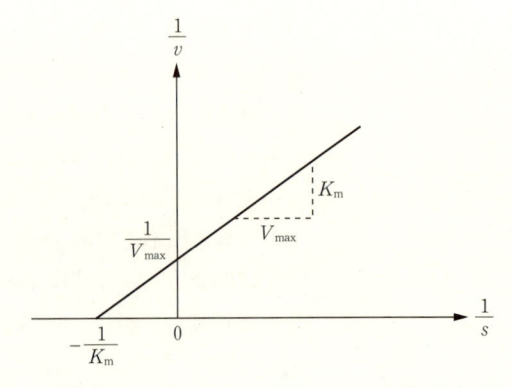

図 8.3 ラインウィーバー-バークのプロット

軸に反応速度の逆数 $1/v$ をとって実験データをプロットし，それらのプロットが1本の直線上に乗ることを確認すればよい．また，グラフの切片や勾配から，ミカエリス-メンテンの式に含まれる2つの定数，すなわち，K_m および V_{max} を求めることができる．

COLUMN

ミカエリス-メンテンの式

ミカエリス-メンテンの式は，酵素Eと基質Sが不安定な複合体ESを経て生成物Pを生じるというモデルから理論的に導くことができる．

$$\begin{array}{ccccc}
E + S & \underset{k_{-1}}{\overset{k_{+1}}{\rightleftarrows}} & ES & \overset{k_{+2}}{\longrightarrow} & E + P \\
\vdots & & \vdots & & \vdots \\
e_f & s & c & & e_f \quad p
\end{array}$$

ESがEおよびSと動的な平衡にある場合を仮定すると，次式が成り立つ．

$$\frac{e_f s}{c} = \frac{k_{-1}}{k_{+1}} \tag{8.2}$$

ただし，遊離酵素の濃度を e_f，複合体の濃度を c，基質と酵素から複合体を生成する際の正反応および逆反応の速度定数をそれぞれ k_{+1} および k_{-1} で表す．酵素の全濃度 e は，遊離酵素濃度 e_f と複合体濃度 c の和に相当することから，次式で表される．

$$e = e_f + c \tag{8.3}$$

複合体から生成物Pを生成する反応の速度定数を k_{+2} とすると，Pの生成速度 v，すなわち酵素反応速度は，次式で表すことができる．

$$v = k_{+2} c \tag{8.4}$$

式(8.2)〜(8.4)を連立させて，e_f および c を消去すると，次式が導かれる．

$$v = \frac{k_{+2} e s}{\frac{k_{-1}}{k_{+1}} + s} \tag{8.5}$$

k_{-1}/k_{+1} は複合体を形成する反応の平衡定数であり，これがミカエリス定数 K_m に相当する．

$$K_m \equiv \frac{k_{-1}}{k_{+1}} \tag{8.6}$$

一方，$k_{+2} e$ はすべての酵素が複合体を形成した場合の反応速度を意味しており，最大反応速度 V_{max} に相当する．

$$V_{max} \equiv k_{+2} e \tag{8.7}$$

新たに定義した K_m と V_{max} を用いて式(8.5)を書き換えると，ミカエリス-メンテンの式(8.1)が得られる．

② 阻害物質による影響： 温度，pH，イオン強度，基質濃度が酵素反応速度に影響を与えることはすでに述べたが，それ以外に，酵素反応速度に影響を与える因子として，阻害物質がある．阻害物質は，酵素分子の特定の部位に結合して反応速度を低下させる．阻害物質による阻害形式は，以下の3種類およびその混合型に大別される．

・拮抗阻害： 酵素分子内の同じ部位に阻害物質Iと基質が競合して結合す

る．阻害物質が酵素に結合すると複合体 ES が形成されず，酵素濃度が低下したときと同じ状況になるため，反応速度が低下する．

$$E + S \rightleftharpoons ES \longrightarrow E + P$$
$$E + I \rightleftharpoons EI$$

このときの酵素反応速度式は，次式で与えられる．

$$v = \frac{V_{max}s}{K_m\left(1+\dfrac{i}{K_{EI}}\right)+s} \tag{8.8}$$

ただし，i は阻害物質の濃度，K_{EI} は EI の解離定数である．i が高まると，見かけ上，ミカエリス定数 K_m が大きくなることと同じ効果が与えられる．一方，基質濃度 s を極限まで増大させたときの最大反応速度 V_{max} は変わらない．

・不拮抗阻害（反拮抗阻害）： 酵素分子内の異なる部位に阻害物質と基質が結合する．阻害物質は，遊離酵素 E には結合せず，複合体 ES のみに結合する．

$$E + S \rightleftharpoons ES \longrightarrow E + P$$
$$ES + I \rightleftharpoons ESI$$

複合体 ESI は生成物をつくらない．このときの酵素反応速度式は，次式で与えられる．

$$v = \frac{V_{max}s}{K_m + s\left(1+\dfrac{i}{K_{ESI}}\right)} \tag{8.9}$$

ただし，K_{ESI} は ESI の解離定数である．阻害物質濃度 i が高まると，分母の値が大きくなるので，酵素反応速度 v は低下し，基質濃度 s を極限まで増大させたときの最大反応速度 V_{max} も低下する．

・非拮抗阻害： 不拮抗阻害と同様に，酵素分子内の異なる部位に阻害物質と基質が結合するが，阻害物質が遊離酵素 E と複合体 ES の両方に結合する．

$$E + S \rightleftharpoons ES \longrightarrow E + P$$
$$E + I \rightleftharpoons EI$$
$$ES + I \rightleftharpoons ESI$$

このときの酵素反応速度式は，次式で与えられる．

$$v = \frac{V_{max}s}{(K_m+s)\left(1+\dfrac{i}{K_I}\right)} \tag{8.10}$$

ただし，複合体 EI と ESI の解離定数は等しく，どちらも K_I とする．阻害物質濃度 i が高まると，分母の値が大きくなるので，酵素反応速度 v は低下し，基質濃度 s を極限まで増大させたときの最大反応速度 V_{max} も低下する．一方，i が変化しても s とミカエリス定数 K_m の相対値は変わらない．すなわち，見かけ上，K_m は変化しないと考えてよい．

・混合型： 上記3つの中間に相当する阻害形式である．非拮抗阻害と同様に，酵素分子内の異なる部位に阻害物質と基質が結合し，阻害物質が遊離酵素と複合体の両方に結合するが，複合体 EI と ESI の解離定数は異なる値をとる．

$$E + S \rightleftharpoons ES \longrightarrow E + P$$

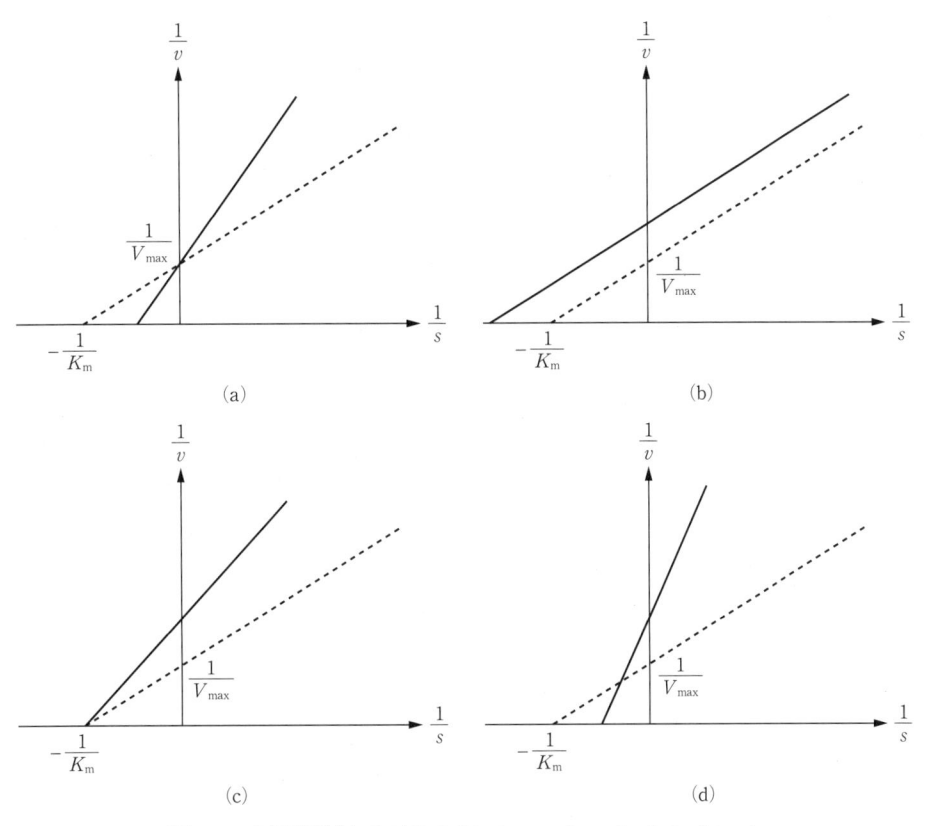

図 8.4 各阻害形式におけるラインウィーバー–バークのプロット
(a)拮抗阻害，(b)不拮抗阻害，(c)非拮抗阻害，(d)混合型．点線は阻害のない場合のプロットを示す．

$$E + I \rightleftharpoons EI$$
$$ES + I \rightleftharpoons ESI$$

このときの酵素反応速度式は，次式で与えられる．

$$v = \frac{V_{max}s}{K_m\left(1+\dfrac{i}{K_{EI}}\right)+s\left(1+\dfrac{i}{K_{ESI}}\right)} \tag{8.11}$$

ただし，複合体 EI および ESI の解離定数はそれぞれ，K_{EI} および K_{ESI} とする．この阻害形式の場合，阻害物質濃度 i の増大によって，見かけ上のミカエリス定数 K_m および最大反応速度 V_{max} はいずれも低下する．

上記4種類の阻害がある場合の酵素反応について，L–B プロットを行ったときの様子を図8.4に示す．

8.2 微生物を利用するバイオプロセス

a. 微生物利用プロセスの実際

日本の伝統産業の一つに，酒・味噌・醬油などの醸造業がある．醸造業の立て

表 8.3 微生物を利用した工業生産物の例

種類	物質名
アルコール飲料	清酒, 焼酎, ワイン, ビール, ウィスキー
発酵食品	味噌, 醬油, 食酢, チーズ, ヨーグルト, 納豆
酵素	アミラーゼ, プロテアーゼ, リパーゼ
有機酸	乳酸, 酢酸, クエン酸, グルコン酸
アミノ酸	グルタミン酸, イノシン酸, リジン, トリプトファン
抗生物質	ペニシリン, ストレプトマイシン, セファロスポリン, カナマイシン
多糖類	デキストラン, プルラン

役者は微生物であり, 職人の経験に基づいて微生物を増やし, 目的の物質を産生させてきた. しかしながら, 伝統的醸造業の多くは, 酸素を使わない嫌気発酵を利用しており, また, 生産規模は小規模であった. これに対して, 20世紀に入ると, さまざまな微生物を利用して食品・医薬品を生産できることが知られるようになり, 酸素を使う好気性微生物の利用, 生産規模の拡大, そして品質の管理が必要となった. このようなニーズに応えるために, 化学工業と同様に,「工学」に裏づけられたプロセス制御が, 微生物利用プロセスに必要となった. さらに, 遺伝子組換え技術の開発によって, 微生物で生産できる物質の幅が広がったことも, この分野に大きな変革をもたらした. それと同時に, 組換え微生物の安全な取り扱いを行うために, 注意深く工程を管理する必要が出てきた. 微生物を利用した生産物の例を, 表8.3に示す.

b. 微生物の分類

微生物とは, 肉眼ではみえない微小な生物のことであり, 細菌, 放線菌, 酵母, 糸状菌, 藻類などが含まれる. それぞれの微生物の特徴と, 実際にどのような物質の生産に利用されているかを, 以下にまとめる.

① 細菌: 核をもたない原核生物に属し, 細胞の大きさは直径1μm程度である. 細胞は硬い細胞壁で覆われ, 球状, 桿状, らせん状のものがある. 通常は細胞分裂によって増殖する. 最もよく使われている細菌は大腸菌であり, アスパルターゼやアルギナーゼなどの酵素生産に, また, 遺伝子組換え技術によって, インターロイキンやインスリンなどの医薬品生産にも利用されている.

② 放線菌: 菌糸をもつという点で形態的にはカビに似ているが, 菌糸の幅は1μm以下であり, 大きさはカビよりもかなり小さい. 菌糸が放射状に広がることから放線菌という名前がついた. 放線菌を利用して, ストレプトマイシン, ネオマイシン, カナマイシン, テトラサイクリンなどの抗生物質が生産されている.

③ 酵母: 単細胞生物であるが, 細胞内に核膜をもつ真核生物に属する. 細胞の大きさは短径1~5μm, 長径5~20μm程度であり, 細菌に比べて大きい. 形状は, 球形, 卵形, ソーセージ形, 糸状形などさまざまであり, 増殖するときに, 芽を出して娘細胞をつくることが多いのも特徴である. 酵母は, ビール, ワイン, 日本酒などのアルコール飲料の生産に利用されてきた. 中でも *Racchar-*

omyces cerevisiae は最もよく利用される酵母である．また，酵母の遺伝子組換え技術も進んでおり，*Pichia pastoris* が宿主としてよく用いられる．糖尿病患者の治療薬として使われるインスリンは，遺伝子組換え酵母によって生産されている．酵母は細胞外に代謝物を分泌することが多いため，細胞内に代謝物を蓄積する遺伝子組換え大腸菌を使うよりも後処理工程で有利な場合がある．このほかに，遺伝子組換え酵母によって抗生物質やワクチンの生産も行われている．さらに，近年，地球温暖化を抑制するための手段として，酵母によるバイオエタノール生産技術が注目されている．

④ 糸状菌： カビの別称であり，酵母と同じく真核生物に属する．菌糸と呼ばれる幅 10〜30 μm の糸状に枝分かれした細胞をもち，菌糸の先端に胞子をつくって増殖する．糸状菌は，日本の伝統的醸造・発酵食品の生産に昔から利用されてきた．コウジ菌 *Aspergillus orizae* は清酒醸造における糖化反応に，コウジ菌 *A. sojae* は味噌や醬油の製造に，黒コウジ菌 *A. niger* は焼酎や泡盛の製造に使われるほか，クエン酸や各種酵素の製造にも使われる．一方，青カビの仲間である *Penicillium roquefortii* や *P. camembertii* はチーズの熟成に使われ，*P. notatum* や *P. chrysogenum* は抗生物質ペニシリンの生産に使われている．

⑤ 藻類： 単細胞から多細胞生物までいろいろな生物が属するが，共通した特徴は，細胞内に葉緑素をもち，光合成を行う能力があるということである．*Dunaliella salina* は，細胞内に α, β, γ-カロテンを多く含んでいるため，β-カロテンの生産に利用されている．同様に，微細緑藻類 *Chlorella* や藍藻類 *Spirulina* も健康食品の原料として利用されている．さらに，近年，微細緑藻類 *Botryococcus* によるオイルの生産が注目されている[2]．

c. 微生物反応の量論

酵素と微生物はいずれも生体触媒であるが，両者の最大の違いは，反応の前後で酵素は量も質も変化しないのに対し，微生物は基質を利用して自ら増殖し，その触媒量を増やすことである．増殖しながら反応を触媒するという微生物の特性（自触媒反応と呼ばれる）を正確に把握することは，微生物を用いたバイオプロセスの制御にきわめて重要である．

微生物反応前後の量論関係を単純に表すと，以下のようになる．

$$\text{炭素源} + \text{窒素源} + \text{酸素} \longrightarrow \text{菌体} + \text{代謝産物} + \text{二酸化炭素} + \text{水}$$

基質の中でも特に炭素源は菌体合成に大きく関わるため，炭素源を対象基質とした菌体収率 $Y_{x/s}$ がよく用いられる．$Y_{x/s}$ は，生成した菌体の乾燥重量 Δx を，消費された基質の重量 $-\Delta s$ で割った値であり，次式で与えられる．

$$Y_{x/s} \equiv \frac{\Delta x}{-\Delta s} \tag{8.12}$$

また，速度を基準に $Y_{x/s}$ を定義した場合は，次式で与えられる．

$$Y_{x/s} \equiv \frac{r_x}{r_s} \tag{8.13}$$

ここで，r_x は重量基準の微生物増殖速度 [kg-dry cell m^{-3} s^{-1}]，r_s は重量基準

の基質消費速度 [kg m^{-3} s^{-1}] である．

いろいろな微生物と基質の組み合わせで $Y_{x/s}$ の値が報告されている．その一例を表 8.4 に示す．

$Y_{x/s}$ は，化学反応の量論係数のように一定値ではなく，反応の進行に伴って変化する．また，嫌気/好気などの培養条件によって変化する．表 8.4 をみると，その値はかなり幅がある．

一方，基質と菌体の両方に含まれる炭素元素（C）に着目して，次式のように炭素元素に関する増殖収率 Y_C を定義することもできる．

$$Y_C \equiv \frac{r_x \gamma_x}{r_s \gamma_s} = Y_{x/s} \frac{\gamma_x}{\gamma_s} \tag{8.14}$$

ここで，γ_x は菌体 1 kg に含まれる炭素元素の重量 [kg] を，γ_s は炭素源 1 kg に含まれる炭素元素の重量 [kg] を，それぞれ表す．

好気培養を行った場合を例にとって，$Y_{x/s}$ と Y_C との関係をみていく．C，H，O からなる化合物を炭素源に，アンモニアを窒素源に利用した場合，以下のような生物化学的量論式が成り立つ．

$$\underset{\text{炭素源}}{CH_l O_m} + \underset{\text{窒素源}}{aNH_3} + \underset{\text{酸素}}{bO_2}$$

$$\longrightarrow \underset{\text{菌体}}{Y_C CH_i O_n N_q} + \underset{\text{代謝産物}}{Y_P CH_u O_v N_w} + \underset{\text{二酸化炭素}}{(1-Y_C-Y_P) CO_2} + \underset{\text{水}}{dH_2O}$$

ここで，γ_s と γ_x は以下のように表すことができる．

$$\gamma_s = \frac{12}{12+l+16m} \tag{8.15}$$

$$\gamma_x = \frac{12}{12+i+16n+14q} \tag{8.16}$$

これらを式 (8.14) に代入すれば，次式のように $Y_{x/s}$ と Y_C の関係式が得られる．

$$Y_C = \frac{12+l+16m}{12+i+16n+14q} Y_{x/s} \tag{8.17}$$

Y_C は 0.5～0.7 の範囲にあり，微生物と基質の組み合わせにほとんど依存しない．したがって，Y_C の代表値 0.6 および微生物と基質の組成式から求めた l，m，i，n，q の値を式 (8.17) に代入すれば，$Y_{x/s}$ を計算することができる．

表 8.4 菌体収率 $Y_{x/s}$ の実測値[1]

微生物	基質	$Y_{x/s}$
Aerobacter aerogens	グリセロール	0.45
	乳酸	0.18
Candida utilis	エタノール	0.68
	グルコース	0.51
	酢酸	0.36
C. lipolytica	n-アルカン	0.90
Methylomonas methanolica	メタノール	0.48
Pseudomonas methanica	メタン	0.56

d. 微生物反応速度論

c項の冒頭で述べたように，微生物は自ら増殖しながら触媒反応を行う．したがって，増殖速度と反応速度（特に基質消費速度）が密接な関係にあることは明白である．増殖を伴いながら微生物反応が進んだ場合を想定し，増えるものと減るものそれぞれの速度について以下に概説する．

① 増殖速度： 菌体の増殖速度 r_x は菌体濃度 x に比例するので，次式で与えられる．

$$r_x = \mu x \tag{8.18}$$

ここで，比例定数として使われている μ は，比増殖速度と呼ばれている．比増殖速度は，時間の逆数の単位をもち，増殖速度の大きさを表す尺度となる．一方，菌体数が2倍になるまでに要する時間を倍加時間（doubling time）と呼ぶ．倍加時間 τ_d と比増殖速度 μ との関係式を，以下に示す．

$$\tau_d = \frac{\ln 2}{\mu} = \frac{0.693}{\mu} \tag{8.19}$$

比増殖速度と倍加時間の実測値を表8.5にまとめた．通常，高等生物ほど比増殖速度は小さく，倍加時間は長くなる．倍加時間の目安としては，原核生物である細菌が60分以内，真核生物である酵母や糸状菌が4時間以内である．

温度やpHなどの条件が一定の場合，比増殖速度 μ は培地中に含まれる特定の基質（制限基質と呼ばれる）の濃度 s に依存する．μ と s の関係式の中で最もよく使われているのが，以下に示すモノーの式（Monod equation）である．

$$\mu = \frac{\mu_{max} s}{K_S + s} \tag{8.20}$$

ここで，μ_{max} は最大比増殖速度 [kg-dry cell kg^{-1} s^{-1}] と呼ばれ，基質の量が十分に存在するときの菌体の比増殖速度に相当する．また，K_S は飽和定数 [kg m^{-3}] と呼ばれ，ちょうど $1/2 \mu_{max}$ の比増殖速度を与える基質濃度に相当する．なお，

表 8.5　微生物の比増殖速度と倍加時間[1]

微生物（下等→高等の順）	温度[°C]	比増殖速度[h^{-1}]	倍加時間
Bacillus stearothermophilus	60	5.0	8.4分
Pseudomonas nitriegens	30	4.2	10分
Escherichia coli	40	2.0	21分
Aerobacter aerogens	37	2.3〜1.4	18〜30分
Bacillus subtilis	40	1.6	26分
Pseudomonas putida	30	0.92	45分
Aspergillus niger	30	0.35	2時間
Spirulina platensis	35	0.35	2時間
Saccharomyces cerevisiae	30	0.35〜0.17	2〜4時間
Rodopseudomonas spheroides	30	0.32	2.2時間
Trichoderma viride	30	0.14	5時間

モノーの式はミカエリス–メンテンの式と形が非常に似ているが，ミカエリス–メンテンの式のように理論的に導かれた式ではなく，あくまでも経験式である．

② 基質消費速度： 基質消費速度は，式 (8.13) で定義した菌体収率 $Y_{x/s}$ を介して増殖速度と関連づけることができる．すなわち，次式で与えられる．

$$r_s = \frac{r_x}{Y_{x/s}} = \frac{\mu}{Y_{x/s}} x \tag{8.21}$$

基質が菌体合成だけでなく維持代謝のためのエネルギー源に使われる場合，基質の全消費速度は，増殖のための消費速度と維持代謝のための消費速度の和になるので，次式で与えられる．

$$r_s = \frac{r_x}{Y_{x/s}^*} + mx \tag{8.22}$$

ここで，$Y_{x/s}^*$ は真の増殖収率と呼ばれ，式 (8.13) で定義した見かけの増殖収率 $Y_{x/s}$ とは区別される．また，m は維持定数と呼ばれる定数である．式(8.13)，(8.18)，(8.22)から，$Y_{x/s}$ と $Y_{x/s}^*$ の関係式は，以下のように表すことができる．

$$\frac{1}{Y_{x/s}} = \frac{1}{Y_{x/s}^*} + \frac{m}{\mu} \tag{8.23}$$

③ 代謝物生成速度： 表8.3に示したように，アミノ酸，有機酸，アルコール，ビタミン，抗生物質，酵素など，さまざまな物質が微生物を利用して生産されている．これらはいずれも微生物の代謝物であり，その生成速度を把握することは，工業的生産を行う場合，重要である．しかしながら，一般に，微生物反応によって生産される代謝物は，その生合成経路や代謝調節機構が複雑なため，生成速度を統一的な式で表現することは難しい．これに対して，代謝物が菌体内に蓄積するか菌体外へ分泌されるかによって分類する方法，エネルギー源となる基質の消費に対する代謝物の生成を基準として分類する方法（Gaden（ガーデン）による分類）など，種々の観点から代謝物の生成に関わる分類が行われてきた．

ここでは，増殖に連動するかどうかという観点で3つのパターンに分類する方法を紹介しておく．

・増殖連動型（酵母によるアルコール発酵，乳酸発酵など）：
$$r_p = \alpha r_x \tag{8.24}$$

・増殖非連動型（放線菌によるペニシリン生産など）：
$$r_p = \beta x \tag{8.25}$$

・中間型（糸状菌によるクエン酸生産など）：
$$r_p = \alpha r_x + \beta x \tag{8.26}$$

8.3 バイオプロセスの構成

酵素や微生物などの生体触媒を利用して物質を生産するバイオプロセスは，上流，中流，下流の3段階に分けることができる．微生物を利用したバイオプロセスの基本構成を図8.5にまとめた．

上流では，種菌の培養，培地の調整や滅菌などが行われる．中流では，微生物

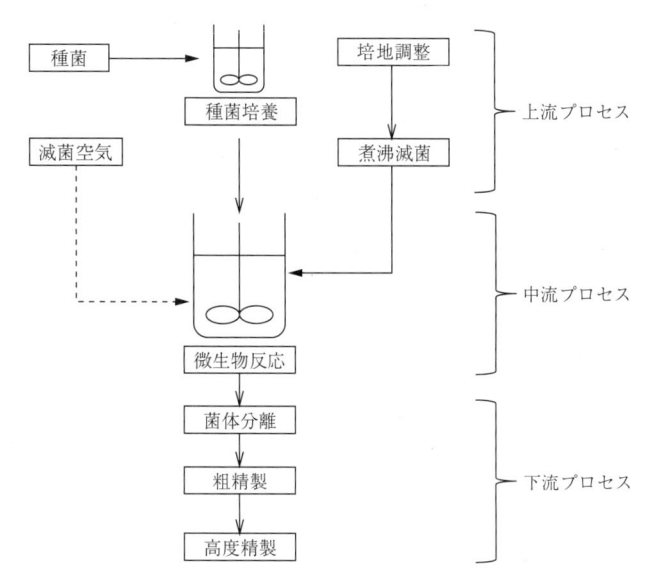

図 8.5 微生物を利用したバイオプロセスの基本構成

による主反応が行われる．図 8.5 では詳細を示していないが，反応器には攪拌器，培地供給管，通気管，pH 調節バルブ，消泡剤添加バルブ，温度計，圧力計などが備えられていて，反応条件が厳密にコントロールされる．下流では，反応器内の培養液から細胞を除去した後，溶存成分の中の目的物質を純度高く取り出すための分離・精製操作が行われる．品質の安定した製品を高効率に生産するためには，バイオプロセスの上流から下流までバランスよく設計し，管理する必要がある．

a. バイオリアクター操作

微生物や酵素などの生体触媒を用いる反応器のことをバイオリアクターと呼ぶ．バイオリアクターを操作する場合，① 生体触媒と基質を反応器にあらかじめ仕込んでおき，反応開始後は何も加えずに一定時間反応させる操作（回分操作），② 反応器に基質を逐次的に添加しながら反応させる操作（半回分操作），③ 反応器に基質を連続的に供給し，連続的に生成物を取り出す操作（連続操作）がある．図 8.6 は，微生物の培養を例にとり，これらの操作法を模式的に説明したものである（4.2 節も参照）．

次に，それぞれの培養法の特徴をまとめると，以下のようになる．

① 回分培養：　簡便で雑菌汚染されにくいため，汎用的に用いられている．非定常反応系のため，微生物を取り巻く環境条件が常に変化し，生産性や収率はあまり高くない．

② 半回分培養（流加培養）：　基質の添加量や添加間隔をコントロールすることで，反応器内の基質濃度をほぼ一定に保つことが可能であり，回分培養に比べて生産性の向上が期待できる．特に，高濃度基質阻害がある場合は有効である．ただし，菌体濃度が一定以上増えたところで操作を止める必要があるので，連続

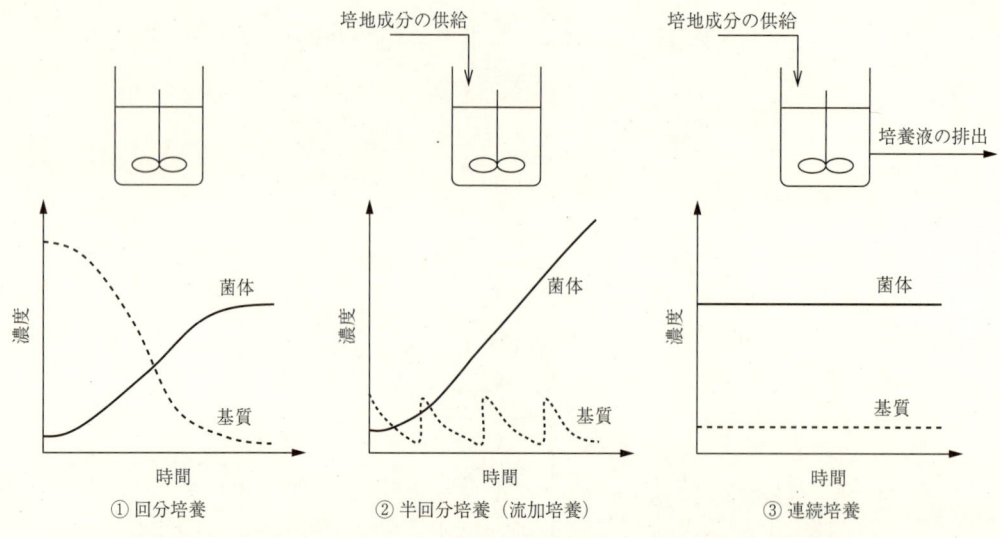

図 8.6 3つの微生物培養操作の原理と反応器内濃度変化の模式図（本文参照）

①回分培養　②半回分培養（流加培養）　③連続培養

培養ほど生産性は上がらない．また，基質の添加操作が複雑なため自動化しにくいところも欠点である．

③ 連続培養：　常に運転が継続するので，回分培養や半回分培養に比べて生産性は高い．しかしながら，長期連続運転をした場合は，雑菌汚染や菌株変異の問題がある．このような問題から，実用的には，物質生産を目的としたプロセスに用いられることはまれである．パン酵母の大量培養や廃水処理プロセスに主に使われている．

COLUMN

ケモスタット

完全混合型反応器（CSTR：4.2 節 b 参照）を用いた連続培養操作において，制限基質を一定流量で連続的に供給し，同量の培養液を引き抜く操作をケモスタットと呼ぶ．この培養操作をモデル化する．

定常状態において，菌体の物質収支式は以下のようになる．

$$fx_{in} - fx_{out} + r_x V = 0 \tag{8.27}$$

ただし，f は流入液の体積流量，x_{in} は流入液中の菌体濃度，x_{out} は流出液中の菌体濃度，V は反応器の体積である．今，$x_{in}=0$ であるとすると，式（8.27）は次式のようになる．

$$fx_{out} = r_x V \tag{8.28}$$

さらに，式（8.18）で定義した比増殖速度 μ を用いて菌体の増殖速度を表すと，式（8.28）は次式のようになる．

$$fx_{out} = \mu x_{out} V \tag{8.29}$$

両辺にある x_{out} を消去して変形すると，次式が得られる．

$$\mu = \frac{f}{V} \tag{8.30}$$

式（8.30）の右辺は，流入液の体積流量を反応器の体積で割った値であり，希釈率 D と呼ばれる．希釈

率は，反応器内での液滞留時間の逆数に相当し，操作可能なパラメータである．結局，ケモスタットにおいては，$\mu = D$ が成り立つ．このことは，培地の流入速度を制御すれば微生物の増殖速度をコントロールできることを意味している．一方，希釈率が最大比増殖速度 μ_{max} を超えた場合は，反応器内の菌体はすべて流出してしまう．この現象はウォッシュアウトと呼ばれている．

b. バイオ生産物の分離・精製

バイオプロセスの下流で行われている操作は，すべて分離工学に基づいて実施されている．分離工学についての詳細は第6章にまとめられているので，ここでは微生物を利用したバイオプロセスを例として，実際に使われている各分離操作の概要を紹介しておく．

① 懸濁物質の分離： 微生物を用いるバイオプロセスの場合，反応終了後に培養液から菌体を分離する操作がまず必要である．この分離操作は，懸濁物を取り除く作業であり，通常は遠心分離や沪過が用いられる．沪過を行う場合に注意しなければならない点は，フィルタの目づまりである．沪過が進行すると，フィルタ上にケークと呼ばれる懸濁物の層が形成される．そのため，ケーク形成後は，フィルタではなくケーク表層で沪過が行われる．実際のプロセスでは，ケーク層は時間とともに厚くなるので，ケーク層での沪過速度式を立て，沪過性能をコントロールすることが必要である．

② 溶存物質の分離・精製： 菌体などの懸濁物質が取り除かれた後，培養液に溶存している目的物質を純粋に取り出すための一連の分離操作が行われる．目的物質の濃度が相対的に低い場合には，まず高濃度の不純物を取り除く粗精製が必要である．粗精製に使われる分離操作は，塩析による沈殿分画や有機溶媒による抽出などである．さらに，目的物質を分離・精製するために，膜分離，電気泳動，クロマトグラフィーなどが使われる．これらの分離操作は，物質間のさまざまな性質（分子サイズ，電荷，親疎水性など）の違いを利用して行われる．特に，高度な分離・精製を行うことができるのは，アフィニティークロマトグラフィーと呼ばれる方法である．この方法は溶質と担体との生化学的親和力（アフィニティー）を利用して行われるもので，選択性が非常に高いことが特徴である．

参 考 文 献

1) 山根恒夫，生物反応工学（第2版），産業図書 (1991)．
2) 渡邉 信編，新しいエネルギー 藻類バイオマス，みみずく舎 (2010)．

練 習 問 題

8.1 ある酵素反応において，基質濃度 0.125, 0.50, 0.75 [mol m^{-3}] の場合の酵素反応速度はそれぞれ，0.20, 0.50, 0.60 [mol m^{-3} s^{-1}] であった．この酵素反応におけるミカエリス定数 K_m および最大反応速度 V_{max} を求めよ．

8.2 問題 8.1 と同じ酵素反応において，ある阻害物質 I を加えて反応速度を測定したところ，基質濃度 0.25, 1.00, 1.50 [mol m^{-3}] の場合の酵素反応速度はそれぞ

れ，0.20, 0.50, 0.60 [mol m^{-3} s^{-1}] であった．物質Ⅰはどのような阻害形式でこの酵素反応を阻害するか答えよ．

8.3 問題8.2において添加した阻害物質Ⅰの濃度が$0.20\ \mathrm{mol\ m^{-3}}$であった場合，阻害反応の解離定数を求めよ．

8.4 グルコース（$C_6H_{12}O_6$）を炭素源として，ある細菌を培養した．培養後に菌体の組成式を分析したところ，$CH_{1.86}O_{0.33}N_{0.24}$であった．炭素に関する増殖収率$Y_C$を0.60と仮定して，重量基準の菌体収率$Y_{x/s}$を推定せよ．

8.5 問題8.4で培養された細菌の比増殖速度μは$1.6\ \mathrm{h^{-1}}$，維持定数mは$0.20\ \mathrm{kg\text{-}dry\ cell\ h^{-1}}$であった．この細菌の真の増殖収率$Y_{x/s}^*$を求めよ．

9. エネルギー化学工学

現代社会において，人はさまざまな形でエネルギーを利用している．家庭では，調理，給湯，暖房などの熱源として，あるいは電化製品や照明器具などを使用するために，エネルギーを用いている．また，自動車，電車，飛行機などの交通機関は，その動力源に種々のエネルギーを用いている．さらに，身のまわりの多くの製品は，その製造プロセスにおいて，エネルギーが使われている．

これらのエネルギーは，自然界から得られる石油，石炭，天然ガス，水力，原子力といった1次エネルギー源を，電気，都市ガス，灯油やガソリンなどの石油製品といった2次エネルギー源に変換することで得られ，最終的に熱源や動力源などの仕事に変換して利用されている．また，化学プロセスの中で原料から製品を製造する過程でも，エネルギーはさまざまな形に変換され，移動している．

このようなエネルギーの変換や移動の際，変換効率は常に100%とはならない．変換効率を考えるとき，熱力学で扱う平衡論および移動現象論で扱う速度論を考慮する必要がある．各種エネルギーの性質を理解し，その変換や移動の際のエネルギーの収支や移動速度について定量的に把握し，損失を減らすことが，エネルギーを有効に利用するために重要である．

9.1 エネルギーの種類

エネルギーはさまざまな形で存在し，それぞれ相互に変換することができる．図9.1に主なエネルギーとその相互変換を示す．力学エネルギーは，位置エネルギーや運動エネルギーなど，目にみえるため実感しやすい巨視的レベルのエネルギーである．これに対して，化学エネルギー，熱エネルギー，圧力エネルギー，核エネルギーなどは，物体を構成する分子，原子，電子などの運動や相互作用による，直接目にみえない微視的レベルのエネルギーである．このような，微視的で系が内部に保有するエネルギーの総和を，熱力学では内部エネルギーと呼ぶ．物質の内部エネルギーは，その物質の温度，圧力，組成といった状態によって一

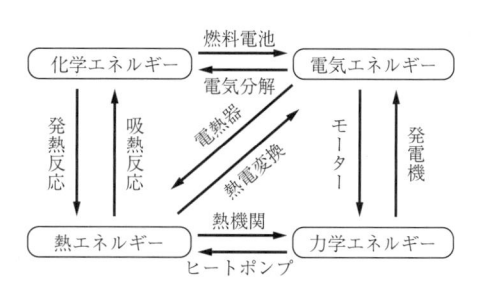

図 9.1 各種エネルギーの変換

意的に定まる状態量である．

さまざまな種類のエネルギーをもつ系がエネルギーを伝達する形態には，仕事と熱がある．目にみえる巨視的なエネルギー伝達形態を仕事と呼び，目にみえない微視的なエネルギーの伝達形態を熱と呼ぶ．

9.2　エネルギー保存則─熱力学の第一法則─

仕事も熱もエネルギーを伝達する形態であって，どちらも系のエネルギーを変化させる．このとき，仕事と熱は同等であり，系に与えられた熱と仕事の和は，系の運動エネルギー，位置エネルギー，内部エネルギーの増大の和に等しい．これが熱力学の第一法則であり，エネルギー保存則とも呼ばれ，いかなる系においても適用できる法則である．

物質の出入りのない閉じた系（閉鎖系）において，系が保有する内部エネルギー U，運動エネルギー K，位置エネルギー P と，系に与えられる熱 Q と仕事 W の関係は，次式のように表される．

$$\Delta U + \Delta K + \Delta P = Q + W \tag{9.1}$$

化学プロセスでは，多くの場合，内部エネルギーの変化に比べて運動エネルギーや位置エネルギーの変化は無視できるので，

$$\Delta U = Q + W \tag{9.2}$$

と表される．さらに，W が体積変化に伴う仕事であれば，

$$Q = \Delta U + W = \Delta(U + pV) \tag{9.3}$$

と表せ，エントロピーの定義

$$H = U + pV \tag{9.4}$$

より，

$$Q = \Delta H \tag{9.5}$$

と表すことができる．

一方，化学プロセスにおいては，3.1 節 e で扱ったような流れ系，つまり，流体が定常的に流れており，物質の出入りのある開いた系（開放系）を扱う場合が多くある．図 9.2 に示されるような定常流れ系におけるエネルギー収支式は，次式のように表される．

$$m\left(z_2 g + \frac{1}{2} u_2^2 + \hat{U}_2\right) - m\left(z_1 g + \frac{1}{2} u_1^2 + \hat{U}_1\right) = Q + W \tag{9.6}$$

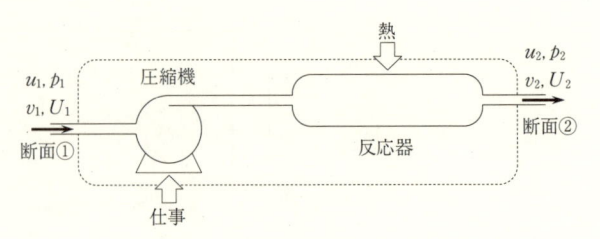

図 9.2　流れ系のエネルギー収支

ここで，m は質量流量，$\hat{U}$ は単位質量あたりの内部エネルギー，u は流速，z は高さを表し，添え字 1 および 2 は系の入口および出口を表す．

仕事 W は，系内のポンプや攪拌器によって系に加えられる仕事と，流体の体積変化によって外界から受ける仕事の 2 種類に分けられる．流体単位質量あたりのポンプなどの所用動力 $\hat{W}_s$，入口および出口における，比容積（単位質量あたりの体積）v，圧力 p を用いると，

$$W = m\hat{W}_s + m(p_1 v_1 - p_2 v_2) \tag{9.7}$$

と表すことができ，右辺第 1 項および第 2 項がそれぞれ，ポンプなどにより加えられる仕事および流体の体積変化による仕事である．これを式 (9.6) に代入し，整理すると，

$$\left(z_2 g + \frac{1}{2} u_2^2 + \hat{U}_2 + p_2 v_2\right) - \left(z_1 g + \frac{1}{2} u_1^2 + \hat{U}_1 + p_1 v_1\right) = \hat{Q} + \hat{W}_s \tag{9.8}$$

と，式 (3.23) と同じように表せる．$\hat{Q}$ は単位質量の流体に加えられた熱である．

単位質量あたりのエンタルピー $\hat{H}$ は定義より，

$$\hat{H} = \hat{U} + pv \tag{9.9}$$

であるため，

$$\left(z_2 g + \frac{1}{2} u_2^2 + \hat{H}_2\right) - \left(z_1 g + \frac{1}{2} u_1^2 + \hat{H}_1\right) = \hat{Q} + \hat{W}_s \tag{9.10}$$

が成り立つ．

一般に，化学プロセスにおけるエンタルピー変化は，運動エネルギーや位置エネルギーの変化が無視できるほど大きい．また，外界から出入りする熱は，外界からの仕事が無視できるほど大きい．このため，式 (9.10) は，$\Delta \hat{H} = \hat{H}_2 - \hat{H}_1$ として，

$$\Delta \hat{H} = \hat{Q} \tag{9.11}$$

と表され，式 (9.5) と同じ形になる．逆に，運動エネルギーや位置エネルギーの変化に対して，熱エネルギーの変化が無視できる場合は，3.1 節 e で扱った，機械的エネルギー収支式が得られる．

9.3　エネルギーの変換効率―熱力学の第二法則―

仕事と熱はエネルギーとして量的には等価であるが，相互に変換するとき変換効率に違いがあり，質的には等価とはいえない．仕事は熱に 100% 変換できるのに対して，熱を 100% 仕事に変換することは不可能である．これは，熱力学の第二法則によるもので，この法則の表現の一つであるトムソンの原理「1 つの熱源から正の熱を受け取り，それをすべて仕事に変える以外に，ほかに何も残さないようにすることはできない」の意味するところである．図 9.3 に示すように，熱を仕事に変換するには，低温熱源に熱を捨てる必要があり，その分は仕事にできない．このように，熱は仕事に比べて低品質である．

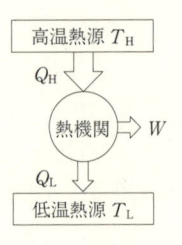

図 9.3 熱機関

図9.3に示す熱機関は，温度 T_H の高温熱源から熱量 Q_H を受け取り，温度 T_L の低温熱源に熱量 Q_L を捨て，仕事 W を取り出している．ここで，熱力学の第一法則より，$W = Q_H - Q_L$ である．このとき，熱効率 η を，受け取った熱量に対する取り出せる仕事の割合と定義すると，

$$\eta = \frac{W}{Q_H} = \frac{Q_H - Q_L}{Q_H} \tag{9.12}$$

である．熱機関が捨てる熱 Q_L の分だけ W は Q_H よりも小さく，η が1以上になることはない．

9.4 不可逆過程による有効なエネルギーの減少

可逆過程とは，一方から他方へ変換したとき，それと逆向きに変換しても，外界も含めてもとの状態に戻すことが可能な過程のことをいい，逆に，不可逆過程とはそれができない過程のことをいう．たとえば，9.3節で述べたように，熱を100%仕事に変換することはできないことから，仕事を熱に100%変換する操作は，外界も含めてもとの状態に戻すことはできないため，不可逆過程である．

このような，不可逆過程による系の変化を表す状態量として，エントロピーがある．エントロピー S は次のように定義される．

$$\Delta S \geq \frac{Q_r}{T} \tag{9.13}$$

ここで，Q_r は系が可逆的に受け取った熱量，T は系がその熱を受け取ったときの温度であり，等号が成り立つのは可逆過程のときである．

熱力学の第二法則において，系がサイクルを経てもとの状態に戻ったとき，すべての過程が可逆過程からなっていれば，エントロピーは一定であるが，不可逆過程があると，系のエントロピーは増大する（エントロピー増大の法則）．このとき有効なエネルギーは減少している．

可逆過程における操作は，状態が平衡からきわめてわずかにしかずれないよう無限にゆっくりと行われる．これを準静的な操作という．現実のプロセスは，有限の時間で行うため，準静的な操作では遅すぎる．そのため，平衡から大きくずらす必要があり，不可逆過程となる．

第3章で扱った物質，熱，運動量などの移動は，濃度差や温度差といったポテンシャルの差を駆動力とする．このとき，物質移動抵抗や伝熱抵抗といった，広

い意味での摩擦抵抗が存在する．このような抵抗が，不可逆性の原因であり，このため，現実のプロセスは可逆プロセスに比べて効率が低い．可逆プロセスの効率を目標に，不可逆性を減少し，効率を高めることが，エネルギーを有効に利用するために重要となる．

9.5 カルノーサイクル

熱を仕事に変換する熱機関の理想的な場合として，カルノーサイクル（Carnot cycle）を考える．カルノーサイクルは，2つの可逆等温過程と2つの可逆断熱過程からなり，縦軸に圧力 P，横軸に体積 V をとった P-V 線図において，図9.4のように表される．それぞれの過程は以下のとおりである．

- $1 \to 2$： 等温膨張（T_H の高温熱源から熱量 Q_H を受け取る）．
- $2 \to 3$： 断熱膨張（T_H から T_L に温度降下）．
- $3 \to 4$： 等温圧縮（T_L の低温熱源へ熱量 Q_L を放熱する）．
- $4 \to 1$： 断熱圧縮（T_L から T_H に温度上昇）．

等温過程では，気体の状態方程式 $PV=nRT$ より，$PV=$ 一定となり，断熱過程では，定圧熱容量 C_P と定積熱容量 C_V を用いて，$PV^\gamma=$ 一定（$\gamma=C_P/C_V$）となる．

この一連の過程を熱サイクルと呼び，このとき，系は高温熱源から，

$$Q_H = RT_H \ln \frac{V_2}{V_1} \tag{9.14}$$

の熱量を受け取り，低温熱源に，

$$Q_L = RT_L \ln \frac{V_4}{V_3} \tag{9.15}$$

の熱量を放出し，外部に対して W の仕事をする．このとき，熱力学の第一法則（エネルギー保存則）より，

$$Q_L = Q_H - W \tag{9.16}$$

である．熱効率 η は式（9.12）より，

$$\eta = \frac{W}{Q_H} = \frac{Q_H - Q_L}{Q_H} = 1 - \frac{Q_L}{Q_H} \tag{9.17}$$

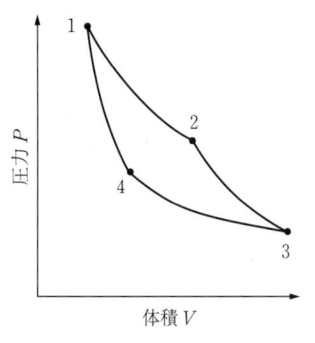

図 9.4 カルノーサイクルの P-V 線図

となる．可逆過程であることから，熱力学の第二法則よりエントロピーは一定であり，高温熱源から受け取るエントロピーと低温熱源へ受け渡すエントロピーは等しい．エントロピーの定義

$$\Delta S = \frac{Q}{T} \tag{9.18}$$

より，

$$\frac{Q_H}{T_H} = \frac{Q_L}{T_L} \tag{9.19}$$

である．これより，

$$\eta = 1 - \frac{T_L}{T_H} \tag{9.20}$$

となる．このときのηが，熱機関が達成しうる最大の熱効率であり，カルノー効率（Carnot efficiency）と呼ぶ．

式（9.20）からわかるようにカルノー効率は，高温熱源の温度T_Hと低温熱源の温度T_Lだけで定まる．このとき，高温熱源の温度が高いほど，また，低温熱源の温度が低いほど，熱効率は高くなる．つまり，高温熱源から同じ熱量を受け取っても，高温熱源や低温熱源の温度によって，得られる仕事量が異なる．

9.6 エクセルギー

熱力学的には，エネルギーは温度や圧力などの状態が決まれば，一意的に定まる．しかし，人間が利用するエネルギーという意味では，エネルギーを使用する環境によってその価値が異なる．たとえば，同じ20℃の空気であっても，環境が10℃であれば暖房としての価値が生じ，逆に環境が30℃であれば冷房としての価値が生じる．さらに，環境が20℃の場合，どちらの価値ももたない．しかも，いずれの場合も20℃の空気の内部エネルギーは同じである．このように，それ自体でなく，環境との差により価値が異なるようなエネルギーの指標として，エクセルギー（exergy）が用いられる．

エクセルギーは，系のもつエネルギーのうち仕事として取り出せるエネルギーを表し，「系が可逆変化を経て外界と平衡な状態になるまでに，その系から取り出しうる有効仕事に相当するエネルギー」と定義される．絶対温度Tの物質がもっている熱エネルギーがどれくらい有効かは，それが環境の温度T_0になるまでになしうる最大仕事を指標とすることができる．

温度Tの熱源から熱量Qを取り出し，これが温度T_0の環境との間でなしうる最大の仕事W_{max}は，カルノー効率を用いて表すことができ，式（9.17）と式（9.20）を変形して，

$$W_{max} = Q\left(1 - \frac{T_0}{T}\right) \tag{9.21}$$

となる．この系の温度がTからT_0になるまでのW_{max}を積分したものがエクセルギーである．

系の温度が T から T_0 になるときに放出される熱量 Q は，系のエンタルピー変化に等しい．これにより，温度 T における系のエンタルピー H は，定圧熱容量 C_P を用いて，次式のように表される．

$$H - H_0 = \int_{T_0}^{T} C_\mathrm{P} \mathrm{d}T \tag{9.22}$$

ここで，H_0 は外界の温度におけるエンタルピーである．式 (9.22) を微分すると，

$$\mathrm{d}H = C_\mathrm{P} \mathrm{d}T \tag{9.23}$$

この系の温度が $\mathrm{d}T$ 下がると，$\mathrm{d}H$ に相当する熱量 $\mathrm{d}Q$ が放出されるから，この系が温度 T から T_0 になるまでに放出する熱量から取り出しうる最大の仕事 ε は，

$$\begin{aligned}\varepsilon &= \int_T^{T_0} \frac{T - T_0}{T} \mathrm{d}Q = \int_{T_0}^{T} \frac{T - T_0}{T} \mathrm{d}H = \int_{T_0}^{T} C_\mathrm{P}\left(1 - \frac{T_0}{T}\right)\mathrm{d}T \\ &= \int_{T_0}^{T} C_\mathrm{P} \mathrm{d}T - T_0 \int_{T_0}^{T} \frac{C_\mathrm{P}}{T} \mathrm{d}T = (H - H_0) - T_0(S - S_0)\end{aligned} \tag{9.24}$$

となり，これが系のエクセルギーとなる．

系が状態 1 から状態 2 へ変化したときのエクセルギー変化は式 (9.24) より，

$$\Delta\varepsilon = \varepsilon_2 - \varepsilon_1 = \Delta H - T_0 \Delta S \tag{9.25}$$

と表せる．ここで，$\Delta H = H_2 - H_1$，$\Delta S = S_2 - S_1$ である．

流れ系において等温的に熱 Q が流入するときのエクセルギー変化について考える．機械的仕事が無視できる場合，$\Delta H = Q$ であり，また，エントロピーの定義より $\Delta S \leq Q/T$ であるため，式 (9.25) は，

$$\Delta\varepsilon = Q\left(1 - \frac{T_0}{T}\right) \leq 0 \tag{9.26}$$

となる．等号が成り立つのは，可逆過程のときであり，不可逆過程においては，$\Delta\varepsilon < 0$ である．系の温度が環境よりも高ければ ($T > T_0$)，系は熱を放出し ($Q < 0$)，逆に系の温度が環境よりも低ければ ($T < T_0$)，系は熱を受け取る ($Q > 0$)．いずれの場合においても，式 (9.26) より，$\Delta\varepsilon < 0$ となる．つまり，不可逆過程では，系の温度が環境と異なると，エクセルギーが減少する．

9.7 エネルギーの有効利用

プロセスにおいて，エネルギーを有効に利用するということは，エネルギーの変換や移動の過程で損失を少なくするということである．どのようなプロセスであっても，熱力学の第一法則によりエネルギーは保存されるので，エネルギーの総量は一定である．このとき考慮しているのはエンタルピーである．しかし，エネルギーの量が一定であっても，プロセスに不可逆過程が存在する場合，熱力学の第二法則によりエントロピーが増大する．このとき，9.6 節で示したように，エクセルギー，つまり，有効に利用可能なエネルギーが減少する．このため，プロセスにおけるエネルギーの有効利用を図るには，エクセルギー損失を明らかに

し，その損失を低減する必要がある．

プロセスにおけるエネルギー損失としては，以下のものがあげられる．

① プラントの壁から熱として逃げるエネルギー．プロセスの系外への熱損失．

② プロセスから流出する物質により運び出されるエネルギー．排ガスや冷却水中の未利用のエネルギー．

③ プロセス内で起きる不可逆過程により消滅するエクセルギー．

不可逆過程としてあげられるのは，高温から低温への熱エネルギーの移動，圧力の平均化，物質の混合，拡散などである．これらはいずれも，物質，熱，運動量の移動など，駆動力を必要とする過程である．

9.8 火力発電とコジェネレーション

熱機関の応用例として，火力発電所がある．火力発電では，燃料をボイラーで燃焼し，水を蒸発させて高温・高圧の水蒸気にする．その水蒸気をタービンに送り込み，タービンとこれにつながる発電機を回転させ，電気を得る発電方式である．水は作動流体であり，タービンから出た水蒸気は復水器で凝縮され，ポンプでボイラーに戻される．

火力発電所は上記のように，燃料のもつ化学エネルギーを，熱エネルギー，力学エネルギーを経て，電気エネルギーに変換する．ここで，タービンによって熱エネルギーを力学エネルギーに変換する際の熱効率について考える．

熱機関の理論効率は，式 (9.20) で示したカルノー効率で求めることができ，高温熱源と低温熱源の温度によって定まる．高温熱源の温度を500℃，低温熱源の温度を30℃とすると，熱効率は約60%となる．現実の発電所においては，熱効率はこれよりも低く，通常，約40%である．これは，変換の各過程が不可逆過程であるため，理論効率よりもそれぞれ低くなるからである．たとえば，作動流体は，高温熱源から熱を受け取り，低温熱源へ熱を受け渡す．このとき，3.2節で示したように，作動流体と熱源の間に温度差がないと熱は移動しない．そのため，伝熱過程は不可逆過程であり，効率が低下する．

火力発電所における熱収支を考える．高温熱源から取り込んだ熱量 Q_H のうち，仕事として取り出した W 以外のエネルギーは，低温熱源に熱量 Q_L として放出される．燃料の燃焼によって投入された熱エネルギーのうち，40%が電気エネルギーの形で仕事として取り出される場合，残りの60%はさまざまな形で火力発電所の外の環境中に放出されていることになる．たとえば，タービンを動かす際，熱エネルギーでつくった水蒸気がもう一度水に戻る．このとき，熱エネルギーの多くは，冷却用の水とともに海に捨てられる．また，一部は排気とともに大気中に放出される．

このように，火力発電所は熱機関であるため，発電を行う際に環境中に熱を捨てている．この排熱を熱源として利用することはエネルギーの有効利用につながる．このためのシステムは，コジェネレーション（熱電併給：cogeneration）と

呼ばれ，高温の熱エネルギーを発電に用い，低温の排熱を冷暖房や給湯，蒸気の熱源に用いるシステムである．コジェネレーションは，熱と電気を「同時に」(co-)「生成」(generate) することからつくられた言葉である．

コジェネレーションでは，電気に加えて熱を有効利用することにより，総合的なエネルギー効率が上がる．ただし，電気と熱はトレードオフになっている．たとえば，排熱を利用せず，低温熱源が30°Cであった場合のカルノー効率は，約60%であった．一方，低温熱源の用途として，温水を得る場合，低温熱源の温度はおおよそ100°Cである必要がある．この場合，カルノー効率は約52%まで下がる．このように，低温熱源で得られる熱の温度が高いほど，熱のエクセルギーは上がるが，発電の効率は下がる．このため，用途を考慮してシステム設計を行う必要がある．

9.9 燃料電池

火力発電所のように，燃料のもっている化学エネルギーを電気エネルギーに変換する場合，まず熱エネルギーに変換した後に熱機関を用いて力学エネルギーに変換するため，カルノー効率の制限を受け，低温熱源に放出する熱の分だけ，取り出せる仕事が少なくなる．そこで，熱エネルギーへの変換を経由しない発電方法として，燃料電池の開発が進められている．燃料電池は，電気分解の逆反応により，電気を取り出す装置である．水の電気分解においては，電気を流すことで水素と酸素を取り出すことができる．その逆に，燃料電池では，水素と酸素を用い，直接燃焼させるのではなく，イオンと電子による電気化学的な反応を起こし，電解質を通じてイオンを移動させ，外部回路に電子を流すことで，電気を取り出す．このように，燃料電池は化学エネルギーを直接電気エネルギーに変換するため，カルノー効率の制限を受けず，高い変換効率が期待される．

a. 燃料電池の原理

燃料電池には，電解質の種類によって，固体高分子形燃料電池（polymer electrolyte fuel cell：PEFC）のように水素イオン（H^+）が伝導するものと，固体酸化物形燃料電池（solid oxide fuel cell：SOFC）のように酸化物イオン（O^{2-}）が伝導するものがある．2種類の燃料電池の基本構造を図9.5に示す．燃

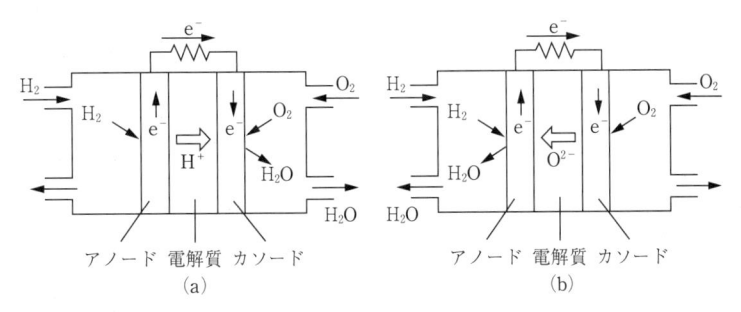

図 9.5 燃料電池の模式図
(a) 固体高分子形燃料電池．(b) 固体酸化物形燃料電池．

料電池はイオン伝導体である電解質と，その両側にあるアノード（陽極）とカソード（陰極）の2つの電極とから構成される．アノードには燃料（主に水素）を，カソードには酸化剤（酸素または空気）を供給する．PEFCとSOFCにおいて，それぞれの電極では，以下の電気化学反応が生じる．

(1) PEFC

・アノード：
$$H_2 \longrightarrow 2H^+ + 2e^-$$

・カソード：
$$\frac{1}{2}O_2 + 2H^+ + 2e^- \longrightarrow H_2O \tag{9.27}$$

(2) SOFC

・アノード：
$$H_2 + O^{2-} \longrightarrow H_2O + 2e^-$$

・カソード：
$$\frac{1}{2}O_2 + 2e^- \longrightarrow O^{2-} \tag{9.28}$$

いずれの場合も，総括の反応式は，

$$H_2 + \frac{1}{2}O_2 \longrightarrow H_2O \tag{9.29}$$

となる．

電解質中を水素イオンが伝導するPEFCの場合，カソードでH_2Oが生成し，電解質中を酸化物イオンが伝導するSOFCの場合，アノードでH_2Oが生成する．

式(9.29)に表す水素の燃焼反応におけるエンタルピー変化は，25℃において，$\Delta H = -286$ kJ mol^{-1}である．一方，この反応のギブズの自由エネルギーは$\Delta G = -237$ kJ mol^{-1}である．燃焼することで得られるはずの熱エネルギーΔHを電気の形で仕事ΔGに直接変換するのが燃料電池である．このときの電気回路の開放状態での起電力は，アノードとカソードそれぞれで起きる反応電位の差で求まり，式(9.27)と式(9.28)のどちらの場合も，1.23 Vである．ただし，実際には発電温度によってΔGは異なるので，理論起電力も異なる．

b. 燃料電池の理論効率

燃料電池の理論効率について考える．燃料電池では電気の形で仕事を取り出し，その量は，以下のように表すことができる．

$$\text{仕事量} = \text{電力} \times \text{時間} = \text{電圧} \times \text{電流} \times \text{時間} = \text{電圧} \times \text{電気量} \tag{9.30}$$

1分子の水素から取り出せる電子は2なので，1 molから$2F$の電気量を得ることができる．Fはファラデー定数である．これに電圧を掛けたものが仕事量となる．これより，水素1 molから得られる仕事は，

$$1.23 \text{ V} \times (2 \times 96\,500 \text{ C mol}^{-1}) = 237 \text{ kJ mol}^{-1} \tag{9.31}$$

である．これは，水の生成のギブズの自由エネルギー変化ΔGに等しい．ΔGは取り出すことが可能な最大仕事であり，理論的には燃料電池はΔGの100%

を仕事に変換することが可能ということがわかる．

このことは理論的には，電気分解で得た水素と酸素を用い，燃料電池で発電することで再度同じだけの電気を得ることができることを表す．電気分解により，水を水素と酸素に分解するエネルギーは，水素と酸素から水を生成するギブズの自由エネルギーに等しい．つまり，水の電気分解と，燃料電池の反応が可逆反応であることを示している．

熱機関と比較するため，燃料を燃焼して得られる熱エネルギーである，反応熱 ΔH を基準として，燃料電池の発電効率 η を表すと，

$$\eta = \frac{\Delta G}{\Delta H} \tag{9.32}$$

であり，約83%である．このように，燃料電池は，カルノー効率に比べて高い理論効率を示す．

c. 燃料電池の実際の効率—速度論的効率低下—

現実の燃料電池においては，可逆的に仕事を取り出すことはできないため，効率は ΔG の100%よりも低くなる．平衡状態のままであれば可逆であるが，仕事を取り出す，つまり，電流を流すと，平衡状態からのずれが生じ，不可逆過程による損失が生じる．平衡状態での理論起電力は1.23 Vであるが，電流を流した場合，これよりも電圧が低くなる．電流を流したときの電池の出力電圧と理論起電力との差は，過電圧と呼ばれ，いわゆる内部抵抗による電圧降下である．出力電圧が0.7 Vであれば，理論起電力との差に相当する約100 kJ mol^{-1} のエネルギーは仕事として得られず，電池内部で熱となり，不可逆過程に伴うエネルギー損失となる．

過電圧，つまり，エネルギー損失の原因となっている不可逆過程について考える．燃料電池の電極における反応は，気相拡散，吸着解離，電荷移動などの素過程からなり，それぞれの素過程において損失が生じる．たとえば，固体酸化物形燃料電池のカソードにおける反応は，以下のような素過程からなる．

① 気相拡散過程： 通常，電極は多孔質であり，酸素は空隙を通して拡散する．
　　　　O_2（電極外） $\longrightarrow$ O_2（電解質近傍）
② 吸着過程： 気相中の酸素分子が電極表面に吸着する．
　　　　$O_2 \longrightarrow O_2$ (ad)
③ 解離過程： 吸着した酸素分子が酸素原子に解離する．
　　　　O_2 (ad) $\longrightarrow$ 2O
④ 電荷移動過程： 酸素原子が電子を受け取り，酸化物イオンとなる．
　　　　$O + 2e^- \longrightarrow O^{2-}$
⑤ イオン伝導過程： 酸化物イオンが電解質膜中をアノード側へ伝導する．
　　　　O^{2-}（カソード） $\longrightarrow$ O^{2-}（アノード）

このような素過程を経る中で，それぞれに不可逆による損失が生じる．

まず，酸素分子の電極表面での吸着・解離過程 ②，③ を考える．電極表面の反応は，次式のように表せる．

$$\text{O}_2 \underset{k_{-a}}{\overset{k_a}{\rightleftarrows}} \text{O}_2 \text{ (ad)} \overset{k_d}{\longrightarrow} 2\text{O} \tag{9.33}$$

酸素分子は電極表面へ吸着するとともに電極表面から脱離もしている．また，吸着酸素の一部は解離し，酸素原子になる．定常状態であれば，表面に吸着した酸素の濃度の時間変化は，酸素分圧をP_{O_2}，吸着している酸素の濃度をCとすると，次式のように表せる．

$$\frac{dC}{dt} = k_a P_{\text{O}_2} - k_{-a} C - k_d C = 0 \tag{9.34}$$

これより，

$$C = \frac{k_a}{k_{-a} + k_d} P_{\text{O}_2} \tag{9.35}$$

仮に吸着酸素が解離して酸素原子になる過程がない場合（$k_d=0$），気相からの吸着速度と表面からの脱離速度が等しく，吸脱着平衡となる．このときの表面濃度は，

$$C^* = \frac{k_a}{k_{-a}} P_{\text{O}_2} \tag{9.36}$$

となる．これに対し，解離過程がある場合，$k_d>0$となり，CはC^*よりも小さくなる．つまり，気相の酸素分圧よりも低い酸素分圧と釣り合っている状態になっている．ここに不可逆過程が存在し，この差が吸着解離過程におけるエネルギー損失となる．

電流iは，式（9.33）の右の反応より，次式のように表せる．

$$i = 2F k_d C S \tag{9.37}$$

ここで，Sは反応場の面積である．

大電流を得るためには，k_dが大きい必要がある．また，CがC^*に近くなるためには，式（9.35）より，$k_a \gg (k_{-a}+k_d)$が必要で，C^*を大きくするには，式（9.36）より，$k_a \gg k_{-a}$が必要である．このように，すべての反応速度定数が十分に大きい必要がある．さらに，Sを大きくする必要がある．つまり，高活性な触媒を高分散させた電極を用いることでエネルギー損失を小さくすることができる．

次に，電解質中の酸化物イオンの伝導による電流は，電解質の厚さをL，拡散係数をD，カソードとアノードの酸化物イオン濃度をそれぞれ$C_{\text{O}^{2-},\text{c}}$，$C_{\text{O}^{2-},\text{a}}$とすると，フィックの拡散の法則を用いて，

$$i = 2F\left(-D\frac{dC_{\text{O}^{2-}}}{dL}\right) = -2FD\frac{C_{\text{O}^{2-},\text{c}} - C_{\text{O}^{2-},\text{a}}}{L} \tag{9.38}$$

$$C_{\text{O}^{2-},\text{a}} = C_{\text{O}^{2-},\text{c}} - \frac{L}{2FD}i \tag{9.39}$$

と表せる．これより，電流が流れるとき，酸化物イオンの濃度勾配が生じ，式（9.39）の第2項の分だけ平衡時の濃度よりも低くなることがわかる．この濃度差がエネルギー損失となる．これを小さくするためには，電解質の厚みLを薄く，拡散係数Dを大きくする必要がある．

このように各素過程において，電流が流れるとき，駆動力が必要であり，それぞれ不可逆過程となる．このとき，平衡状態からのずれが生じ，その差が抵抗となって，過電圧の形でエネルギー損失となる．燃料電池の効率を上げるためには，これらの抵抗を小さくする必要がある．そのために有効なのは，一つは，反応の速度定数や拡散定数を大きくするために，反応温度を上げたり，新しい材料開発を行うこと，もう一つは，構造的に，電解質膜を薄くしたり，電極中の反応する場所を増やしたりすることである．

9.10 ヒートポンプ

熱エネルギーを機械的エネルギーに変換する熱機関とは逆に，機械的エネルギーを熱エネルギーに変換する装置に，ヒートポンプがある．ヒートポンプは，仕事を投入することで，低温の熱エネルギーを高温に移動させる装置であり，冷凍・冷蔵庫やエアコンに用いられる．また，大気中の熱を用い，暖房や給湯といった比較的低温の熱利用に有効な技術である．熱媒体として，以前はフロンが使われていたが，オゾン層破壊の問題が取り沙汰されるようになり，自然冷媒も再び使われるようになった．特に，CO_2を媒体とするものは高温を可能にし，装置の小型化に寄与し，家庭用の温水器に用いられる．

a. ヒートポンプの原理

ヒートポンプにおいて，カルノーサイクルを逆に回す，逆カルノーサイクルが理論上，最も効率よく仕事を用いて熱を汲み上げることができるサイクルである．図9.4に示したP-V線図において，逆カルノーサイクルの過程は以下のとおりである．

- $1 \rightarrow 4$： 等温膨張（T_Hの高温熱源へ熱量Q_Hを放熱する）．
- $4 \rightarrow 3$： 断熱膨張（T_HからT_Lに温度降下）．
- $3 \rightarrow 2$： 等温圧縮（T_Lの低温熱源から熱量Q_Lを受け取る）．
- $2 \rightarrow 1$： 断熱圧縮（T_LからT_Hに温度上昇）．

このとき，系が高温熱源および低温熱源と授受する熱量Q_HおよびQ_Lは，次式で表される．

$$Q_H = -RT_H \ln \frac{V_2}{V_1} \tag{9.40}$$

$$Q_L = RT_L \ln \frac{V_4}{V_3} \tag{9.41}$$

Wの仕事を投入し，低温熱源からQ_Lの熱量を受け取り，高温熱源へQ_Hの熱量を与えた場合，熱力学の第一法則により，

$$Q_H = Q_L + W \tag{9.42}$$

である．

投入した仕事Wに対する，低温熱源から汲み上げる熱量Q_Lの比率を成績係数と呼ぶ．逆カルノーサイクルの成績係数η_Rを，カルノーサイクルの熱効率を

求めたときと同様に求めると，

$$\eta_R = \frac{Q_L}{W} = \frac{Q_L}{Q_H - Q_L} = \frac{T_L}{T_H - T_L} \tag{9.43}$$

となる．

次に，逆カルノーサイクルを用いて，ある温度 T_0 の水を T まで温めるために必要な仕事について考える．低温熱源から熱量 dQ_0 を受け取り，仕事 dW を投入し，高温熱源へ熱量 dQ を与えるとき，

$$dQ = dQ_0 + dW \tag{9.44}$$

である．可逆過程であることから，熱力学の第二法則よりエントロピーは一定であり，低温熱源から受け取るエントロピー dQ_0/T_0 と高温熱源に受け渡すエントロピー dQ/T は等しいため，

$$\frac{dQ_0}{T_0} = \frac{dQ}{T} \tag{9.45}$$

である．式 (9.44) と式 (9.45) を用い，

$$dW = dQ - dQ_0 = \left(1 - \frac{T_0}{T}\right)dQ \tag{9.46}$$

定圧過程とすると，定圧熱容量の定義

$$C_P = \frac{dQ}{dT} \tag{9.47}$$

を変形し，

$$dQ = C_P dT \tag{9.48}$$

これを式 (9.46) に代入すると，

$$dW = C_P \left(1 - \frac{T_0}{T}\right)dT \tag{9.49}$$

となる．これを C_P が一定として，積分すると，必要な仕事は，

$$w = \int dW = C_P \int \left(1 - \frac{T_0}{T}\right)dT = C_P \left((T - T_0) - T_0 \ln \frac{T}{T_0}\right) \tag{9.50}$$

である．

これを利用して，逆カルノーサイクルを用いて水を温める場合，直接熱量を与えることで同じ温度まで上昇させる場合より少ないエネルギーで済む．

b. ヒートポンプの効率

現実の給湯や暖房用に用いられるヒートポンプは可逆過程ではないため，逆カルノーサイクルほど効率は高くない．実際のヒートポンプの原理は，以下のとおりである．

作動媒体をポンプで断熱圧縮し，媒体の温度を上昇させる．この媒体を用い，対象を温める．このとき，dq の熱量を放出する．その後，熱を放出した媒体は，断熱膨張によって圧力が下げられ，温度が下がる．環境よりも低温の媒体が，環境から dq_0 の熱量を受け取る．

このとき，逆カルノーサイクルと同様に，式 (9.44) が成り立つ．しかし，式 (9.45) は可逆過程でないと成り立たない．現実のヒートポンプが可逆とならない理由の一つは，熱の移動の際の温度差である．逆カルノーサイクルにおいて

は，準静的に温度を変化させるので，目的とする温度と作動媒体の温度は等しい．一方，実際のプロセスでは，熱の移動が起きるためには，温度差が必要である．媒体が温める対象と同じ温度では熱を与えることはできない．同様に，媒体が環境から熱を得るためには，媒体は環境と同じ温度ではなく，より低い温度である必要がある．

現実のヒートポンプの効率を高めるために，媒体から温水に熱が移動する過程について考える．パイプの中を媒体が流れ，パイプの外の水を温めるとする．このとき，パイプの壁面近傍の水には境膜が生じる．この境膜を通じた熱の移動が律速と仮定する．つまり，媒体やパイプの壁面の温度は均一であると仮定する．このとき，伝熱量 Q は，3.2節 a で示されたフーリエの法則より次式で表せる．

$$Q = A\left(-k\frac{dT}{dx}\right) = kA\frac{T_1 - T_2}{L} \tag{9.51}$$

ここで，A はパイプの外表面積，k は水の熱伝導率，L は境膜の厚み，T_1 および T_2 は壁面および境膜の外側の水の温度である．$T_1 - T_2$ を駆動力とし，L/kA を熱の伝わりにくさの指標である熱抵抗として取り扱うと，熱抵抗を小さくすることで，効率が高まることがわかる．つまり，できるだけ小さな温度差で，必要な熱量を移動させることが可能となる．k は物性値で変えることができないため，効率を上げるためには伝熱の表面積 S を増やす，または境膜の厚み L を減らすことで実現できる．

参考文献
1) 小宮山宏，速度論，朝倉書店 (1990).
2) 小宮山宏，入門熱力学，培風館 (1996).
3) 化学工学会編，基礎化学工学，培風館 (1999).

練習問題
9.1 加熱した水蒸気を高温熱源とし，海水を低温熱源として，カルノーサイクルを用いて発電を行う．海水の温度が15℃，水蒸気の温度が300℃または600℃の場合について，水蒸気から100 kJ の熱量を受け取って得ることが可能な最大仕事量を，それぞれ求めよ．

9.2 80℃の温水 10 kg と 40℃の温水 30 kg を断熱的に混合した場合，何℃の温水が得られるか．また，環境の温度を 20℃として，この操作のエクセルギー損失を求めよ．ただし，水の比熱は，$4.19\ \mathrm{kJ\ kg^{-1}\ K^{-1}}$ とする．

9.3 消費電力 1 kW の電気温水器で水を加熱する．20℃の水を温めて，40℃にした場合のエクセルギー変化を求めよ．また，投入した電気エネルギーがすべて熱に変換されるとして，この操作の単位質量あたりのエクセルギー損失を求めよ．ただし，水の比熱は，$4.19\ \mathrm{kJ\ kg^{-1}\ K^{-1}}$ とする．

9.4 800℃で作動する固体酸化物形燃料電池と，80℃で作動する固体高分子形燃料電池が，可逆で作動する場合，それぞれの ΔH 基準の効率を求めよ．ただし，反応は次式で考え，

$$H_2(g) + 1/2\ O_2(g) \longrightarrow H_2O\ (g)$$

この反応の $\Delta H_r = -2.4 \times 10^2\ \mathrm{kJ\ mol^{-1}}$ および $\Delta S_r = -40\ \mathrm{J\ mol^{-1}}$ は温度によらず

一定と仮定する．また，実際の燃料電池ではどちらの効率が高いか推察せよ．

9.5 20°C の水 400 L を 40°C に温めるのに必要な最小エネルギーを次の 3 通りの場合について求め，その大小を比較せよ．ただし，水の比熱は 4.19 kJ kg^{-1} K^{-1}，密度は 1 000 kg m^{-3} とする．

① 燃料を燃焼して得た熱で直接熱量を与える場合の最小熱量．

② 伝熱過程が可逆であり，20°C の低温熱源と，40°C の高温熱源を用い，逆カルノーサイクルにより熱量を与える場合の最小仕事．

③ 伝熱過程に温度差があり，5°C の低温熱源と，60°C の高温熱源を用い，ヒートポンプにより熱量を与える場合の最小仕事．

10. 環境化学工学

　人類は科学技術の著しい発展によりさまざまな恩恵を受ける一方で，今までにない規模のエネルギー問題や地球環境問題に直面している．現在の環境問題は，私たち一人一人の社会経済活動の結果として生じているものであり，それに伴う環境の悪化は今や地球全体，さらには私たちの子孫の生活基盤を失うほど深刻なものになりつつある．

　わが国の環境問題は，その近代化の歴史の中で何回もの節目を経て，そのつど大きく変貌してきた．足尾銅山鉱毒・煙害事件（栃木県）は日本の環境問題の原点と呼ばれ，国民に公害というものを広く認識させた．しかし，鉱毒・煙害事件は長期にわたり解決することはなく，地域住民の健康や環境に大きな被害を与えた．図 10.1 は現在の足尾銅山の様子であり，植林などいろいろな形で再生努力がなされているにもかかわらず，未だに多くの山々が禿山になったままである．一度壊した環境が容易に復元できないことは，このことからも十分にうかがい知れる．

　昭和の高度経済成長期に発生した公害問題の規模はさらに大きく，日本の近代史において大きな衝撃を与えた．特に健康被害の大きかった水俣病（熊本県），第二水俣病（新潟県），四日市ぜんそく（三重県），イタイイタイ病（富山県）は四大公害病と呼ばれ，特に大きな社会問題となった．これらの公害病と先述の鉱毒・煙害事件との大きな違いは，被害が都市部であったことである．産業の主体が石炭から石油にシフトした結果，沿岸部すなわち都市部に工場が建てられ，その産業に関係のない人々までもが健康被害に巻き込まれた．そのため，政府はこれらの問題に対処するために，1967 年に公害対策基本法をはじめとする環境法

図 10.1　現在の足尾銅山
足尾銅山の松木川上流は 2 000 ha 以上禿山であり，1956 年ごろからの治山事業により一部で緑が戻ってきたが，この写真からは森林と呼ぶには程遠い状態である．足尾の山が真に回復するには，さらに100～200年以上の年月が必要であろう．

を制定し，官民一体となって公害問題の克服に努力してきた．現在，日本の環境技術が世界最高水準にあるのは，公害病という大きな犠牲の上に成り立ってきたことを忘れてはならない．

1970年以降も光化学スモッグ，地下水汚染，ダイオキシンなど多様な公害問題が顕在化し，1980年代中期ごろから酸性雨，地球温暖化，オゾン層破壊などの地球環境問題が大きく取り上げられるようになった．水俣病をはじめとする公害病は被害地域が限定され，さらに，被害者と加害者が明確に分かれた企業犯罪的要素が大きい．一方，近年の環境問題は，モノを消費し続ける個人のライフスタイルそのものがその大きな原因であり，被害者と加害者が明確でない新しい形の環境問題といえる．

10.1 環境化学工学

化学工学は主として化学工業のプロセスの設計，解析，制御を取り扱う学問として，20世紀の石油化学産業とともに発展してきた．化学工学はプロセスを1つのシステムとして考え，そのシステムをいくつかの要素の結合として解析することで設計を行ってきた．このような手法は化学工業プロセスだけでなくさまざまな分野に応用可能であり，特にエネルギー分野や，1970年代に問題となった公害対策技術の発展に大きな貢献を果たした．環境化学工学という言葉に明確な定義はないが，環境と化学工学の歴史的な関わり合いを考えると，筆者らは以下の3つに大別できると考えている．

① 環境汚染物質の抑制とその制御に関する技術開発．
② 環境の負荷を最小限にする持続可能な生産プロセスの開発．
③ 環境保全を目的とした環境や社会システムなども含めた，より大きなシステムの設計と解析．

これら各々の領域において，物質とエネルギーの流れを考え，地球規模までシステム的に取り扱うことができる工学は，化学工学以外にないといえる．

本章では，前章までに学んできた化学工学の知識をもとに，環境問題における化学工学の役割について考えてみたい．

10.2 環境汚染物質の処理技術

日本の環境技術というと，「ハイブリッド自動車」，「太陽電池」，「燃料電池」などの最先端技術が思い浮かぶが，日本が世界に誇る環境技術とは触媒浄化，脱硝・脱硫技術，電気集塵，ガス吸収，高度水浄化システムなどといった公害を出さない技術にほかならない．高度経済成長期の公害病という痛い経験を経て，厳しい規準や規制をクリアするため，産官学が努力して発展させてきた環境技術であり，現在も日本が世界をリードしている分野である．環境汚染物質の浄化技術は多岐にわたっており，その全貌を解説することは難しい．そこで，本節ではい

くつか環境浄化装置の例をあげ，環境浄化技術の基本を学ぶ．

a. 大気汚染と排ガス処理技術

① 現在の大気環境汚染： 大気汚染の主な原因は，発電所や工場などを運転する際に排出される汚染物質と，車などの輸送によって排出されるものがある．前者を固定発生源，後者を移動発生源と呼ぶ．わが国では，1970年代に光化学スモッグが大きな社会問題となり，車の排気ガス規制により，1980年代以降には沈静化した．しかし，2000年代に入って，光化学スモッグは再び増加に転じ，それまで発生しなかった地域でも光化学スモッグ注意報が発令されるなど，広域化が進行している．この原因は十分に理解されていないが，オゾン層破壊による紫外線の増加，地球温暖化やヒートアイランドによる温度上昇，大気汚染物質が急増しているアジア大陸からの越境汚染などが考えられている．

工場や車から排出される煤塵(ばいじん)の中で，特に大気中に長期滞在する浮遊粒子状物質の抑制も重要課題である．この浮遊粒子状物質は，英語のsuspended particulate matterの頭文字をとってSPMと呼ばれ，わが国では1972年に粒径10 μm以下の浮遊粒子状物質（PM10）の環境基準が設定された．しかし，その後，より小さな粒子がより健康に害を及ぼすということで，大気中を浮遊する粒子径2.5 μm以下のことをPM2.5と呼び，PM10とは別に1997年にアメリカで規制が設けられた．PM2.5は小さいため気管を通過しやすく，肺の奥深いところまで届き，また，大半がディーゼル排ガスのため，有害成分を多量に含んでいる．日本ではPM2.5の環境基準値が2009年に制定され，アメリカやEUにかなり遅れをとったものの，ようやく小さな粒子の監視が始まった．

以上のように，排気ガス中の有害物質の除去は，時代とともに高性能化や多様化が求められ，現在においてもまだまだやるべきことは多い．大気汚染物質の対策技術は多種多様であり，一概にそれをまとめるのは難しい．ここでは，固定発生源での環境対策技術の概略を表10.1にまとめた．この中で最も多用される装置に吸収塔がある．大気汚染物質の多くは水に溶けやすいため，水溶液に吸収させ分離する方法は効果的である．ここでは，吸収塔の設計において最も重要な吸収塔の高さの決定法について学ぶ．

② 吸収塔の設計： ガス吸収を考える上で，どうしても気体と液体の界面での物質移動を定式化する必要がある．一般には気相と液相の両方に境膜（境界層）を考えた二重境膜理論が用いられる．この理論は，図10.2に示したように接触界面近傍に境膜を考え，界面を通しての物質移動抵抗がすべてこの境膜内にあると仮定するものである．まず，界面での液側組成 x_i とガス側組成 y_i は平衡であり，ヘンリーの法則（式(6.45)：$y=mx$）に従うと仮定すると，

$$y_i = mx_i \tag{10.1}$$

となる．物質移動が定常状態だと考えると，両境膜内の物質移動流束 J_A は等しいので，

$$J_A = k_y(y - y_i) = k_x(x_i - x) \tag{10.2}$$

となる．しかし，y_i, x_i は気液界面の各濃度であり，実測できないため使いが

表 10.1 ガス性状別処理法

ガス性状									
	アルカリ性	酸性	中性	有機溶剤		防災ガス	粉塵・煤塵		白煙
				親水性	疎水性				
通常	洗浄法（酸スクラバ）	洗浄法（アルカリスクラバ）	洗浄法（水洗式）	燃焼法	燃焼法	N_2希釈 燃焼 洗浄法	洗浄法	電気集塵法（EP法）	特殊スクラバ バグフィルタ 湿式EP法
高度処理	添着炭	寄性ソーダ＋酸化剤 添着炭 活性炭		活性炭吸着		ジェットスクラバ バグフィルタ	バグフィルタ		
対象ガス	アンモニア，トリメチルアミン，アルカリミストなど	塩化水素，フッ化水素，SO_2，NO_x，硝酸，硫酸，硫化水素，メルカプタン，硫化メチル，二硫化メチルなど	トルエン，キシレン，フロン，トリクロロエチレン，メチルイソブチルケトン（MIBK），アルコール，メチルエチルケトン（MEK），アセトンなど			SiH_4，AsH_3，$SiCl_2H_2$，SiF_4，B_2H_6，BCl_3など	粉塵，煤塵		発塵性硫酸，硝酸ボイル，塩化アンモニウムなど
処理法の概念	通常，排ガス処理法はスクラバ（充填式）にて処理．②吸収液は硫酸水溶液．③運転法は回分式または連続放流式．	①吸収液は苛性ソーダ．②硫黄系，アルデヒドなどは酸化剤を使用．③低濃度でも臭気が強い場合は高濃度処理が必要．④酸性ガスには活性炭，中性ガスには中性の吸着が有効．	有機ガスと酸，アルカリとは混合してはならない（悪臭の原因）．・水洗法：親水性のガスは除去可能．分圧によるが，多量の水とその廃液処理が必要．・燃焼法：排ガスを直接または分解して処理．加熱により分解し水溶液が必要．ハロゲン化物，S，N含有注意．・吸着法：活性炭での吸着．高濃度では再生式として使用する．			主として半導体製造工程より排出するガス．空気と接触すると発火するガスもあるので注意．・水酸化物：酸化，加熱により分解して処理．Si分はバグフィルタまたは消石灰で処理．湿式EPも可能．・ハロゲン化物：アルカリ液での洗浄，EPは不可．ダイオキシン対策可．焼却炉からの有害ガス，洗浄法またはバグフィルタ方式では，廃薬物処理を発生する．	焼却炉，乾燥炉，ガス化炉などの排ガスに多い．・酸，アルカリ共存するときは，洗浄法が優れているが，バグフィルタに消石灰を用いる方法もある．湿式EP対策シャワーにより対策可．EP方式も可．		白煙粒子は，サブミクロンのため，圧力損失の大きな充填材，フィルタを用いる．・特殊スクラバ：特殊な材にアルカリ液をシャワーして除去．・バグフィルタ：アルカリ液でフィルタ面にアルカリ液をシャワーして除去．・湿式EP：前洗浄でEPで除去．
特徴	①装置が簡単で設備費が安い．②運転費も比較的安い．③ミスト，ダストも同時除去できる．④ガスの冷却効果がある．⑤排水処理が必要．	①臭気にも効果がある．②設備費が安く，ミスト，ダストも同時除去できる．③薬品の管理が必要となると出口から薬品臭．	発生源事業所の状況に応じて対策法を選定する．			①空気接触前に爆発．燃焼限にするが必要がある．②排ガス量が小さいものが多い．③捕集粉塵対策が必要．④製造条件も考慮した排ガス処理が必要．	①洗浄法は，捕集粉塵の系外への排出がポイント．②バグフィルタは消石灰供給装置が必要．		①特殊スクラバは設備が簡単で管理が容易．②バグフィルタは設備費がやや高い．③湿式EPは最も設備費が高い．

文献[3]による．

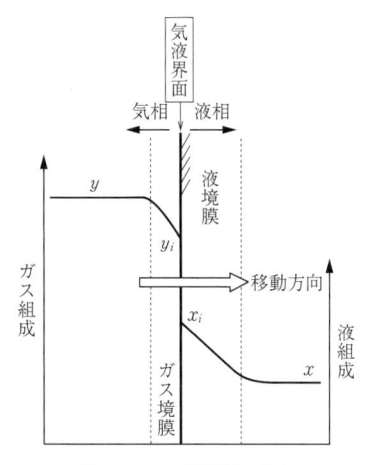

図 10.2　二重境膜モデル

たい．そこで，界面濃度を消去すると，

$$J_A = \frac{y-y_i}{\frac{1}{k_y}} = \frac{m(x_i-x)}{\frac{m}{k_x}} = \frac{y-mx}{\frac{1}{k_y}+\frac{m}{k_x}} = \frac{\frac{y}{m}-x}{\frac{1}{mk_y}+\frac{1}{k_x}} \tag{10.3}$$

となる．ここで，液相の濃度 x と平衡にある気相の濃度を y^*，気相の濃度 y と平衡にある液相濃度 x^* とすると，ヘンリーの法則に従うとすれば，

$$y^* = mx, \qquad y = mx^* \tag{10.4}$$

となる．この仮想平衡濃度 y^*, x^* を式 (10.3) に代入すると，

$$J_A = K_y(y-y^*) = K_x(x^*-x) \tag{10.5}$$

となる．ここで，

$$\frac{1}{K_y} = \frac{1}{k_y} + \frac{m}{k_x}, \qquad \frac{1}{K_x} = \frac{1}{mk_y} + \frac{1}{k_x} \tag{10.6}$$

であり，K_y および K_x を総括物質移動係数と呼ぶ．各濃度の関係を平衡線図上で示すと図 10.3 のようになる．以上より，気液界面を通しての物質移動は，界面両側の移動抵抗の和，すなわち，直列抵抗の和として表すことができる．

ガス吸収装置は充填塔 (packed column)，気泡塔 (bubble column)，スプレー塔 (spray tower) など，いろいろな種類があるが，いずれも気体と液体を逆方向から供給する向流接触型を用いる場合が多い．そこで，図 10.4 のような一般的な向流接触装置として設計方程式を導いていく．

まずは塔頂から高さ h までの物質収支を考えると，その間のガス吸収量 w は，

$$w = SGy - SG_1y_1 = SLx - SL_1x_1 \tag{10.7}$$

となる．ここで，記号については図 10.4 を参照のこと．塔内では吸収が起こるので，流量 SG, SL は一定値ではない．そこで，吸収に関与しない一定の値を示す中性ガスと純溶剤の流量 SG_M, SL_M を用いてガス吸収量を表す．中性ガス流量は，

$$SG_M = SG(1-y) = SG_1(1-y_1) = SG_2(1-y_2) \tag{10.8}$$

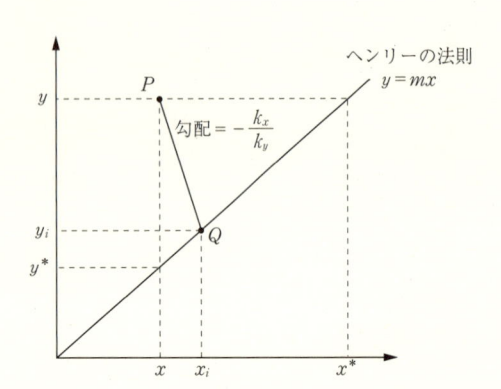

図 10.3 平衡線図における各濃度の関係

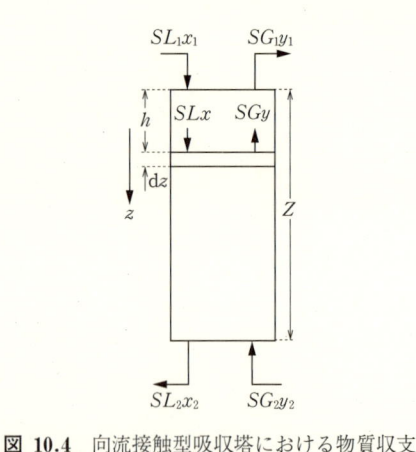

図 10.4 向流接触型吸収塔における物質収支
z：吸収塔の軸方向の座標 [m]，S：塔の断面積 [m²]，SL：塔内の液の流量 [mol s⁻¹]，SL_1：液の入口流量 [mol s⁻¹]，SL_2：液の出口流量 [mol s⁻¹]，x：吸収する成分の塔内での液側のモル分率 [−]，x_1：吸収する成分の液入口での液側のモル分率 [−]，x_2：吸収する成分の液出口での液側のモル分率 [−]，SG：塔内のガスの流量 [mol s⁻¹]，SG_1：ガスの出口流量 [mol s⁻¹]，SG_2：ガスの入口流量 [mol s⁻¹]，y：吸収する成分の塔内でのガス側のモル分率 [−]，y_1：吸収する成分のガス出口でのガス側のモル分率 [−]，y_2：吸収する成分のガス入口でのガス側のモル分率 [−]，h：任意の高さ [m]，dz：微小高さ [m]，Z：吸収塔の高さ [m].

純溶剤流量は，
$$SL_M = SL(1-x) = SL_1(1-x_1) = SL_2(1-x_2) \tag{10.9}$$
となる．ガス吸収量式 (10.7) の G, G_1, L, L_1 を式 (10.8)，(10.9) を用いて消去すると，
$$w = SG_M\left(\frac{y}{1-y} - \frac{y_1}{1-y_1}\right) = SL_M\left(\frac{x}{1-x} - \frac{x_1}{1-x_1}\right) \tag{10.10}$$
となる．これが，吸収塔内の任意の高さでの物質収支式となる．

次に，塔内の任意高さ h から微小高さ dz における物質収支を考える．吸収塔を充填塔とし，図10.4 の dz 部分だけ切り出して拡大したものを図10.5 に示す．充填物を球で表しているが，一般に使用される充填物は複雑な形状のものが多い．充填物の表面に沿って液が流れ，ガスと接触しながら吸収が起こるので，ガス吸収速度は前述した二重境膜説を適用することができる．したがって，dz 内で界面を通じて吸収される量 dw は，塔の単位体積あたりの気液接触面積を a [m² m⁻³] とすると，

$$\begin{aligned}dw &= dz \text{ 内の気液接触面積 [m²]} \times \text{吸収されるガスの流束 [mol m}^{-2}\text{ s}^{-1}\text{]} \\ &= aSdz \times J_A\end{aligned} \tag{10.11}$$

となる．また，dz 区間内で，液側は $Sd(Lx)$ だけ吸収し，ガス側では $Sd(Gy)$ だけ吸収される．したがって，dz 区間内での吸収されたガスの物質収支は，
$$Sd(Lx) = Sd(Gy) = J_A aSdz \text{ [mol s}^{-1}\text{]} \tag{10.12}$$

10.2 環境汚染物質の処理技術

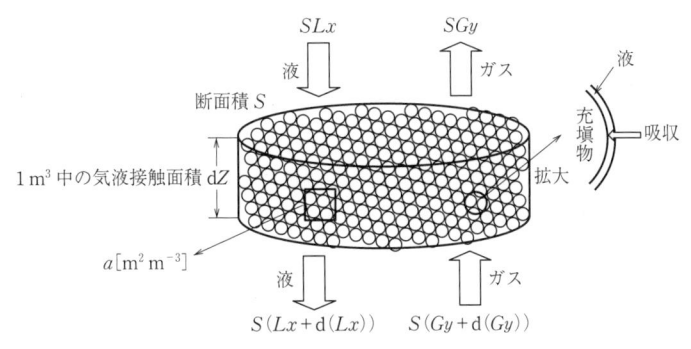

図 10.5 $\mathrm{d}z$ の微小領域での物質収支
記号の説明は図 10.4 を参照.

となる．微小空間内での L, G を一定値とし，二重境膜モデルである $J_\mathrm{A} = k_y(y-y_i) = k_x(x_i-x)$ を用いると，

$$\mathrm{d}z = \frac{L}{k_x a}\frac{\mathrm{d}x}{x_i-x}, \qquad \mathrm{d}z = \frac{G}{k_y a}\frac{\mathrm{d}y}{y_i-y} \tag{10.13}$$

となり，総括物質移動係数 $J_\mathrm{A} = K_y(y-y^*) = K_x(x^*-x)$ を用いると，

$$\mathrm{d}z = \frac{L}{K_x a}\frac{\mathrm{d}x}{x^*-x}, \qquad \mathrm{d}z = \frac{G}{K_y a}\frac{\mathrm{d}y}{y^*-y} \tag{10.14}$$

となる．したがって，充填塔の高さ Z は，式 (10.13) または式 (10.14) を積分することにより，

$$Z = \int_0^z \mathrm{d}z = \frac{G}{k_y a}\int_{y_2}^{y_1}\frac{\mathrm{d}y}{y-y_i} = \frac{L}{k_x a}\int_{x_2}^{x_1}\frac{\mathrm{d}x}{x_i-x} \tag{10.15}$$

または，

$$Z = \int_0^z \mathrm{d}z = \frac{G}{K_y a}\int_{y_2}^{y_1}\frac{\mathrm{d}y}{y-y^*} = \frac{L}{K_x a}\int_{x_2}^{x_1}\frac{\mathrm{d}x}{x^*-x} \tag{10.16}$$

と表すことができる．上式の積分項を移動単位数 (NTU)，積分項の前の値を移動単位高さ (HTU) と定義し，各々 N, G で表すと，

$$\begin{cases} N_\mathrm{G} = \displaystyle\int_{y_2}^{y_1}\frac{\mathrm{d}y}{y-y_i} \\ N_\mathrm{L} = \displaystyle\int_{x_2}^{x_1}\frac{\mathrm{d}x}{x_i-x} \\ N_\mathrm{OG} = \displaystyle\int_{y_2}^{y_1}\frac{\mathrm{d}y}{y-y^*} \\ N_\mathrm{OL} = \displaystyle\int_{x_2}^{x_1}\frac{\mathrm{d}x}{x^*-x} \end{cases} \tag{10.17}$$

$$\begin{cases} H_\mathrm{G} = \dfrac{G}{k_y a} \\ H_\mathrm{L} = \dfrac{L}{k_x a} \\ H_\mathrm{OG} = \dfrac{G}{K_y a} \\ H_\mathrm{OL} = \dfrac{L}{K_x a} \end{cases} \tag{10.18}$$

となる．NTU は分離の困難さを示す量であり，HTU は長さの次元をもち，小さいほど吸収塔の性能がよいことを示している（6.3 節1参照）．また，HTU の式内にある $k_y a$ および $k_x a$ をガス側および液側の物質移動容量係数，$K_y a$ および $K_x a$ をガス側基準および液側基準の総括物質移動容量係数と呼ぶ．以上より，必要な吸収塔の高さ Z は，単純に HTU と NTU の掛け算であり，

$$Z = H_G N_G = H_L N_L = H_{OG} N_{OG} = H_{OL} N_{OL} \tag{10.19}$$

となる．

HTU は物質移動係数と気液接触面積を含んでいることから，流動状態，気液の接触方法や充填物の種類，流体の物性などに影響を受け，非常に複雑なため，解析的には求めることはできない．そこで，既往の実験から求められた経験式を使うことになる．一般にはガス側と液側の HTU，すなわち H_G，H_L について経験式が得られているので，総括の HTU を求める場合は，式 (10.6) と HTU の定義式 (10.18) から求めた次式を使うことになる．

$$H_{OL} = H_L + \frac{L}{mG} H_G, \qquad H_{OG} = H_G + \frac{mG}{L} H_L \tag{10.20}$$

NTU は気液平衡線図と物質収支式 (10.10) から，y と y_i，x と x_i の関係を求め，図積分や数値積分することにより求めることができる．また，平衡関係がヘンリーの法則（直線関係）に従い，SG や SL が塔内で一定となるような汚染物質が希薄な場合は，NTU は次式のように解析的に計算することができる．

$$N_{OG} = \frac{y_1 - y_2}{(y - y^*)_{lm}}, \qquad N_{OL} = \frac{x_1 - x_2}{(x^* - x)_{lm}} \tag{10.21}$$

ここで，lm は対数平均の意味で，

$$\begin{cases} (y - y^*)_{lm} = \dfrac{(y_1 - y_1^*) - (y_2 - y_2^*)}{\ln\left(\dfrac{y_1 - y_1^*}{y_2 - y_2^*}\right)} \\ (x^* - x)_{lm} = \dfrac{(x_1^* - x_1) - (x_2^* - x_2)}{\ln\left(\dfrac{x_1^* - x_1}{x_2^* - x_2}\right)} \end{cases} \tag{10.22}$$

である．

b．廃水処理技術

① 水資源と水処理技術： 地球上に存在している約 13.9 億 km³ の水のうち，アクセスが容易な河川や湖沼といった表流水はわずか 0.01% 程度で，地下水を加えても 0.11 億 km³ 程度しかない．しかし，水資源として利用可能な最大量（水資源賦存量）は，日射をエネルギー源とした水の蒸発・移流・凝縮・降水などによる水循環の過程で生じる陸上への降水から蒸発散を差し引いた約 0.45 億 km³ 年⁻¹ である．

平水年（おおむね 10 年間の平均値となる降水量の年．それに対し，おおむね 10 年に 1 回の割合で発生すると予測される，降水量の少ない年を渇水年という）における日本の水資源賦存量は，約 6500 億 m³ の年間降水量のうち約 4200 億 m³ となっている．このうち，図 10.6 の区分で生活用水約 160 億 m³ 年⁻¹，工業用水約 120 億 m³ 年⁻¹，農業用水約 550 億 m³ 年⁻¹ を利用している．また，成人

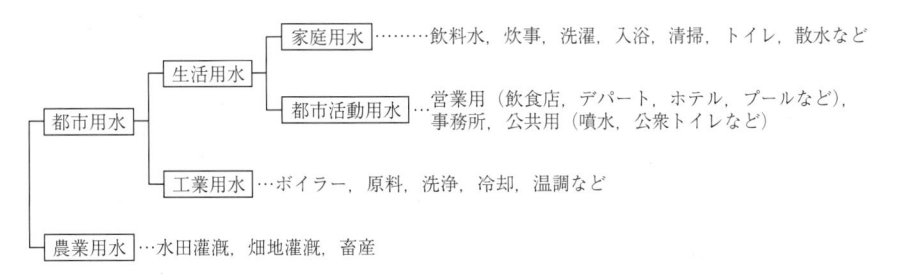

```
                    ┌─家庭用水 ········ 飲料水, 炊事, 洗濯, 入浴, 清掃, トイレ, 散水など
        ┌─生活用水─┤
        │          └─都市活動用水 ··· 営業用（飲食店, デパート, ホテル, プールなど），
都市用水─┤                             事務所, 公共用（噴水, 公衆トイレなど）
        │
        └─工業用水 ··· ボイラー, 原料, 洗浄, 冷却, 温調など
農業用水 ··· 水田灌漑, 畑地灌漑, 畜産
```

図 10.6 水使用の区分

表 10.2 廃水処理に関わる主要な要素技術

種類	対象	要素技術
物理的方法	懸濁物質 懸濁物質, 溶解物質	沈降, 浮上, 遠心, 砂沪過, 膜分離（精密沪過（MF），限外沪過（UF）， ナノ沪過（NF），逆浸透（RO）），電気透析
物理化学的方法	懸濁物質, コロイド 各種イオン 疎水性物質 酸化還元 オルトリン酸	凝集沈殿 イオン交換 活性炭吸着 電気分解 晶析
化学的方法	pH 重金属類 難生物分解性物質 アンモニア性窒素	中和 沈殿 オゾン処理, 紫外線処理, 促進酸化 不連続点塩素処理
生物学的方法	有機物 窒素 リン 有機性汚泥	活性汚泥法, 生物膜法, メタン発酵, 上向流式嫌気汚泥床法（UASB 法） 硝化脱窒, ANAMMOX 法 嫌気-好気法 嫌気性消化

が必要としている飲料水は，2～3 L 人$^{-1}$ d^{-1} であるといわれている．家庭用水は 1 人 1 日あたりで平均約 250 L 使用されている．

現代の人間活動は，大量の水使用の上に成り立っている．利水には使用目的に適した水質への変換が要求される．また，使用した水を介して水環境へ排出される多種多様な物質群による深刻な水質汚濁や生態系の改変を防ぐために，許容レベルまで排出前に水質を変換することが必要である．

水に混入している多種多様な物質群は，目的や基準に適合するように水処理で取り除かれる．水処理の要素技術には，表 10.2 のように物理的，化学的，生物学的原理を応用したさまざまなものが開発されている．汚濁成分の組成，濃度，処理水量や目標水質のレベルなどの条件に応じて，適用可能な要素技術は異なる．また，通常，処理対象項目は多岐にわたるため，要素技術を組み合わせて最適な処理プロセスを構築することになる．

本項では，主として廃水を対象とした水質変換技術の基礎を扱う．

② 生物学的廃水処理

・微生物機能の利用： 自然生態系では，多種多様な生物を介した物質生産，消費，分解の複雑で巧妙な仕組みによる物質循環が形成されている．水域における自浄作用は，そこに生息する微生物群が汚濁物質を栄養源にして自己増殖する結果である．したがって，自然界のこのような機能を廃水中の汚濁物質除去に応用することは合理的である．生物学的廃水処理では，人為的な制御により時間的および空間的効率化や微生物機能の安定化を図っている．

表10.3に，栄養要求性で分類した微生物の例を示す．たとえば，有機性汚濁物質の除去では，炭素源やエネルギー源に有機物を必要とする微生物群の機能が発揮される環境を整える．生物学的廃水処理は，表10.4のように利用する微生物群の電子受容体としての酸素要求性から，好気性処理と嫌気性処理に大別される．

好気性処理は，一般に幅広い性状の有機性廃水への適用性を有しているが，曝

表 10.3 栄養要求性と微生物

炭素源	電子供与体	電子受容体	分類	微生物の例
有機物	有機物	O_2	化学合成従属栄養	多種類の好気性細菌
	有機物	NO_3^-		脱窒細菌
	有機物，水素	SO_4^{2-}		硫酸塩還元細菌
	有機物	有機物		酸生成細菌
	有機物（酢酸）	酢酸		メタン生成古細菌
CO_2	NH_4^+	O_2	化学合成独立栄養	アンモニア酸化細菌
	NO_2^-	O_2		亜硝酸酸化細菌
	水素	O_2		水素細菌
	水素	CO_2		メタン生成古細菌
	$Fe(II)$	O_2		鉄酸化細菌
	$S, S_2O_3^{2-}$	O_2		硫黄酸化細菌
	$S, S_2O_3^{2-}, HS^-$	NO_3^-		硫黄脱窒細菌

表 10.4 有機性廃水処理法の比較

	好気性処理	嫌気性処理
酸素要求性	有	無
主要な生成物（菌体は除く）	炭素→二酸化炭素 水素→水 窒素→硝酸イオン 硫黄→硫酸イオン	二酸化炭素，メタン，水素，アンモニア，硫化水素など
有機物濃度	低	中〜高
除去率	95％以上	60〜90％
汚泥生成率	50〜60％	10〜20％
所要動力	大	小
臭気	低	有
バイオガス生成	無	有

気の運転コストや酸素溶解効率などのため,比較的低濃度廃水の処理が適している.一方,嫌気性処理は,曝気不要で運転動力が小さいことに加え,メタンガス回収による省・創エネルギー型処理が可能である.一般に嫌気性微生物の比増殖速度は小さいが,自己造粒作用により嫌気性微生物の集塊をグラニュール化することが可能である.グラニュールとして汚泥保持量が飛躍的に向上する上向流式嫌気汚泥床法(upflow anaerobic sludge blanket: UASB 法)は,高負荷操作へ容易に対応可能で,有機物濃度が高い食品系廃水処理に多用されている.

自然環境中には至るところに微生物が生息し,森林や肥沃な土壌 1g には 10^8 ～10^9 個,廃水処理槽内にも同程度存在している.また,熱水や極寒,強酸性や強アルカリ性のような極限環境でさえ発見されている.その一方で,単離して培養可能な微生物はそのうちの 1% にも満たないといわれており,ほとんどは生態や機能が不明である.このことは,微生物には広大な未知の領域があり,革新的な機能の発見と利用への大いなる可能性が秘められていることを示している.

・活性汚泥法: 20世紀の初頭に Ardern(アーデン)と Lockett(ロケッツ)は,下水を曝気すると生じる茶褐色～黒褐色を呈しているゼラチン状の微細な集塊(フロック)を活性汚泥と名づけた.活性汚泥には細菌や菌類ばかりでなく原生動物や小型の後生動物も共存している複合微生物生態系が形成されている.また,固形性の有機および無機物質も含有されている.活性汚泥を利用した廃水処理法は,「活性汚泥法」と総称され,約 100 年で世界中へ広く普及するに至っている.代表的な構成は,図 10.7(a) のとおりである.廃水中の有機性汚濁物質は,反応槽内で活性汚泥中の微生物に摂取・分解される.活性汚泥は沈殿池(最終沈殿池)で固液分離され,反応槽内での増殖分に相当する量が系外へ余剰汚泥として排出され,残りは反応槽の活性汚泥濃度を維持するために返送される(返送汚泥).

活性汚泥法の浄化機構や動力学は非常に複雑で不明な点も多いが,次の①～⑥の仮定に基づいた簡易モデル化を通じて基本的特性を知ることができる.

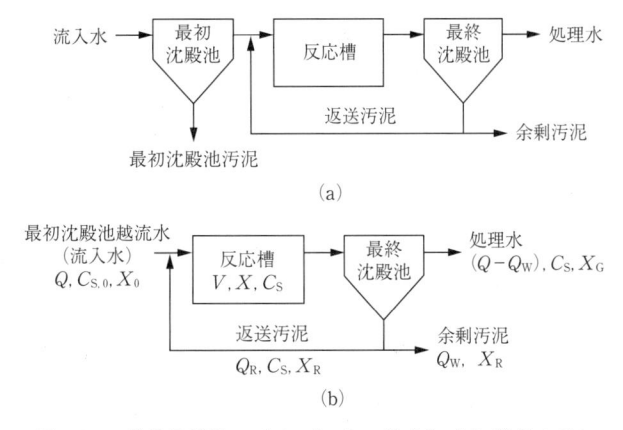

図 10.7 活性汚泥法の (a) プロセス構成と (b) 簡易モデルでの使用記号(本文参照)

図 10.7(b) のように，最初沈殿池越流水を流入水とした系において，①定常状態，②反応槽内は完全混合状態，③汚濁成分は単一の溶解性物質と見なせる，④流入水の浮遊物質濃度 X_0 は反応槽内に比べて十分に小さく，無視できる，⑤微生物反応は反応槽でのみ生じる，⑥流路や沈殿池内の活性汚泥量は反応槽内に比べて相対的に小さく，無視できるとする．

なお，Q は流量，X は浮遊物質（活性汚泥も含む），C_S は汚濁物質濃度，V は反応槽体積を表す．系全体での浮遊物質収支は，

$$QX_0 - [(Q-Q_W)X_G + Q_W X_R] + V r_g' = 0 \tag{10.23}$$

となる．ここで，r_g' はモノー型増殖速度（Monod equation）に内生呼吸や自己酸化の影響を1次反応速度として考慮した見かけの増殖速度であり，

$$r_g' = \mu_m \frac{C_S X}{K_S + C_S} - k_d X \tag{10.24}$$

と表される．μ_m は最大比増殖速度，K_S は飽和定数，k_d は死滅係数を表す．ここで，固形物滞留時間（solids retention time：SRT）は，水処理系内の活性汚泥保持量を系外への排出量で除した値と定義されるが，仮定⑥を踏まえると次式になる．

$$SRT = \frac{VX}{(Q-Q_W)X_G + Q_W X_R} \tag{10.25}$$

式 (10.23)～(10.25) と仮定④から，次式が得られる．

$$C_S = \frac{K_S(1 + k_d SRT)}{SRT(\mu_m - k_d) - 1} \tag{10.26}$$

一方，系全体における汚濁成分収支は，仮定⑤を考慮すると，

$$QC_{S,0} - QC_S - V\frac{r_g'}{Y} = 0 \tag{10.27}$$

となるが，X について整理すると，

$$X = \frac{SRT}{\tau} \frac{Y(C_{S,0} - C_S)}{1 + k_d SRT} \tag{10.28}$$

となる．ここで，Y は菌体収率で基質消費量に対する増殖した菌体量の比 ($=\Delta X/(-\Delta C_S)$)，τ は水理学的滞留時間（hydraulic retention time：HRT）($= V/Q$) を表す．式 (10.26) と式 (10.28) から，反応槽内の浮遊物質濃度（活性汚泥濃度）や処理水の汚濁成分濃度が SRT に強く依存することがわかる．表

表 10.5 都市下水処理における活性汚泥の動力学定数の例

係数	単位	報告されている値 (20°C)	
		範囲	典型値
μ_m	d^{-1}	3.0～13.2	6.0
K_S	mg-bCOD L^{-1}	5.0～40	20
Y	mg-VSS mg^{-1}-bCOD	0.30～0.50	0.40
k_d	d^{-1}	0.06～0.2	0.12

COD：化学的酸素要求量，bCOD：生物分解性(biodegradable) COD，BOD：生物化学的酸素要求量，VSS：揮発性浮遊物質．典型的都市下水では bCOD=1.64 BOD.

10.5に，都市下水を処理する活性汚泥での反応速度定数の例を示す．

反応槽まわりの浮遊物質収支は，槽内における増殖速度が相対的に小さく，無視できるとすれば，

$$QX_0 + Q_R X_R - (Q + Q_R) X = 0 \tag{10.29}$$

となる．汚泥返送比 $R_R \equiv Q_R/Q$ とおき，さらに仮定④を用いると，

$$R_R = \frac{X}{X_R - X} \quad \text{または} \quad X = \frac{R_R}{1 + R_R} X_R \tag{10.30}$$

が得られ，活性汚泥濃度が R_R で制御可能であることがわかる．

微生物培養の観点から，存在する微生物量に対して供給される基質量の比を F/M 比といい，微生物の増殖や基質消費の支配因子となる．活性汚泥法による廃水処理では，基質量に生物化学的酸素要求量（biochemical oxygen demand：BOD），微生物量に反応槽での汚泥混合液浮遊物質濃度（mixed liquor suspended solids：MLSS）を用いた BOD-SS 負荷が相当する．単位は kg-BOD kg^{-1}-MLSS d^{-1} で表される．

$$L_X = \frac{QC_{s,0}}{XV} = \frac{C_{s,0}}{X\tau} \tag{10.31}$$

これに式（10.28）を代入すれば，

$$L_X = \frac{1 + k_d SRT}{SRT} \frac{C_{s,0}}{Y(C_{s,0} - C_s)} \tag{10.32}$$

が得られる．除去率が非常に高く（≒1），汚泥の k_d が非常に小さくて近似的に無視できるとすれば，SRT と BOD-SS 負荷は近似的に反比例する．

$$L_X = \frac{1}{YSRT} \tag{10.33}$$

たとえば，都市下水の標準的な活性汚泥法では，BOD-SS 負荷が 0.2～0.4 kg-BOD kg^{-1}-MLSS d^{-1}，反応槽の MLSS が 1 500～2 000 mg L^{-1}，HRT が 6～8 時間，SRT が 3～6 日となるように運転されている．

COLUMN

活性汚泥モデルを用いた新しい運転管理

活性汚泥モデル（activated sludge model：ASM）は活性汚泥による下水処理における反応の数学モデルで，汚濁成分や汚泥の消長を数値計算できる．これまでに表10.6に示す4種類が，国際水協会（International Water Association）のタスクグループから提案されている．

ASM2d を例にあげると，下水と活性汚泥を3グループに分類した微生物を含む19成分で表現した21の反応速度式で構成されており，有機物に加え，窒素やリンの除去を扱える．これまで経験に頼ってきた運転管理や設計における支援ツールとして，実務での活用が期待されている．

表 10.6 活性汚泥モデル（ASM）の概要

名称	除去対象	プロセス数	成分数 溶解性	成分数 浮遊性	微生物群
ASM1	C N	8	8	5	従属栄養生物 硝化細菌
ASM2	C N P	19	9	10	従属栄養生物 硝化細菌 リン蓄積生物
ASM2d	C N P	21	9	10	従属栄養生物 硝化細菌 リン蓄積生物
ASM3	C N	12	7	6	従属栄養生物 硝化細菌

沈殿池のない廃水処理

最終沈殿池に代えて精密沪過膜(microfiltration membrane：MF 膜)で固液分離を行う膜分離活性汚泥法が実用されている．従来に比べ，反応槽の活性汚泥濃度を 4～10 倍で運転可能なため，大幅に省スペース化できる．また，バルキングといわれる汚泥の沈降性不良状態でも，良好に固液分離できる（図10.8）．

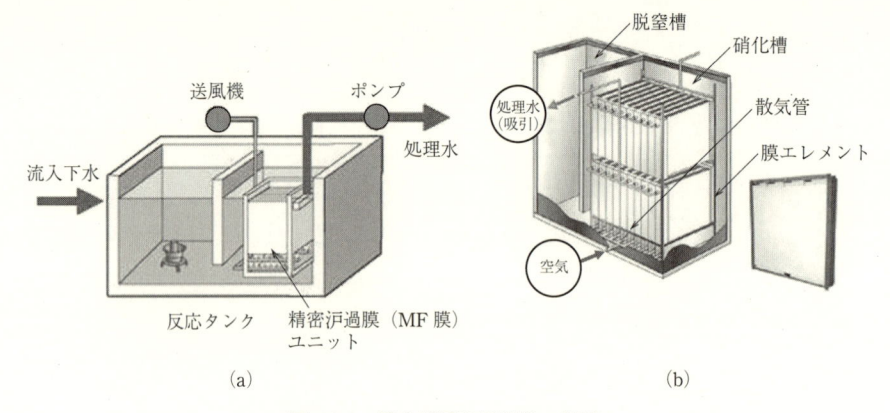

図 10.8 膜分離活性汚泥法の概要
(a) プロセスフローの概略．(b) 膜モジュールの例．

c. 栄養塩類除去

① 富栄養化と高度処理： 湖沼や内湾などの閉鎖性水域で1次生産量が異常に増大して生態系に急激な変化が生じ，水質が累進的に悪化する現象を，富栄養化という．主因にはプランクトンの増殖を制限している栄養塩類の過剰な流入があり，特に窒素およびリン成分が重要である．2次処理の普及で有機物流入負荷が低下してきているにもかかわらず，環境基準の達成率は 40～50％ の状況が続いており，栄養塩類除去が重要となっている．

なお，廃水の沈降や浮上による固液分離を1次処理，活性汚泥法のような生物学的な有機性汚濁除去を2次処理，これで残留した汚濁成分のさらなる除去のことを高度処理という．栄養塩類除去は高度処理の一つである．

② 生物学的窒素除去

・生物学的硝化： 廃水中の窒素成分除去には，元素としての窒素の自然界における循環に深く関わる微生物群を利用した生物学的処理法が主流である．アンモニア酸化細菌と亜硝酸酸化細菌は，独立栄養で好気性であり，下記の酸化反応でエネルギーを獲得する．

・アンモニア酸化：

$$NH_4^+ + \frac{3}{2}O_2 \longrightarrow NO_2^- + 2H^+ + H_2O \tag{10.34}$$

・亜硝酸酸化：

$$NO_2^- + \frac{1}{2}O_2 \longrightarrow NO_3^- \tag{10.35}$$

これらの異なる細菌によるこの一連の過程が生物学的硝化であり，式 (10.36) がアンモニア（水中ではアンモニウムイオン：NH_4^+）から硝酸イオン（NO_3^-）への総括反応である．硝化には酸素供給が必須で，pH 低下を伴う．これに関与する微生物を総称して，硝化細菌と呼んでいる．

・総括反応：

$$NH_4^+ + 2O_2 \longrightarrow NO_3^- + 2H^+ + H_2O \tag{10.36}$$

・生物学的脱窒： 硝酸イオンや亜硝酸イオン（NO_2^-）のような酸化態窒素が，主として窒素ガスへ生物学的に還元されることを，脱窒という．通性嫌気性の脱窒細菌が，遊離酸素の制限された環境において，酸化態窒素を電子受容体とした呼吸をすることによるものである．脱窒細菌が利用可能な炭素源や電子供与体は非常に多様であるが，有機性廃水の窒素処理では，従属栄養性脱窒細菌の果たす役割が大きい．電子供与体を便宜的に (H_2)（$=2H^+ + 2e^-$）で表すと，異化的脱窒反応は次式となる．

$$2NO_2^- + 3(H_2) \longrightarrow N_2 + 2OH^- + 2H_2O \tag{10.37}$$

$$2NO_3^- + 5(H_2) \longrightarrow N_2 + 2OH^- + 4H_2O \tag{10.38}$$

脱窒には無酸素条件に加え，電子供与体となる物質の共存が必要である．また，pH 上昇を伴う．

種々の有機物が電子供与体として作用する量は，有機物酸化の半反応式から算出でき，たとえば酢酸（CH_3COOH）では，次式となる．

$$CH_3COO^- + 3H_2O \longrightarrow 2CO_2 + 4(H_2) + OH^- \tag{10.39}$$

したがって，式 (10.38) と式 (10.39) から脱窒の総括反応式として，

$$8NO_3^- + 5CH_3COO^- \longrightarrow 4N_2 + 10CO_2 + 13OH^- + 6H_2O \tag{10.40}$$

が得られ，これから C/N 比（炭素と窒素の質量比）は 1.07 g-C/g-N となる．

特定困難な有機成分が電子供与体となる場合には，酸素消費当量を用いて計算可能である．酸素還元の半反応は，

$$O_2 + 4H^+ + 4e^- \longrightarrow 2H_2O \tag{10.41}$$

であり，これと式 (10.38) から重量基準で 2.86 g-O_2/g-N が得られる．すなわち，有機物の特定ができなくても BOD または生物分解性化学的酸素要求量

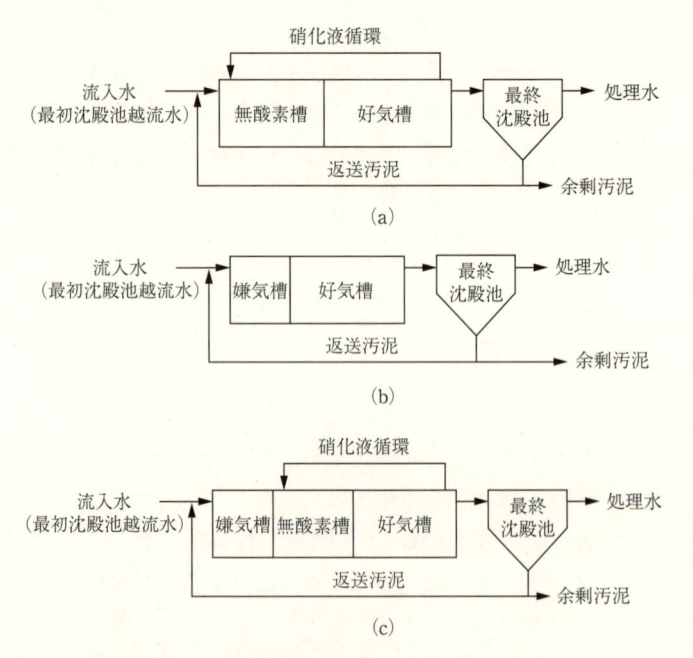

図 10.9 生物学的栄養塩類除去プロセスのフロー
(a) 循環式硝化脱窒法, (b) 嫌気-好気活性汚泥法, (c) 嫌気-無酸素-好気法（A2O 法）.

(biodegradable chemical oxygen demand : bCOD) に置き換えて脱窒への利用可能量などが算出できる．なお，より厳密に硝化と脱窒の過程を取り扱う場合には，同化（菌体増殖）分も考慮することが必要である．

・循環式硝化脱窒法： 有機性廃水の窒素成分は一般に有機態やアンモニア態であるので，窒素処理には硝化と脱窒が組み合わされ，生物学的硝化脱窒法と呼ばれている．一般に硝化細菌は，増殖速度や酸素親和性が好気性の従属栄養微生物に比べて小さいので，有機性廃水の好気処理では硝化に先立ち，有機物分解が進行する．循環式硝化脱窒法は，このような特徴を踏まえて，廃水中の有機成分を脱窒の電子供与体として有効活用可能な代表的処理法の一つである．図10.9(a) のように，無酸素槽（曝気などによる酸素供給なし），好気槽の順に配置し，無酸素槽へ廃水と最終沈殿池からの返送汚泥を供給するとともに好気槽の汚泥混合液（硝化液）の一部が戻されることで，活性汚泥中に生息する脱窒細菌による廃水の有機成分を利用した脱窒が進行する．好気槽では無酸素槽で残留した有機成分が好気的に分解されるとともにアンモニア態窒素が硝化される．この処理法の窒素除去率 η は，硝化液循環比 R_N（流入廃水量に対する硝化液循環量の比）と汚泥返送比 R_R に依存する．流入廃水中の窒素成分が好気槽ですべて硝化され，生成した硝酸イオンがすべて無酸素槽で脱窒されると仮定した場合の窒素収支から，次式が得られる．

$$\eta = \frac{R_N + R_R}{1 + R_N + R_R} \tag{10.42}$$

COLUMN

新たな微生物の発見と窒素処理

1990年代後半に，アンモニアを電子供与体，亜硝酸塩を電子受容体として増殖可能な独立栄養性の微生物が発見された．嫌気的アンモニア酸化（anaerobic ammonium oxidation）からANAMMOX微生物と呼ばれている（図10.10右）．これを用いた窒素処理では，アンモニアの約半量を亜硝酸塩へ変換する部分硝化と組み合わせる．同図左のような従来の硝化脱窒の経路に比べ，酸素必要量を約60%減らすことができ，有機物が不要となる．

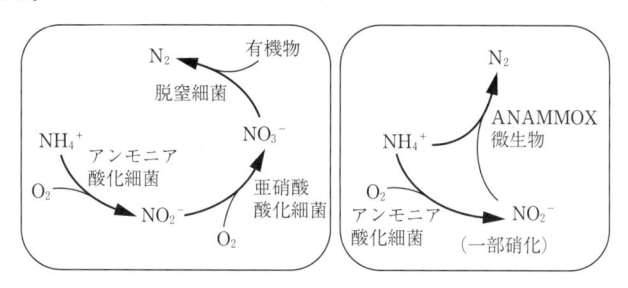

図 10.10 従来の硝化脱窒経路（左）とANAMMOX微生物による窒素処理（右）

③リン除去： 生物の生育にリンは必須な微量栄養塩類であり，活性汚泥中にも乾燥重量基準で2～3%程度のリンが含有されているが，これによるリン除去はほとんど期待できない．リン酸イオン（PO_4^{3-}）と十分な易生物分解性有機物が共存する嫌気環境から好気環境への曝露を交互に繰り返しながら活性汚泥を馴致すると，図10.11のように嫌気条件下で易分解性有機物の減少に合わせてリン酸イオンが放出され，これに続く好気条件下でリン酸イオンが嫌気条件で放出した量より多く摂取されるようになる．このとき活性汚泥中には，ポリリン酸蓄積能を有する細菌が増殖している．図10.9(b)に示した嫌気-好気活性汚泥法では，このような汚泥の状態が処理プロセス内で実現されている．余剰汚泥として好気槽でリン酸イオンが過剰摂取された活性汚泥を系外へ排出して，リンが除去

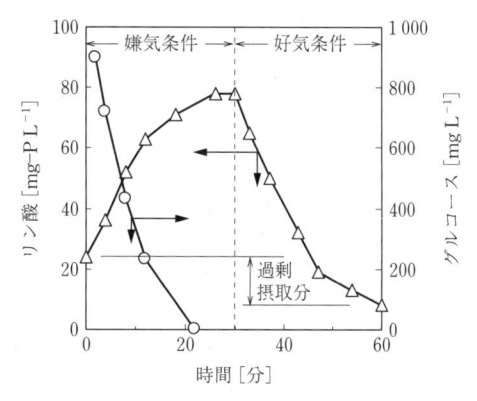

図 10.11 リンの過剰摂取現象の例
○：易分解性有機物（グルコース），△：リン酸態リン．

される．都市下水処理を対象とした嫌気-好気活性汚泥法で得られる汚泥のリン含有率は，2.5〜5％になる．

図 10.9(c) に示した嫌気-無酸素-好気法（anaerobic anoxic oxic process：A2O 法）は，循環式硝化脱窒法の窒素除去機能と嫌気-好気活性汚泥法のリン除去機能を併せ持ち，窒素，リン，有機物を同時的に除去することが可能である．都市下水を対象とした処理では，全窒素（total nitrogen：TN）で 65〜75％，全リン（total phosphorus：TP）で 75〜85％ 程度の除去率を達成可能である．

凝集剤併用活性汚泥法は，リン酸イオンが難溶性塩を形成しやすい性質を利用している．硫酸アルミニウム，塩化鉄，ポリ塩化アルミニウムなどの無機凝集剤を反応槽へ直接添加して凝集沈殿させている．生物学的リン除去法が有機物負荷の変動などによる処理の安定性が課題であるのに対して，化学的処理法は安定的に低濃度化できる利点がある．

10.3　環境負荷を最小限にする生産プロセスの開発

環境化学工学の 2 つ目の役割として，資源や環境を十分考慮し，「持続可能な化学工業」を目指す生産システムの確立がある．近年，省エネルギー，省資源，装置のダウンサイジング，低環境負荷型プロセスなどがテーマとして掲げられ，活発に研究開発が行われている．特に，廃棄物を有効利用したリサイクルシステムの確立とエネルギー効率がよくコンパクトで環境負荷の小さい化学プロセスの実現が期待されている．

ここでは，その中でも汚泥からの有効成分の活用，および，現在化学工学の分野で注目が集まっている超臨界流体やマイクロリアクターといった新しい場を利用した環境調和型生産プロセスについて概観したい．

a. 水処理副生物の有効利用

廃水中の汚濁成分は，除去の対象である一方で，さまざまな人間活動の中で混入した未利用資源という側面も有している．廃水処理の過程で汚濁成分は，固形物化されて取り除かれる割合が低くはない．活性汚泥法による有機性廃水処理では，好気的に完全分解されるのは 30〜40％ 程度で，残りは同化により菌体（汚泥）へと転換されて取り除かれている．たとえば日本の下水道では，年間約 145 億 m^3 の処理水量で，有機物含有量約 80％ の汚泥が約 220 万 t-DS 年$^{-1}$（乾燥重量基準）発生している．湿潤バイオマスである汚泥は，この約 30％（62 万 t-DS 年$^{-1}$）が，嫌気性消化（メタン発酵）で半減して約 3 億 Nm^3 年$^{-1}$ のバイオガスが得られ，熱源や発電などのエネルギーとして利用されている．

汚泥には，窒素やリンに加えて多様な微量無機栄養塩類が含まれているので，肥料効果を有する．嫌気性消化汚泥を加えた残りの下水汚泥は脱水された後，その一部がコンポスト（堆肥）や乾燥汚泥などにされて緑農地へ利用されている．焼却や溶融処理を経た残渣は無機性で，図 10.12 に示したように建設資材として利用されている．全体で汚泥の資源化率は約 80％ に達するようになったが，有

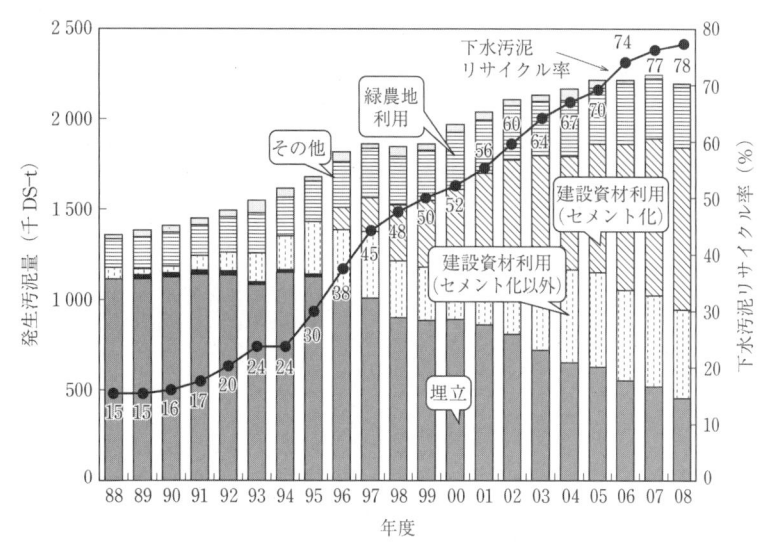

図 10.12 下水汚泥資源化の状況

機分の 3/4 は未利用であり，その利活用の向上が課題である．

　リンは農工業に欠くことができない資源で，世界的な人口増加や経済発展に伴うリンの需要は，今後ますます高くなると予想されている．しかし，日本にはリン鉱石資源がないため，100% 輸入に頼っているのが現状である．下水道を経由して汚泥や処理水中に含有されるリンは年間約 6 万 t-P で，年間輸入量の約 10% にも及ぶ．しかし，肥料などとして有効利用されているのはわずか約 0.6 万 t-P 年$^{-1}$ であり，その向上が課題である．2 次処理水や汚泥脱離液から高リン含有率のヒドロキシアパタイト（HAP）やストラバイト（MAP）を得る晶析法や，焼却灰を対象にした灰アルカリ抽出法などがリン回収法として実用化されている．

COLUMN

シンガポールの再生水事業 ―NEWater―

　大量の水資源を輸入に頼っているシンガポールでは，下水の 2 次処理水を精密沪過（MF）/限外沪過（UF）→逆浸透→紫外線消毒という高度処理プロセスを導入して，"NEWater"（ニューウォーター）と名づけられた，十分に飲用可能なレベルの水質を有する再生水がつくられている．工業用水のほか，水道水源の貯水池へ放流して計画的間接飲用化に供されている．そしてこの NEWater を支えるのは日本の膜技術なのである（図 10.13）．

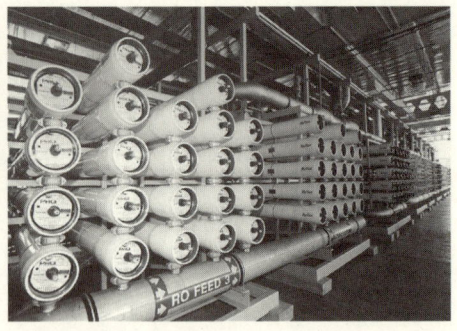

図 10.13 NEWater と逆浸透処理施設（http://www.pub.gov.sg/products/NEWater/Pages/default.aspx）

b. 超臨界流体の利用

超臨界流体とは，「濃い気体状の溶媒」である．液体にならないように加熱しながら圧縮すると，液体に近い密度の気体，すなわち超臨界流体ができる．超臨界流体は液体に匹敵するほど大きな溶解力があり，気体なみの高い流動性を示す．水，アルコール，二酸化炭素という私たちの身のまわりにある安定物質が超臨界流体として使えることが，環境調和型化学プロセスの場としての利用が期待される理由である．

① 脱有機溶媒： 従来の化学プロセスは，目的生成物を得るためには，毒性や可燃性が高い物質も積極的に活用してきた．しかし，環境調和型の新しい化学プロセスを目指すには，これらの有害物質を使わないで目的物をつくりたい．超臨界流体は温度と圧力を変化させるだけで，流体物性を広い範囲にわたって連続的に変化させることができる．この特性を活かし，従来の溶媒の代替として期待されている．

超臨界流体で最も古くから実用化されている技術が抽出である．超臨界流体は気体のようにサラサラして拡散しやすく，また，固体材料の中へよく浸透し，その成分を溶かし出すという特長がある．この特長を活かして，ビール用ホップからエキスの抽出，コーヒーの脱カフェインなどに使われている．最近では，半導体の数十 nm 幅の隙間の洗浄などにも応用されている．

機能性微粒子の製造にも超臨界流体は使われている．超臨界二酸化炭素は各種有機化合物を溶解することができ，溶解した超臨界二酸化炭素を急激に大気圧に戻すと，溶媒の二酸化炭素は気体として蒸発し，均質な微粒子が生成する．この方法は溶媒除去にかかるエネルギーが削減でき，製品中への有害溶媒成分の残留がないなど，環境調和型の材料合成法として面白い方法といえる．

反応溶媒としての超臨界流体も，現在盛んに研究が進められている．特に，超臨界水での反応は高温な液相反応なので，通常より速く反応が進行したり，溶媒和などのミクロな構造が変化するため，今までの常識では起こらなかった反応を進行させることができる．

以上のように，超臨界流体は有害な有機溶媒の使用量を劇的に削減することが可能であり，さらに，高効率・高収率反応を達成することにより，精製工程の簡

素化が期待できる．

②廃棄物の資源化やリサイクル： 環境問題を考える上で，廃プラスチックのリサイクルと資源化は重要な課題であり，環境負荷の高い物質を用いることなくケミカルリサイクルができる技術が望まれている．超臨界水はイオン積が大きい，すなわちH^+，OH^-濃度が高いため，酸やアルカリなどの触媒を添加することなく，エーテル結合，エステル結合，酸アミド結合をもった縮合系ポリマーを加水分解することができる．現在，ポリエチレンテレフタレート（PET）の加水分解によるモノマー（テレフタル酸とエチレングリコール）の回収，ポリカーボネートからのビスフェノールAの回収など，廃プラスチックのリサイクルが積極的に研究されている．

③有害物質の分解・無害化： ダイオキシン，フロン，ポリ塩素化ビフェニル（PCB）といった難分解性有害物質の無害化処理技術は環境問題として非常に重要である．「水と油は分離する」のが一般的であるが，超臨界水は油をよく溶かす．室温における水の誘電率は約80と非常に大きな値で，そのために電解質などの無機物は水によく溶けるが，有機物はほとんど溶解しない．しかし，水の温度を上げていくと誘電率は徐々に低下し，374℃の超臨界水では10程度と極性の小さな有機溶媒なみの値となる．その結果，超臨界水は有機物はよく溶けるが，無機物はほとんど溶けないという，通常の水とは全く逆の現象が起きる．また，超臨界状態の水は酸素，空気などの気体とも均一に混ざるため，超臨界水と難分解性有機物，および酸化剤が均一相を形成することができる．多くの反応系は通常，均一系でないため，各相間の物質移動が反応律速になることが多いが，超臨界中では水と有機物と酸素がすべて均一なため，物質移動が律速にならない．高温・高圧の条件に加えて均一相形成の相乗効果により，酸化反応が促進され，非常に高い分解率を得ることが可能である．

環境に関していえば，化学的にきわめて安定でオゾン層破壊の元凶とされているフロンでさえ，数分以内に完全に分解し，二酸化炭素とハロゲン化水素にすることができる．そのほかにも，人の体内に入ると奇形胎児を生じるPCBや，猛毒であるダイオキシンの分解に関する研究も行われている．

以上，超臨界水を利用した環境調和型技術の可能性について紹介した．水でありながら液体や気体とは全く異なる特性を発現する超臨界水は，環境負荷の少ない媒体として魅力的であり，持続的な化学産業を実現するための基盤技術として，大いに期待されている．

c. マイクロリアクター

化学プラントは，大型化して大量生産を実現すればコストが低減すると考えられてきた．これが，化学工業が「重厚長大」産業といわれるゆえんである．しかし，環境調和性，安全性，現場生産性などを考えると，決して大型化のみが優れた方法だとはいえなくなってきている．最近の医薬品やファインケミカルの生産においては，製品の開発速度も速く，コスト競争も激化しているため，製品の開発時間や生産時間の短縮，生産量の変動への対応など，より柔軟性に富んだ生産

プロセスが望まれている．

　半導体産業などで培われたマイクロ加工技術の発展により，マイクロリアクターと呼ばれる化学合成のダウンサイジングという新しい化学プラント概念が出現した．マイクロリアクターとは，マイクロメートルオーダーの直径の流路（マイクロチャンネル）を利用した物質生産のための装置である．マイクロリアクターの一般的な特徴を簡単にまとめると，以下のようになる．

　① 高速な混合：マイクロチャンネルでは拡散距離が格段に小さいので，通常の混合器では実現できないような高速な混合が可能である．

　② 高速な熱交換：マイクロチャンネルの単位体積あたりの表面積が大きいために熱交換の効率がきわめて高く，温度制御が容易に行える．このため，通常のフラスコ中では部分的な発熱により暴走する可能性のある反応でも，マイクロリアクターを用いると制御して行うことができる．

　③ 滞留時間の短縮：マイクロリアクターでは，流路の長さや流速を調整することで滞留時間をきわめて短くすることができる．これにより不安定活性種が失活，分解する前に別の場所に移動させ，反応させることができる．

　④ 界面の利用：リアクターの比表面積が格段に大きいことから，異相界面での反応を効率的に進行させることができる．さらには，相を利用して分離・精製まで一気に進めることも可能である．

　このような特徴をもつマイクロリアクターは，反応制御が容易にできるため，反応効率の向上が期待でき，最小限の原料で，副生成物の生成を抑制しながら製品を製造することができる．さらに，リアクターがコンパクトでモジュール化できることから，容易に化学プラントを構築でき，多種多様な生産物の生成にも柔軟に対応できる．最も問題であるスケールアップもマイクロリアクターの数を集積化技術により多数に増やすこと（ナンバリングアップ）により可能であり，逆に従来の工業化のボトルネックであったスケールアップのための労力と時間を大幅に削減でき，実験室レベルの合成から一挙に工業的な製造に展開できるため，ファインケミカルなどの実用的製造に適している．環境問題の解決の観点からもこのような「軽薄短小」の方向性を探っていくことは非常に重要であり，今後の発展が期待されている．

10.4　環境を含めた大きなシステムの設計と解析

　高度経済成長期までの環境問題の解決には化学プロセスの設計と制御も重要な役割を演じていたが，地球環境問題に至っては，プロセス設計の枠を越えて環境や社会なども含めたより大きなシステムの設計と解析が必要である．大気環境で考えれば，発生源から放出された大気汚染物質が大気中での物理過程や化学反応過程を通じて地球上の生態や環境にどのような影響を与えるかまで考えた化学プロセスの設計と解析ということになるであろう．地球環境のような巨大で複雑な系を解析するには，地球全体を1つのシステムと考え，そのシステムをいくつか

の要素の結合として表現する必要がある．この方法論こそが，まさに化学工学が化学プラントの設計で培ってきた知識そのものであり，地球環境問題で化学工学者が期待される理由にもなっている．

このような複雑な問題を数値計算で解くことは，コンピュータが飛躍的に発達した現在でさえ不可能である．そこで，容易に解けるモデルを考え，適切な近似を行うことで解を得る方法を採用する．ここでは，その中でも最も初歩的かつ簡単で，化学工学となじみのよいボックスモデルを紹介する．

a. ボックスモデル―完全混合モデル―

大気成分 A を取り扱うワンボックスモデル（one box model）を説明する（図 10.14）．化学工学では「完全混合モデル」といった方がなじみやすいかもしれない．このモデルはある大気領域（この「領域」とは，都市部または地方のある領域でもよいし，日本全体でもよい）を考え，その領域の A 成分の濃度 C_A [mol m^{-3}] を考える．ボックス内は完全混合で，A 成分は空間的に分布はないと考える．図 10.14 に示すように，A 成分の外部からのボックスへの流入を F_{in}，ボックスからの流出を F_{out}，ボックス内での化学反応による A 成分の生成速度および消滅速度を P および L，土壌や海面からの放出および沈着を E および D とする（以上，単位はすべて mol s^{-1}）と，ボックス内の A 成分の濃度の時間変化は，

$$V\frac{dC_A}{dt} = F_{in} + E + P - F_{out} - L - D \tag{10.43}$$

となり，左辺の項がすべてわかれば，常微分方程式を解くことにより，A 成分の時間変化を求めることができる．A 成分の生成項 F_{in}, P, E に関しては，一般的には C_A に依存しないと考えてもよいので，

$$S = F_{in} + E + P \tag{10.44}$$

となる．ボックス内から A 成分が流出する速度 F_{out} は，x 軸方向に速さ U の風が通り過ぎることにより起こると考えれば，ボックスの yz 面の断面積を A_{yz} とすると，

$$F_{out} = A_{yz} U C_A \tag{10.45}$$

と表すことができる．すなわち，A 成分の流出は A 成分濃度の 1 次に比例する

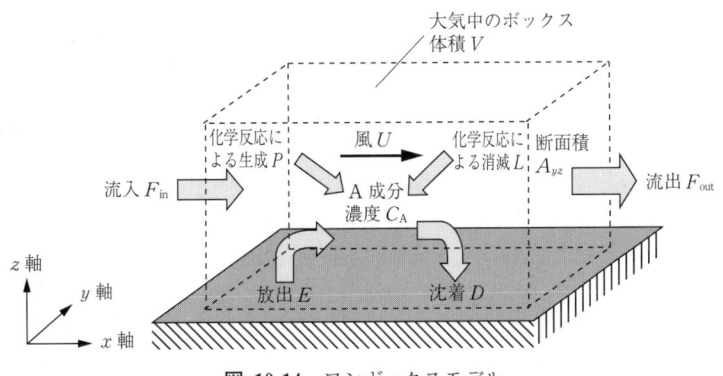

図 10.14 ワンボックスモデル

ことになる．L は 1 次反応で消滅すると仮定，D についても C_A の 1 次で沈着すると考えてよいので，消失項 F_{out}, L, D はすべて C_A の 1 次に比例することとなる．C_A はボックス内すべて均一であり，ボックス内の A の全物質量 VC_A の 1 次と比例すると考えてよいので，

$$F_{out} + L + D = kVC_A \tag{10.46}$$

と表すことができる．したがって，ボックス内の A 成分の時間変化は，

$$V\frac{dC_A}{dt} = S - kVC_A \tag{10.47}$$

となり，これを初期値 $t=0$ のとき $C_A = C_{A0}$ として解くと，

$$C_A = C_{A0}e^{-kt} + \frac{S}{kV}(1 - e^{-kt}) \tag{10.48}$$

となる．図 10.15 に濃度 C_A の時間変化を実線（——）で示した．
右辺の第 1 項と第 2 項も同時に鎖線（-·-·-）および点線（-----）でそれぞれプロットしてあり，時刻 t が τ（$=1/k$）のときに第 1 項は初期濃度 C_{A0} の $1/e$（36.8 %），第 2 項は最終値 S/kV の $1-1/e$（63.2%）となる．この時間 τ は特性時間（緩和時間，時定数，平均寿命などともいう）と呼ばれ，系が定常状態になるまでの時間の目安となる．図をみてもわかるように，特性時間の 3〜4 倍程度の時間が経過するとほぼ一定の値をとり，定常状態となる．

汚染物質が大気に放出された場合，大気中にどれだけの時間存在するのか，すなわち，平均寿命を知ることは非常に重要である．排出量が少なくても平均寿命が長ければ環境への影響が大きいことは，容易に想像できよう．化学工学ではこの平均寿命を平均滞留時間といい，A 成分がボックス内にとどまる平均時間として定義される．すなわち，ボックス内の A 成分の物質量 [mol] を消失速度 $F_{out} + L + D$ [mol s^{-1}]（または生成速度 $F_{in} + P + E$）で割ることで，

$$平均寿命 = \frac{VC_A}{F_{out} + L + D} \tag{10.49}$$

と表現することができる．

汚染物質の平均寿命を求めるには，各消失速度を正確に求める必要があるが，これはかなり骨の折れる仕事であり，研究者によりかなりバラツキもある．しか

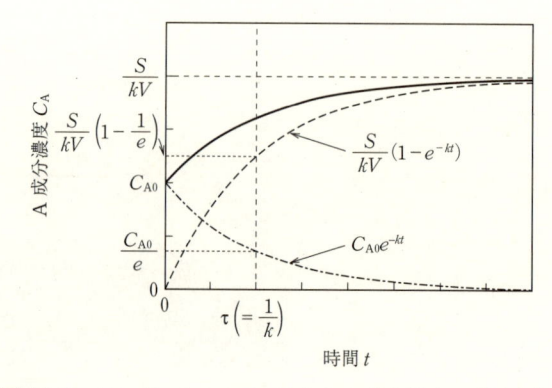

図 10.15 ワンボックスモデルによる A 成分濃度の時間変化

し，この平均寿命を知ることが環境汚染の程度を調べる第1段階であり，非常に大きな意味をもつ．酸性雨の原因物質である一酸化窒素（NO）や二酸化窒素（NO_2）の平均寿命は1〜10日，地球温暖化ガスであるメタン（CH_4）は約12年，一酸化二窒素（N_2O）は約114年と報告されている．

オゾン層破壊に影響が大きい特定フロンの大気推定平均寿命をみてみると，クロロフルオロカーボン（CFC）-11（CCl_3F）は約45年，CFC-12（CCl_2F_2）は約100年，CFC-115（$CClF_2CF_3$）はなんと約1 700年となっている．フロンは対流圏を10年程度かけて上昇し，成層圏で分解されてオゾン層を破壊する．成層圏オゾンの破壊問題への対応として，1996年以後，先進国でのフロンの生産・使用が全面禁止された．それでもオゾンホールやオゾン層の破壊が現在でも止まらないのは，特定フロンの平均寿命は45年以上……つまり，過去に排出したフロンが現在もオゾン層を破壊し続けているためである．

COLUMN

フロンの代わりは？

特定フロンの代わりに代替フロンと呼ばれるものが開発された．塩化フッ化炭化水素類（hydro-chloro-fluoro-carbons：HCFCs）と呼ばれるもので，大気中の寿命が10数年以下と，特定フロンよりかなり短い．そのため，成層圏に達する以前に，かなりの量が分解してしまい，オゾン層破壊の影響が小さいとして使われている．

さらに，現在では代替フロンの代替品として，オゾン層破壊の原因物質である塩素を全く含まないフッ化炭化水素類（hydro-fluoro-carbons：HFCs）が主流になってきている．しかし，このHFCsの平均寿命は特定フロンなみに長いことが知られ，一方，地球温暖化ガスとして地球温暖化係数（global warming potential：GWP）がCO_2の1 000〜10 000倍も大きいことから，1997年の第3回気候変動枠組条約締約国会議（COP 3，地球温暖化防止京都会議）では，HFCsについても，大気への放出を制限すべき物質に指定された．

特定フロンの代わりを探すのはなかなか難しいものである．

b. マルチボックスモデル

1つのボックスだけでは，濃度の分布がある場合は使うことはできない．そこで，分布をN個のボックスの集まりとして表現することで，空間的濃度分布を考慮したモデルをマルチボックスモデルと呼ぶ．ここでは，対流圏と成層圏の大気交換速度について，ツーボックスモデルを適用してみる．

汚染物質が成層圏へ達し，オゾン層に影響を与えるかどうか検討することは，大気環境問題を考える上で非常に重要である．対流圏と成層圏の大気交換速度は，1960年代にストロンチウム-90（^{90}Sr）の観測により見積もられた．^{90}Srは，天然には存在せず核爆発によって発生する放射性同位元素（ラジオアイソトープ：RI）である．この元素は，β崩壊によりイットリウム-90（^{90}Y），さらにはジルコニウム-90（^{90}Zr）に変化し，その崩壊の半減期は28年（$1/e$になる特性

時間（平均寿命）は 40 年）である．1950 年代に行われた地上核実験によって成層圏の ^{90}Sr は急増し，その後，1963 年の部分的核実験禁止条約により地上核実験が禁止された後は，成層圏の ^{90}Sr は対流圏に輸送されることにより徐々に減少した．その観測結果によると，1963～1967 年における成層圏での ^{90}Sr の質量 $m_s(t)$ 減少は，

$$m_s(t) = m_s(0)\exp(-kt), \quad k = 0.77 \text{ 年}^{-1} \tag{10.50}$$

でフィッティングすることができた．この観測結果を図 10.16 で示す成層圏-対流圏のツーボックスモデルを用いて解釈してみる．まず，^{90}Sr の成層圏の質量 $m_s(t)$ と対流圏の質量 $m_t(t)$ の速度式を立てる．成層圏では，

$$-\frac{dm_s(t)}{dt} = -k_{ST}m_s(t) + k_{TS}m_t(t) - k_d m_s(t) \tag{10.51}$$

となる．右辺の第 1 項が成層圏から対流圏への ^{90}Sr 流出速度，第 2 項が対流圏から成層圏への ^{90}Sr 流入速度，第 3 項は ^{90}Sr が β 崩壊して壊変していく速度である．次に，対流圏も同様に，

$$-\frac{dm_t(t)}{dt} = +k_{ST}m_s(t) - k_{TS}m_t(t) - k_d m_t(t) + k_D m_t(t) \tag{10.52}$$

と表すことができる．追加の項としては，右辺第 4 項である湿性沈着の項で，^{90}Sr が降水により大気から除去される速度である（成層圏の場合は降雨がないので考慮しない）．ここで，対流圏から成層圏への ^{90}Sr の輸送は無視できると仮定（これについては後述）すると，

$$-\frac{dm_s(t)}{dt} = -(k_{ST} + k_d)m_s(t) \tag{10.53}$$

となる．これを解くと，

$$m_s(t) = m_s(0)\exp[-(k_{ST} + k_d)t] \tag{10.54}$$

となり，観測結果の式 (10.50) と比較することで，

$$k_{ST} + k_d = k \tag{10.55}$$

となる．平均寿命と速度定数は逆数の関係があるので，

$$\frac{1}{\tau_s} + \frac{1}{\tau_d} = 0.77 \tag{10.56}$$

となる．^{90}Sr の平均寿命 τ_d は 41.6 年（半減期 28.8 年）なので，これを解くと，

$$\tau_s = 1.34 \text{ 年}, \quad k_{ST} = 0.746 \text{ 年}^{-1} \tag{10.57}$$

となり，これらの値が各々，^{90}Sr の成層圏における大気の平均寿命および大気交

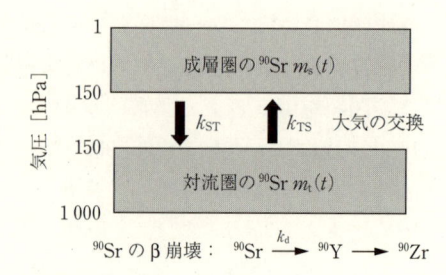

図 10.16 成層圏-対流圏のツーボックスモデル

換速度定数となる．

次に，成層圏と対流圏の大気の循環について考えてみる．成層圏および対流圏のすべての大気の質量をそれぞれ M_S および M_T とすると，両圏間の大気交換速度は定常状態と考えてよいので，

$$k_{ST} M_S = k_{TS} M_T \tag{10.58}$$

となる．

大気の重量の割合はある高度での気圧で表すことができ，たとえば，高度 10 km では気圧が 300 hPa まで下がるので，その高度より上にある大気の質量の割合は，

$$\frac{P(10\text{ km})}{P(0\text{ km})} = \frac{300\text{ hPa}}{1\,000\text{ hPa}} = 0.3 \tag{10.59}$$

となる．そこで，全大気の質量のうち対流圏と成層圏に存在する気体の割合を計算してみる．図 10.16 に示したように，対流圏と成層圏の界面の気圧はおおよそ 150 hPa，成層圏の上部の気圧が 1 hPa とすると，全大気の質量に対する対流圏に存在する大気の割合は，

$$1 - \frac{P(\text{界面})}{P(0\text{ km})} = 1 - \frac{150}{1\,000} = 0.85 \tag{10.60}$$

となる．成層圏に存在する大気の割合は，界面より上にある割合から，成層圏上部より上にある割合を引くことにより求まるので，

$$\frac{P(\text{界面}) - P(\text{成層圏上部})}{P(0\text{ km})} = \frac{150 - 1}{1\,000} = 0.149 \tag{10.61}$$

となる．よって，成層圏と対流圏のすべての大気の質量の比は，

$$\frac{M_S}{M_T} = \frac{0.149}{0.85} = 0.175 \tag{10.62}$$

となる．したがって，対流圏から成層圏の大気交換速度定数は，式（10.58）から，

$$k_{TS} = k_{ST} \frac{M_S}{M_T} = 0.746 \times 0.175 = 0.13 \text{ 年}^{-1} \tag{10.63}$$

となり，逆数をとると平均寿命が求まり，

$$\tau_T = \frac{1}{0.13} = 7.7 \text{ 年} \tag{10.64}$$

となる．対流圏での平均寿命は成層圏よりも約 6 倍長くなることから，先の対流圏から成層圏への ^{90}Sr の輸送を無視した仮定は，ほぼ妥当と思われる．

ボックスモデルは非常に簡便なモデルであり，ボックスを増やすことで複雑な系の計算も可能となる．地球シミュレータのような高速な計算機を用いれば，地球全体を多くのボックスで分けて計算することも可能となり，地球環境問題へも発展させることができる．

10.5 環境化学工学から環境システム工学へ

環境化学工学は，環境を配慮した化学プロセスのシステム解析や設計が中心的

課題であったが，これからは化学プロセスだけでなく，人間活動によって影響を受ける自然生態系をもサブシステムとして含有する，より大きなシステムの解析と設計が求められている．しかし，従来の化学工学は人工物をシステムとして扱ってきたため，人や自然といった地球全体のシステムを扱うには限界がある．今後は，自然科学，社会科学，人文科学まで広がりをもった学問体系を含めて再構築する必要があり，それは，環境化学工学から環境システム工学へと発展としてとらえたい．

環境システム工学の大きな目的は，地球システムの限界という境界条件の下で，新技術の導入による現在から将来にわたる環境への影響と社会全体への効果をダイナミックに予測し，最適な選択肢を提案することにある．人と自然が共生し，人の健康を守るために必要な工学とは何かを考えながら，環境システム工学の一分野として化学工学が発展していくことを望んでいる．

参考文献

1) 大気環境学会史料整理研究委員会，日本の大気汚染の歴史，公健協会 (2007).
2) 定方正毅，大気クリーン化のための化学工学，培風館 (1999).
3) ガス処理方法の全て，エスオーエンジニアリングホームページ (http://www.soeng.co.jp/setsubi/pdf/gas.pdf).
4) 化学工学会編，技術者のための化学工学の基礎と実践，アグネ承風社 (1998).
5) 市原正夫, 水野直治, 鈴木善孝, 大賀文博, 山本茂夫, 化学工学の計算法（化学計算法シリーズ），東京電機大学出版局 (1999).
6) 加藤滋雄, 谷垣昌敬, 新田友茂, 分離工学（新体系化学工学），オーム社 (1992).
7) 鈴木基之，環境工学，p. 263，放送大学教育振興会 (2003).
8) 住友 恒，村上仁士，伊藤禎彦，上月康則，西村文武，橋本 温，藤原 拓，山崎慎一，山本裕史，新版環境工学，p. 191，理工図書 (2007).
9) 中村和憲, 関口勇地, 微生物相解析技術，p. 1，米田出版 (2009).
10) 松尾友矩編，大学土木・水環境工学（改訂2版），p. 151，オーム社 (2005).
11) 中尾真一，渡辺義公，膜を用いた水処理技術（地球環境シリーズ），p. 71，シーエムシー出版 (2004).
12) 公害防止の技術と法規編集委員会編，新・公害防止の技術と法規 2010 水質編 II, II-61, (社) 産業管理協会 (2010).
13) 宗宮 功, 津野 洋, 環境水質学, p. 23, コロナ社 (1999).
14) Rittmann, B. E. and McCarty, P. L., Environmental Biotechnology: Principles and Applications, International Edition, p. 497, McGraw-Hill (2001).
15) 味埜 俊, 活性汚泥モデル ASM1, ASM2, ASM2d, ASM3, p. 8, 環境新聞社 (2005).
16) Strous, M., Kuenen, J. G. and Jetten, M. S. M., *Appl. Environ. Microb.*, **65**, 4248-3250 (1999).
17) Tchobanoglous, G., Burton, F. L. and Stensel, H. D., Wastewater Engineering, Treatment and Reuse (4th ed.), p. 704, McGraw-Hill (2003).
18) 草壁克己, 外輪健一郎, マイクロリアクタ入門, 米田出版（産業図書発売）(2008).
19) 吉田潤一他, マイクロリアクタテクノロジー—限りない可能性と課題—, エヌ・ティー・エス (2005).

20) 新井邦夫, 福里隆一, 佐古 猛, 鎗田 孝, 超臨界流体の環境利用技術, エヌ・ティー・エス (1999).
21) 化学工学会編, 超臨界流体技術の実用化最前線 (最近の化学工学 58), (社) 化学工学会 (2007).
22) Jacob, D. J. (近藤 豊訳), 大気化学入門, 東京大学出版会 (2002).
23) Seinfeld, J. H., Pandis, S. N., Atmospheric Chemistry and Physics: From Air Pollution to Climate Change (2nd ed.), Wiley-Interscience (2006).

練習問題

10.1 ホルムアルデヒドはシックハウスの原因物質であり, 室内指針濃度が定められている. 0.1 mg m^{-3} (大気圧, 温度 25°C) を ppm の単位に換算せよ. ただし, ホルムアルデヒドは理想気体とする.

10.2 充填式吸収塔において塔底 (ガス入口) から SO_2 を 10% 含むガス $SG=5.5$ mol s^{-1} を供給し, 塔頂 (液入口) から水を供給して吸収処理を行う. 塔頂 (ガス出口) でのガスの SO_2 濃度を 0.5% としたい. 塔底で気相と液相の SO_2 濃度が平衡状態になっていると仮定すると, そのときの液相の SO_2 濃度および必要な水の流量を計算せよ. このとき, SO_2 の溶解平衡はヘンリーの法則 ($y=mx$) が成り立つとして, ヘンリー定数 m は 27.0 とする.

10.3 空気中に含まれる大気汚染物質を水で吸収させる. 充填塔で塔頂から水を入れ, モル分率 0.09 の濃度で塔底から水溶液として取り出す. ガスの入口と出口の大気汚染物質の濃度はそれぞれモル分率で 0.07, 0.008 とし, ガス側移動単位高さ (HTU) を $H_G=1.1$ m, 液側 HTU を $H_L=0.6$ m とする. また, 平衡関係はヘンリーの法則が成り立つものとして, $m=0.05$ とし, 希薄条件なので $G=G_M$, $L=L_M$ と仮定する. このときの充填塔の高さを求めよ.

10.4 生物化学的酸素要求量 (BOD) 濃度 180 mg L^{-1} の下水を, 水理学的滞留時間が 7.9 h となるように通水しながら活性汚泥法で連続処理をしている. 反応タンクの活性汚泥濃度は, 1 700 mg L^{-1} となるように維持されている. このとき, BOD-SS 負荷を kg-BOD kg^{-1}-MLSS d^{-1} の単位で求めよ.

10.5 BOD 濃度が 160 mg L^{-1} の下水がある. 活性汚泥法を適用して BOD-SS 負荷が 0.32 kg-BOD kg^{-1}-MLSS d^{-1} で水理学的滞留時間が 7.5 h となるように連続処理を行い, BOD 濃度 15 mg L^{-1} の処理水を得ている. この処理施設の活性汚泥は, 収率 Y が 0.6 g-SS g^{-1}-BOD, 飽和定数 K_S が 80 mg L^{-1}, 死滅係数 k_d は 0.04 d^{-1} であると見なせることがわかっている. 以下の問いに答えよ.
① BOD 除去率を求めよ.
② 固形物滞留時間 (SRT) を求めよ.
③ 反応タンク内の活性汚泥濃度を求めよ.
④ 返送汚泥濃度が 6 000 mg L^{-1} であるとき, 汚泥返送比 R_R を求めよ.
⑤ この活性汚泥の最大比消費速度を求めよ.

10.6 メタノールを電子供与体に利用した硝酸イオン含有水の生物学的脱窒処理について, 以下の問いに答えよ.
① 式 (10.39) にならって, メタノールの酸化半反応式を求めよ.
② C/N 比を算出せよ. ただし, 同化作用は考慮しなくてもよい.

10.7 循環式硝化脱窒プロセス (図 10.9(a) 参照) の窒素除去率が式 (10.42) となることを導け. ただし簡単化のため, ① 流入水中の窒素成分はすべてアンモニア

態窒素，② 好気槽へ流入したアンモニア態窒素は完全硝化，③ 無酸素槽へ流入した硝酸イオンは完全脱窒，④ 沈殿池での反応はないと仮定する．

10.8 放射性同位元素は原子核が不安定なため，自発的に安定な原子核に変化していく．このことを崩壊と呼ぶ．放射性同位元素 X が崩壊して減少していくとき，平均寿命と半減期の関係は，

半減期＝平均寿命×ln(2)

となることを示せ．

10.9 クロロフルオロカーボン CFC-12（CF_2Cl_2）は光解離によってのみ大気中から除去される．その大気中での平均寿命は約 100 年とされている．オゾン層破壊を防止するモントリオール議定書による特定フロンの生産規制が始まる前の 1980 年代の初期には CFC-12 の大気中濃度は 400 ppt であり，その後 1 年で 4% 年$^{-1}$ の速さで増加した．この期間での地球上での CFC-12 の放出量 [kg 年$^{-1}$] を求めよ．CFC-12 の分子量は 121，全大気中の空気の全モル数を 1.8×10^{20} mol とする．

練習問題解答

【第2章】

2.1 この反応のエンタルピー変化は，温度の影響を受けないとして，
$$\Delta H = \{(1)(-201.5)\} - \{(1)(-110.53) + (2)(0)\} = -90.97 \text{ kJ mol}^{-1} = -9.097 \times 10^4 \text{ J mol}^{-1}$$
この反応のエントロピー変化は，温度の影響を受けないとして，
$$\Delta S = \{(1)(239.81)\} - \{(1)(197.67) + (2)(130.68)\} = -219.22 \text{ J mol}^{-1} \text{ K}^{-1}$$
したがって，300℃でのこの反応のギブズの自由エネルギー変化は，
$$\Delta G = \Delta H - T\Delta S = -9.097 \times 10^4 - (300 + 273.15)(-219.22) = 3.468 \times 10^4 \text{ J mol}^{-1}$$
平衡定数は，
$$K_P \equiv [P(\text{CH}_3\text{OH})/P_0]/[(P(\text{CO})/P_0)(P(\text{H}_2)/P_0)^2] = \exp(-\Delta G/RT)$$
$$= \exp(-3.468 \times 10^4)/[(8.315)(300 + 273.15)] = 6.916 \times 10^{-4}$$
最初の一酸化炭素の1 mol中 x [mol] が反応してメタノールになるとき，平衡での物質量の比は，
$$n(\text{CO}) : n(\text{H}_2) : n(\text{CH}_3\text{OH}) = 1-x : 2-2x : x$$
全圧が3 MPa（$= 3 \times 10^6$ Pa）より，それぞれの分圧は，
$$P(\text{CO}) = (3 \times 10^6)\{(1-x)/[(1-x)+(2-2x)+x]\} = [(1-x)/(3-2x)](3 \times 10^6) \text{ [Pa]}$$
$$P(\text{H}_2) = (3 \times 10^6)\{(2-2x)/[(1-x)+(2-2x)+x]\} = [(2-2x)/(3-2x)](3 \times 10^6) \text{ [Pa]}$$
$$P(\text{CH}_3\text{OH}) = (3 \times 10^6)\{x/[(1-x)+(2-2x)+x]\} = [x/(3-2x)](3 \times 10^6) \text{ [Pa]}$$
したがって，
$$K_P \equiv [P(\text{CH}_3\text{OH})/P_0]/[(P(\text{CO})/P_0)(P(\text{H}_2)/P_0)^2] = \exp(-\Delta G/RT)$$
$$= \frac{[(x/(3-2x))(3 \times 10^6)]/(10^5)}{\{[((1-x)/(3-2x))(3 \times 10^6)]/(10^5)\}\{[((2-2x)/(3-2x))(3 \times 10^6)]/(10^5)\}^2}$$
$$= 6.916 \times 10^{-4}$$
試行錯誤法でこれを解くと $x = 0.1919$ なので，平衡での組成は，
$$n(\text{CO}) : n(\text{H}_2) : n(\text{CH}_3\text{OH}) = 1 - 0.1919 : 2 - (2)(0.1919) : 0.1919 = 0.309 : 0.618 : 0.073$$

2.2 この反応のエンタルピー変化は，温度の影響を受けないとして，
$$\Delta H = \{(1)(-201.5) + (1)(-241.82)\} - \{(1)(-393.51) + (3)(0)\} = -49.81 \text{ kJ mol}^{-1}$$
$$= -4.981 \times 10^4 \text{ J mol}^{-1}$$
この反応のエントロピー変化は，温度の影響を受けないとして，
$$\Delta S = \{(1)(239.81) + (1)(188.83)\} - \{(1)(213.74) + (3)(130.68)\} = -177.14 \text{ J mol}^{-1} \text{ K}^{-1}$$
したがって，300℃でのこの反応のギブズの自由エネルギー変化は，
$$\Delta G = \Delta H - T\Delta S = -4.981 \times 10^4 - (300 + 273.15)(-177.14) = 5.172 \times 10^4 \text{ J mol}^{-1}$$
平衡定数は，
$$K_P \equiv [(P(\text{CH}_3\text{OH})/P_0)(P(\text{H}_2\text{O})/P_0)]/[(P(\text{CO}_2)/P_0)(P(\text{H}_2)/P_0)^3] = \exp(-\Delta G/RT)$$
$$= \exp\{(-5.172 \times 10^4)/[(8.315)(300 + 273.15)]\} = 1.935 \times 10^{-5}$$
最初の二酸化炭素の1 mol中 x [mol] が反応してメタノールになるとき，平衡での物質量の比は，
$$n(\text{CO}_2) : n(\text{H}_2) : n(\text{CH}_3\text{OH}) : n(\text{H}_2\text{O}) = 1-x : 3-3x : x : x$$
全圧が3 MPa（$= 3 \times 10^6$ Pa）より，それぞれの分圧は，
$$P(\text{CO}_2) = (3 \times 10^6)\{(1-x)/[(1-x)+(3-3x)+x+x]\} = [(1-x)/(4-2x)](3 \times 10^6) \text{ [Pa]}$$

$P(H_2) = (3 \times 10^6)\{(3-3x)/[(1-x)+(3-3x)+x+x]\} = [(3-3x)/(4-2x)](3 \times 10^6)\,[\text{Pa}]$
$P(CH_3OH) = (3 \times 10^6)\{x/[(1-x)+(3-3x)+x+x]\} = [x/(4-2x)](3 \times 10^6)\,[\text{Pa}]$
$P(H_2O) = (3 \times 10^6)\{x/[(1-x)+(3-3x)+x+x]\} = [x/(4-2x)](3 \times 10^6)\,[\text{Pa}]$
したがって,
$K_P \equiv [(P(CH_3OH)/P_0)(P(H_2O)/P_0)]/[(P(CO_2)/P_0)(P(H_2)/P_0)^3]$

$$= \frac{\{[(x/(4-2x))(3\times10^6)]/(10^5)\}\{[(x/(4-2x))(3\times10^6)]/(10^5)\}}{\{[((1-x)/(4-2x))(3\times10^6)]/(10^5)\}\{[((3-3x)/(4-2x))(3\times10^6)]/(10^5)\}^3}$$

$= 1.935 \times 10^{-5}$

試行錯誤法でこれを解くと $x = 0.1371$ なので,平衡での組成は,
$n(CO_2) : n(H_2) : n(CH_3OH) : n(H_2O) = 1-0.1371 : 3-(3)(0.1371) : 0.1371 : 0.1371$
$\qquad\qquad\qquad\qquad\qquad\qquad = 0.231 : 0.695 : 0.037 : 0.037$

2.3 この反応のエンタルピー変化は,温度の影響を受けないとして,
$\Delta H = \{(1)(-393.51)+(1)(0)\} - \{(1)(-110.53)+(1)(-241.82)\} = -41.16\,\text{kJ mol}^{-1}$
$\qquad = -4.116 \times 10^4\,\text{J mol}^{-1}$
この反応のエントロピー変化は,温度の影響を受けないとして,
$\Delta S = \{(1)(213.74)+(1)(130.68)\} - \{(1)(197.67)+(1)(188.83)\} = -42.08\,\text{J mol}^{-1}\,\text{K}^{-1}$
求める反応温度を $T\,[\text{K}]$ とすると,この反応のギブズの自由エネルギー変化は,
$\Delta G = \Delta H - T\Delta S = -4.116 \times 10^4 - T(-42.08) = -4.116 \times 10^4 + 42.08\,T\,[\text{J mol}^{-1}]$
平衡定数は,
$K_P \equiv [(P(CO_2)/P_0)(P(H_2)/P_0)]/[(P(CO)/P_0)(P(H_2O)/P_0)] = \exp(-\Delta G/RT)$
$\qquad = \exp[-(-4.116 \times 10^4 + 42.08\,T)/8.315\,T]$
最初の一酸化炭素の1 mol中 $x\,[\text{mol}]$ が反応して水素になるとき,平衡での物質量の比は,
$n(CO) : n(H_2O) : n(CO_2) : n(H_2) = 1-x : 1-x : x : x$
一酸化炭素と水素のモル比が $1:2$ より,
$1-x : x = 1 : 2$
これを解いて,
$x = 0.667$
したがって,
$n(CO) : n(H_2O) : n(CO_2) : n(H_2) = 1-0.667 : 1-0.667 : 0.667 : 0.667 = 1 : 1 : 2 : 2$
全圧が $0.1\,\text{MPa}\,(= 10^5\,\text{Pa})$ より,それぞれの分圧は,
$P(CO) = (10^5)[1/(1+1+2+2)] = (1/6)(10^5)\,[\text{Pa}]$
$P(H_2O) = (10^5)[1/(1+1+2+2)] = (1/6)(10^5)\,[\text{Pa}]$
$P(CO_2) = (10^5)[2/(1+1+2+2)] = (1/3)(10^5)\,[\text{Pa}]$
$P(H_2) = (10^5)[2/(1+1+2+2)] = (1/3)(10^5)\,[\text{Pa}]$
したがって,
$K_P \equiv [(P(CO_2)/P_0)(P(H_2)/P_0)]/[(P(CO)/P_0)(P(H_2O)/P_0)]$

$$= \frac{\{[(1/3)(10^5)]/(10^5)\}\{[(1/3)(10^5)]/(10^5)\}}{\{[(1/6)(10^5)]/(10^5)\}\{[(1/6)(10^5)]/(10^5)\}}$$

$= 4$
$= \exp[-(-4.116 \times 10^4 + 42.08\,T)/8.315\,T]$
試行錯誤法でこれを解くと $T = 767.82\,\text{K}$. したがって,求める温度は $494.67\,°\text{C}$.

2.4 この反応のエンタルピー変化は,温度の影響を受けないとして,
$\Delta H = \{(1)(-635.09)+(1)(-393.51)\} - \{(1)(-1206.92)\} = 178.32\,\text{kJ mol}^{-1}$
$\qquad = 1.7832 \times 10^5\,\text{J mol}^{-1}$
この反応のエントロピー変化は,温度の影響を受けないとして,

$\Delta S = \{(1)(39.75)+(1)(213.74)\}-\{(1)(92.9)\} = 160.59 \text{ J mol}^{-1}\text{ K}^{-1}$
したがって，1 000℃でのこの反応のギブズの自由エネルギー変化は，
$\Delta G = \Delta H - T\Delta S = 1.783\,2\times10^5 - (1\,000+273.15)(160.59) = -2.613\,5\times10^4 \text{ J mol}^{-1}$
ギブズの自由エネルギーと圧力の関係は，平衡定数の固体の圧力項を1にした式で表されるので，
$[(1)(P(\text{CO}_2)/P_0)]/(1) = P(\text{CO}_2)/(10^5) = \exp(-\Delta G/RT)$
$\qquad = \exp\{-(-2.613\,5\times10^4)/[(8.315)(1\,000+273.15)]\} = 11.81$
$P(\text{CO}_2) = (11.81)(10^5) = 1.181\times10^6\text{ Pa} = 1.181\text{ MPa}$

2.5 $2\text{H}_2\text{O(g)} \rightarrow 2\text{H}_2\text{(g)}+\text{O}_2\text{(g)}$ のエンタルピー変化は，温度の影響を受けないとして，
$\Delta H = \{(2)(0)+(1)(0)\}-\{(2)(-241.82)\} = 483.64\text{ kJ mol}^{-1} = 4.836\,4\times10^5\text{ J mol}^{-1}$
この反応のエントロピー変化は，温度の影響を受けないとして，
$\Delta S = \{(2)(130.68)+(1)(205.14)\}-\{(2)(188.83)\} = 88.84\text{ J mol}^{-1}\text{ K}^{-1}$
したがって，2 500℃でのこの反応のギブズの自由エネルギー変化は，
$\Delta G = \Delta H - T\Delta S = 4.836\,4\times10^5 - (2\,500+273.15)(88.84) = 2.373\times10^5\text{ J mol}^{-1}$
平衡定数は，
$K_P \equiv [(P(\text{H}_2)/P_0)^2(P(\text{O}_2)/P_0)]/(P(\text{H}_2\text{O})/P_0)^2 = \exp(-\Delta G/RT)$
$\qquad = \exp\{(-2.373\times10^5)/[(8.315)(2\,500+273.15)]\} = 3.395\times10^{-5}$
最初の水の1 mol 中 x [mol] が分解して水素と酸素になるとき，平衡での物質量の比は，
$n(\text{H}_2\text{O}):n(\text{H}_2):n(\text{O}_2) = 1-x:x:0.5x = 2-2x:2x:x$
全圧が 0.1 MPa $(=10^5\text{ Pa})$ より，それぞれの分圧は，
$P(\text{H}_2\text{O}) = (10^5)\{(2-2x)/[(2-2x)+2x+x]\} = [(2-2x)/(2+x)](10^5)\text{ [Pa]}$
$P(\text{H}_2) = (10^5)\{2x/[(2-2x)+2x+x]\} = [2x/(2+x)](10^5)\text{ [Pa]}$
$P(\text{O}_2) = (10^5)\{x/[(2-2x)+2x+x]\} = [x/(2+x)](10^5)\text{ [Pa]}$
したがって，
$K_P \equiv [(P(\text{H}_2)/P_0)^2(P(\text{O}_2)/P_0)]/(P(\text{H}_2\text{O})/P_0)^2$
$\quad = \dfrac{\{[(2x/(2+x))(10^5)]/(10^5)\}^2\{[(x/(2+x))(10^5)]/(10^5)\}}{\{[((2-2x)/(2+x))(10^5)]/(10^5)\}^2}$
$\quad = [(2x)^2 x]/[(2-2x)^2(2+x)]$
$\quad = 3.395\times10^{-5}$
試行錯誤法でこれを解くと $x = 0.040\,0$ なので，平衡での組成は，
$n(\text{H}_2\text{O}):n(\text{H}_2):n(\text{O}_2) = 1-0.04:0.04:0.02 = 0.941:0.039:0.020$
一方，$\text{H}_2\text{O(g)} \rightarrow \text{H}_2\text{(g)}+0.5\text{O}_2\text{(g)}$ のエンタルピー変化は，温度の影響を受けないとして，
$\Delta H = \{(1)(0)+(0.5)(0)\}-\{(1)(-241.82)\} = 241.82\text{ kJ mol}^{-1} = 2.418\,2\times10^5\text{ J mol}^{-1}$
この反応のエントロピー変化は，温度の影響を受けないとして，
$\Delta S = \{(1)(130.68)+(0.5)(205.14)\}-\{(1)(188.83)\} = 44.42\text{ J mol}^{-1}\text{ K}^{-1}$
したがって，2 500℃でのこの反応のギブズの自由エネルギー変化は，
$\Delta G = \Delta H - T\Delta S = 2.418\,2\times10^5 - (2\,500+273.15)(44.42) = 1.186\times10^5\text{ J mol}^{-1}$
平衡定数は，
$K_P \equiv [(P(\text{H}_2)/P_0)(P(\text{O}_2)/P_0)^{0.5}]/(P(\text{H}_2\text{O})/P_0) = \exp(-\Delta G/RT)$
$\qquad = \exp\{(-1.186\times10^5)/[(8.315)(2\,500+273.15)]\} = 5.827\times10^{-3}$
最初の水の1 mol 中 x [mol] が分解して水素と酸素になるとき，平衡での物質量の比は，
$n(\text{H}_2\text{O}):n(\text{H}_2):n(\text{O}_2) = 1-x:x:0.5x = 2-2x:2x:x$
全圧が 0.1 MPa $(=10^5\text{ Pa})$ より，それぞれの分圧は，
$P(\text{H}_2\text{O}) = (10^5)\{(2-2x)/[(2-2x)+2x+x]\} = [(2-2x)/(2+x)](10^5)\text{ [Pa]}$
$P(\text{H}_2) = (10^5)\{2x/[(2-2x)+2x+x]\} = [2x/(2+x)](10^5)\text{ [Pa]}$
$P(\text{O}_2) = (10^5)\{x/[(2-2x)+2x+x]\} = [x/(2+x)](10^5)\text{ [Pa]}$

したがって，
$K_P \equiv [(P(\text{H}_2)/P_0)(P(\text{O}_2)/P_0)^{0.5}]/(P(\text{H}_2\text{O})/P_0)$
$= \dfrac{\{[(2x/(2+x))(10^5)]/(10^5)\}\{[(x/(2+x))(10^5)]/(10^5)\}^{0.5}}{\{[((2-2x)/(2+x))(10^5)]/(10^5)\}}$
$= (2x)x^{0.5}/[(2-2x)(2+x)^{0.5}] = 5.827 \times 10^{-3}$

試行錯誤法でこれを解くと $x = 0.0400$ なので，平衡での組成は，
$n(\text{H}_2\text{O}) : n(\text{H}_2) : n(\text{O}_2) = 1-0.04 : 0.04 : 0.02 = 0.941 : 0.039 : 0.020$

2.6 この反応のエンタルピー変化は，温度の影響を受けないとして，
$\Delta H = \{(1)(-479.3) + (1)(-285.83)\} - \{(1)(-484.3) + (1)(-277.1)\} = -3.73 \text{ kJ mol}^{-1}$
$\quad = -3.73 \times 10^3 \text{ J mol}^{-1}$

この反応のエントロピー変化は，温度の影響を受けないとして，
$\Delta S = \{(1)(270) + (1)(69.9)\} - \{(1)(158.0) + (1)(159.86)\} = 22.1 \text{ J mol}^{-1}\text{ K}^{-1}$

したがって，80℃でのこの反応のギブズの自由エネルギー変化は，
$\Delta G = \Delta H - T\Delta S = -3.73 \times 10^3 - (80+273.15)(22.1) = -1.15 \times 10^4 \text{ J mol}^{-1}$

平衡定数は，
$K_x \equiv [x(\text{CH}_3\text{COOC}_2\text{H}_5)\, x(\text{H}_2\text{O})]/[x(\text{CH}_3\text{COOH})\, x(\text{C}_2\text{H}_5\text{OH})] = \exp(-\Delta G/RT)$
$\quad = \exp\{(-1.15 \times 10^4)/[(8.315)(80+273.15)]\} = 50.5$

最初の酢酸の 1 mol 中 x [mol] が反応するとき，平衡での物質量の比は，
$n(\text{CH}_3\text{COOH}) : n(\text{C}_2\text{H}_5\text{OH}) : n(\text{CH}_3\text{COOC}_2\text{H}_5) : n(\text{H}_2\text{O}) = 1-x : 1-x : x : x$

それぞれのモル分率は，
$x(\text{CH}_3\text{COOH}) = (1-x)/[(1-x)+(1-x)+x+x] = (1-x)/2$
$x(\text{C}_2\text{H}_5\text{OH}) = (1-x)/[(1-x)+(1-x)+x+x] = (1-x)/2$
$x(\text{CH}_3\text{COOC}_2\text{H}_5) = x/[(1-x)+(1-x)+x+x] = x/2$
$x(\text{H}_2\text{O}) = x/[(1-x)+(1-x)+x+x] = x/2$

したがって，
$K_x \equiv [x(\text{CH}_3\text{COOC}_2\text{H}_5)\, x(\text{H}_2\text{O})]/[x(\text{CH}_3\text{COOH})\, x(\text{C}_2\text{H}_5\text{OH})]$
$\quad = [(x/2)(x/2)]/\{[(1-x)/2][(1-x)/2]\} = x^2/(1-x)^2 = 50.5$

これを解くと $x = 0.877$ なので，平衡での組成は，
$n(\text{CH}_3\text{COOH}) : n(\text{C}_2\text{H}_5\text{OH}) : n(\text{CH}_3\text{COOC}_2\text{H}_5) : n(\text{H}_2\text{O})$
$\quad = 1-0.877 : 1-0.877 : 0.877 : 0.877 = 0.44 : 0.44 : 0.06 : 0.06$

2.7 まず，最初の状態の平衡組成を求める．この反応のエンタルピー変化は，温度の影響を受けないとして，
$\Delta H = \{(2)(26.48)\} - \{(1)(0) + (1)(62.44)\} = -9.48 \text{ kJ mol}^{-1} = -9.48 \times 10^3 \text{ J mol}^{-1}$

この反応のエントロピー変化は，温度の影響を受けないとして，
$\Delta S = \{(2)(206.59)\} - \{(1)(130.68) + (1)(250.69)\} = 31.81 \text{ J mol}^{-1}\text{ K}^{-1}$

したがって，60℃でのこの反応のギブズの自由エネルギー変化は，
$\Delta G = \Delta H - T\Delta S = -9.48 \times 10^3 - (60+273.15)(31.81) = 2.01 \times 10^4 \text{ J mol}^{-1}$

平衡定数は，
$K_P \equiv (P(\text{HI})/P_0)^2/[(P(\text{H}_2)/P_0)(P(\text{I}_2)/P_0)] = \exp(-\Delta G/RT)$
$\quad = \exp\{-(2.01 \times 10^4)/[(8.315)(60+273.15)]\} = 1.41 \times 10^3$

最初の水素の 1 mol 中 x [mol] が反応するとき，平衡での物質量の比は，
$n(\text{H}_2) : n(\text{I}_2) : n(\text{HI}) = 1-x : 1-x : 2x$

全圧が 0.1 MPa ($=10^5$ Pa) より，それぞれの分圧は，
$P(\text{H}_2) = (10^5)\{(1-x)/[(1-x)+(1-x)+2x]\} = [(1-x)/2](10^5)\,[\text{Pa}]$
$P(\text{I}_2) = (10^5)\{(1-x)/[(1-x)+(1-x)+2x]\} = [(1-x)/2](10^5)\,[\text{Pa}]$

$P(\mathrm{HI}) = (10^5)\{2x/[(1-x)+(1-x)+2x]\} = x(10^5)\,[\mathrm{Pa}]$
したがって,
$K_P \equiv (P(\mathrm{HI})/P_0)^2/[(P(\mathrm{H}_2)/P_0)(P(\mathrm{I}_2)/P_0)]$
$\quad = [x(10^5)/(10^5)]^2/\{[((1-x)/2)(10^5)]/(10^5)\}\{[((1-x)/2)(10^5)]/(10^5)\}$
$\quad = 4x^2/(1-x)^2 = 1.41 \times 10^{-3}$
これを解くと $x = 0.95$ なので,平衡での組成は,
$n(\mathrm{H}_2) : n(\mathrm{I}_2) : n(\mathrm{HI}) = 1-0.95 : 1-0.95 : 2(0.95) = 0.025 : 0.025 : 0.95$
この反応では,反応が進行してもモル数が変化しない.等モルのヘリウムを加えることによって水素,ヨウ素,ヨウ化水素のモル濃度の和は半分になり,全圧は $0.1\,\mathrm{MPa}$ のままであるので,これらの分圧の和も半分の $0.05\,\mathrm{MPa}$ となる.反応のエンタルピー変化,エントロピー変化,ギブズの自由エネルギー,平衡定数は変化しない.新しい平衡で,最初の水素の $1\,\mathrm{mol}$ 中 $x\,[\mathrm{mol}]$ が反応していたとき,平衡での物質量の比は,
$n(\mathrm{H}_2) : n(\mathrm{I}_2) : n(\mathrm{HI}) = 1-x : 1-x : 2x$
これらの物質の分圧の和が $0.05\,\mathrm{MPa}\,(=0.5\times 10^5\,\mathrm{Pa})$ より,それぞれの分圧は,
$P(\mathrm{H}_2) = (0.5\times 10^5)\{(1-x)/[(1-x)+(1-x)+2x]\} = [(1-x)/2](0.5\times 10^5)\,[\mathrm{Pa}]$
$P(\mathrm{I}_2) = (0.5\times 10^5)\{(1-x)/[(1-x)+(1-x)+2x]\} = [(1-x)/2](0.5\times 10^5)\,[\mathrm{Pa}]$
$P(\mathrm{HI}) = (0.5\times 10^5)\{2x/[(1-x)+(1-x)+2x]\} = x(0.5\times 10^5)\,[\mathrm{Pa}]$
したがって,
$K_P \equiv (P(\mathrm{HI})/P_0)^2/[(P(\mathrm{H}_2)/P_0)(P(\mathrm{I}_2)/P_0)]$
$$= \frac{\{[x(0.5\times 10^5)]/(10^5)\}^2}{\{[((1-x)/2)(0.5\times 10^5)]/(10^5)\}\{[((1-x)/2)(0.5\times 10^5)]/(10^5)\}}$$
$\quad = [(0.5)^2 4x^2]/[(0.5)^2(1-x)^2] = 4x^2/[(1-x)^2] = 1.41\times 10^{-3}$
希釈しない場合と同じ式が得られ,これを解くと $x = 0.95$ なので,平衡での組成は,
$n(\mathrm{H}_2) : n(\mathrm{I}_2) : n(\mathrm{HI}) = 1-0.95 : 1-0.95 : 2(0.95) = 0.025 : 0.025 : 0.95$
この場合,希釈によって平衡組成は変化しない.
　注: 一般に希釈は反応に関与する物質の分圧を下げるので,減圧したのと同じ効果が得られ,体積が増える方向に平衡が移動する.この問題の場合には,たまたま体積変化がない反応であるために影響が現れていない.

2.8 $K = \exp[-\Delta G^\circ(T)/RT] = \exp[-(\Delta H^\circ - T\Delta S^\circ)/RT] = \exp[(-\Delta H^\circ/RT) + (\Delta S^\circ/R)]$
$\quad = \exp(-\Delta H^\circ/RT)\exp(\Delta S^\circ/R)$
したがって,
$\mathrm{d}K/\mathrm{d}T = (-\Delta H^\circ/R)\exp(\Delta S^\circ/R)\exp(-\Delta H^\circ/RT)$
あるいは,第1式の両辺の対数をとって,
$\ln K = (-\Delta H^\circ/RT) + (\Delta S^\circ/R)$
$\mathrm{d}\ln K/\mathrm{d}T = \Delta H^\circ/RT^2$
これはファントホッフの式 (van't Hoff's equation) と呼ばれる.

2.9 この反応のエンタルピー変化は,温度の影響を受けないとして,
$\Delta H = \{(1)(-241.82)\} - \{(1)(-285.83)\} = 44.01\,\mathrm{kJ\,mol^{-1}} = 4.401\times 10^4\,\mathrm{J\,mol^{-1}}$
この反応のエントロピー変化は,温度の影響を受けないとして,
$\Delta S = \{(1)(188.83)\} - \{(1)(69.91)\} = 118.92\,\mathrm{J\,mol^{-1}\,K^{-1}}$
したがって,100°C でのこの反応のギブズの自由エネルギー変化は,
$\Delta G = \Delta H - T\Delta S = 4.401\times 10^4 - (100+273.15)(118.92) = -3.650\times 10^2\,\mathrm{J\,mol^{-1}}$
平衡定数は,液相の圧力項を1として考えるので,
$K_P \equiv [P(\mathrm{H}_2\mathrm{O})/P_0]/(1) = \exp(-\Delta G/RT) = \exp\{-(-3.650\times 10^2)/[(8.315)(100+273.15)]\}$
$\quad = 1.12$

これより平衡蒸気圧は，
$[P(H_2O)/10^5]/(1)=1.12$
$P(H_2O)=1.12\times 10^5$ Pa
　注：　実際には，水の100℃における平衡蒸気圧は1.013×10^5 Pa．エンタルピーやエントロピーの温度変化があり，ここで用いたモデルからのずれが生じる．

【第3章】

3.1 管内の平均流速 u は，
$u=Q/(\pi D^2/4)=(2/3\,600)\{4/[\pi(3\times 10^{-2})^2]\}=0.786$ m s^{-1}
であるから，管内の流れのレイノルズ数 Re は，式 (3.3) を用いて，
$Re=\rho\bar{u}D/\mu=[(1\,000)(0.786)(3\times 10^{-2})]/(1\times 10^{-3})=2.36\times 10^4$
となり，流れは乱流である．
平滑な円管内の乱流における摩擦係数は，ブラシウスの式 (3.19) を用いて，
$f=0.079\,1Re^{-1/4}=(0.079\,1)(2.36\times 10^4)^{-1/4}=6.38\times 10^{-3}$
となるから，ファニングの式 (3.17) を用いると圧力損失は，
$\Delta P=4f(L/D)(\rho\bar{u}^2/2)=(4)(6.38\times 10^{-3})[100/(3\times 10^{-2})]\{[(1\,000)(0.786)^2]/2\}=2.63\times 10^4$ Pa
と求まる．

3.2 水槽①の水面を断面①，水槽②に流入する管の出口を断面②とする．式 (3.27) において，$\bar{u}_1\approx 0$, $z_1=3$ m, $z_2=20$ m, $P_1=P_2$（＝大気圧）とすれば，
$W=(20-3)g+(1/2)\bar{u}_2^2+\sum F$
を得る．式中の $\bar{u}_2$ および $\sum F$ を以下のようにして求める．
① $\bar{u}_2$ の計算：　送水量が 10 m^3 h^{-1} であるから，
$\bar{u}_2=10/[(3\,600)\pi(5\times 10^{-2})^2/4]=1.41$ m s^{-1}
となる．
② $\sum F$ の計算：　流路系で摩擦損失がある部分は，以下のとおりである．
(1) $(100+18+5)$ m の直管部：　直管内の流れのレイノルズ数 Re は，式 (3.3) を用いて，
$Re=\rho\bar{u}D/\mu=[(1\,000)(1.41)(5\times 10^{-2})]/(1\times 10^{-3})=7.05\times 10^4$
となり，流れは乱流である．平滑な円管内の乱流における摩擦係数は，ブラシウスの式 (3.19) を用いて，
$f=0.079\,1Re^{-1/4}=(0.079\,1)(7.05\times 10^4)^{-1/4}=4.85\times 10^{-3}$
となるから，表 3.1 より，
$F=(\bar{u}^2/2)4f(L/D)=[(1.41)^2(4)(4.85\times 10^{-3})(123)]/[(2)(5\times 10^{-2})]=47.4$ J kg^{-1}
を得る．
(2) 水槽①から内径 5 cm の直管への縮小部：　表 3.1 より，急縮小流れで，$\beta=0$ と仮定すると，$e_v=0.5$ であるから，
$F=[(1.41)^2(0.5)]/2=0.497$ J kg^{-1}
を得る．
(3) 内径 5 cm の直管中の 2 つの 90°エルボ：　表 3.1 より，$L_e/D=32$ とすると，
$F=2(\bar{u}^2/2)4f(L_e/D)=[(2)(1.41)^2(4)(4.85\times 10^{-3})(32)]/2=1.23$ J kg^{-1}
を得る．
以上の計算より，
$\sum F=47.4+0.497+1.23=49.1$ J kg^{-1}
となる．ゆえに，
$W=(20-3)(9.8)+(1/2)(1.41)^2+49.1=217$ J kg^{-1}
となるから，ポンプに加えるべき電力は，

$P = (1\,000)(10/3\,600)(217) = 603$ W

となり，総合効率50%を考慮すると，必要電力は1.21 kW となる．

3.3 単位時間あたりの熱損失は，式(3.44)に基づき，

$Q = (T_0 - T_3)/\{[(r_1-r_0)/(k_1 A_{1,\mathrm{lm}})] + [(r_2-r_1)/(k_2 A_{2,\mathrm{lm}})] + [(r_3-r_2)/(k_3 A_{3,\mathrm{lm}})]\}$

により求めることができる．ここで，$A_{1,\mathrm{lm}}$, $A_{2,\mathrm{lm}}$, $A_{3,\mathrm{lm}}$ は各層の対数平均面積であり，以下のようになる．

$A_{1,\mathrm{lm}} = (A_1 - A_0)/\ln(A_1/A_0)$
$= [(2\pi)((3.5-3)\times 10^{-2})(5)]/\ln\{[(2\pi)(3.5\times 10^{-2})(5)]/[(2\pi)(3\times 10^{-2})(5)]\} = 1.02\ \mathrm{m^2}$

$A_{2,\mathrm{lm}} = (A_2 - A_1)/\ln(A_2/A_1)$
$= [(2\pi)((5.5-3.5)\times 10^{-2})(5)]/\ln\{[(2\pi)(5.5\times 10^{-2})(5)]/[(2\pi)(3.5\times 10^{-2})(5)]\} = 1.39\ \mathrm{m^2}$

$A_{3,\mathrm{lm}} = (A_3 - A_2)/\ln(A_3/A_2)$
$= [(2\pi)\times(6-5.5)\times 10^{-2})(5)]/\ln\{[(2\pi)(6\times 10^{-2})(5)/(2\pi)(5.5\times 10^{-2})(5)]\} = 1.81\ \mathrm{m^2}$

したがって，単位時間あたりの熱損失は，

$Q = (500-350)/$
$\quad \{[(3.5-3)\times 10^{-2}]/[(40)(1.02)] + [(5.5-3.5)\times 10^{-2}]/[(1)(1.39)]$
$\quad + [(6-5.5)\times 10^{-2}]/[(2)(1.81)]\} = 9.44 \times 10^3$ W

となる．

3.4 表3.3に示されている垂直平板の自然対流伝熱相関式は，$GrPr$ の値によって異なるので，まずこの系のグラスホフ数 Gr およびプラントル数 Pr を計算する．

$Gr = [\beta g \rho^2 D^3(T_\mathrm{w} - T_\mathrm{f})]/\mu^2 = [(3.10\times 10^{-3})(9.8)(1.092)^2(1)^3(348-298)]/(19.5\times 10^{-6})^2$
$\quad = 4.76 \times 10^9$

$Pr = C_\mathrm{p}\mu/k = [(1.007\times 10^3)(19.5\times 10^{-6})]/0.028 = 0.701$

以上の結果より，$GrPr = 3.34\times 10^9$ であるから，流れは乱流であり，表3.3中の相関式

$Nu = 0.129(GrPr)^{1/3}$

を用いて熱伝達係数 h を計算すると，

$h = 0.129(k/D)(GrPr)^{1/3} = [(0.129)(0.028)(3.34\times 10^9)^{1/3}]/1 = 5.40\ \mathrm{W\,m^{-2}\,K^{-1}}$

となる．平板から空気への伝熱量は，

$Q = hA(T_\mathrm{w} - T_\mathrm{f}) = (5.40)(1)(348-298) = 270$ W

と求まる．

3.5 式(3.64)より，油が失う全熱量は，

$Q = C_\mathrm{ph}W_\mathrm{h}(T_\mathrm{h1} - T_\mathrm{h2}) = (3\,600)(0.7)(350-320) = 7.56 \times 10^4$ W

であり，これは水が受け取る全熱量に等しく，

$C_\mathrm{pc}W_\mathrm{c}(T_\mathrm{c1} - T_\mathrm{c2}) = (4\,200)(1.5)(T_\mathrm{c1} - 298) = 7.56 \times 10^4$

となるから，水の出口温度は，

$T_\mathrm{c1} = 310$ K

となる．また，Q は高温流体から低温流体への伝熱量に等しいから，

$Q = UA(\Delta T)_\mathrm{lm}$

ここで，

$(\Delta T)_\mathrm{lm} = [(T_\mathrm{h1} - T_\mathrm{c1}) - (T_\mathrm{h2} - T_\mathrm{c2})]/[\ln((T_\mathrm{h1} - T_\mathrm{c1})/(T_\mathrm{h2} - T_\mathrm{c2}))]$
$= [(350-310) - (320-298)]/[\ln((350-310)/(320-298))] = 30.1$ K

したがって，伝熱面積 A が以下のように求まる．

$A = Q/[U(\Delta T)_\mathrm{lm}] = (7.56\times 10^4)/[(275)(30.1)] = 9.13\ \mathrm{m^2}$

3.6 式(3.95)より，メタノール蒸気のモル流束は，

$N_\mathrm{A} = [D_\mathrm{AB}P/LRT(p_\mathrm{B})_\mathrm{lm}](p_\mathrm{A0} - p_\mathrm{AL}) = [D_\mathrm{AB}P\ln(p_\mathrm{BL}/p_\mathrm{B0})]/LRT$
$= \{(1.40\times 10^{-5})(1.01\times 10^5)\ln[(1.01\times 10^5)/(1.01\times 10^5 - 1.69\times 10^4)]\}/[(0.2)(8.31)(298)]$

である．したがって，ガラス管の全断面からの単位時間あたりの蒸発量は，
$W = [(5.23 \times 10^{-4})(\pi)(3 \times 10^{-3})^2]/4 = 3.70 \times 10^{-9}$ mol s^{-1}
となる．また，蒸発による減少量は，
$M = [(\pi/4)(3 \times 10^{-3})^2(1 \times 10^{-3})(745)]/(32 \times 10^{-3}) = 1.65 \times 10^{-4}$ mol
であるから，蒸発に要する時間は，
$t = (1.65 \times 10^{-4})/[(3.70 \times 10^{-9})(3600)] = 12.4$ h
と求まる．

【第4章】

4.1 酵素-基質複合体ESの反応速度に定常状態近似を適用すると，
$r_{ES} = k_1 C_E C_S - k_2 C_{ES} - k_3 C_{ES} + k_4 C_E C_P = 0 \cdots ①$
全酵素濃度 C_{E0} は，
$C_{E0} = C_E + C_{ES} \cdots ②$
式①と②より C_E を消去すると，
$C_{ES} = [(k_1 C_S + k_4 C_P) C_{E0}]/(k_1 C_S + k_2 + k_3 + k_4 C_P) \cdots ③$
酵素反応の反応速度 r は生成物Pの反応速度に等しいので，
$r = r_P = k_3 C_{ES} - k_4 C_E C_P = [(k_1 k_3 C_S - k_2 k_4 C_P) C_{E0}]/(k_1 C_S + k_2 + k_3 + k_4 C_P) \cdots ④$

4.2 ・回分反応器・1次反応： $-r_S = k_1 C_S$ を式(4.43)に代入．
$t = \int_{C_S}^{C_{S0}} dC_S/(-r_S) = \int_{C_S}^{C_{S0}} dC_S/k_1 C_S = (1/k_1)[\ln C_S]_{C_S}^{C_{S0}} = (1/k_1) \ln(C_{S0}/C_S)$

・回分反応器・2次反応： $-r_S = k_2 C_S^2$ を式(4.43)に代入．
$t = \int_{C_S}^{C_{S0}} dC_S/(-r_S) = \int_{C_S}^{C_{S0}} dC_S/k_2 C_S^2 = (1/k_2)[-1/C_S]_{C_S}^{C_{S0}} = (1/k_2)(1/C_S - 1/C_{S0})$

・回分反応器・ミカエリス-メンテンの式に従う酵素反応： 式(4.30)より，
$r = -r_S = V_{max} C_S/(K_m + C_S) \cdots ⑤$
式⑤を式(4.43)に代入．
$t = \int_{C_S}^{C_{S0}} dC_S/(-r_S) = \int_{C_S}^{C_{S0}} [(K_m + C_S)/V_{max} C_S] dC_S = \int_{C_S}^{C_{S0}} (K_m/V_{max} C_S + 1/V_{max}) dC_S$
$= [(K_m/V_{max}) \ln C_S + C_S/V_{max}]_{C_S}^{C_{S0}} = (K_m/V_{max}) \ln(C_{S0}/C_S) + (C_{S0} - C_S)/V_{max}$

・CSTR・1次反応： $-r_S = k_1 C_S$ を式(4.45)に代入．
$\tau = (C_{S0} - C_S)/(-r_S) = (C_{S0} - C_S)/k_1 C_S$

・CSTR・2次反応： $-r_S = k_2 C_S^2$ を式(4.45)に代入．
$\tau = (C_{S0} - C_S)/(-r_S) = (C_{S0} - C_S)/k_2 C_S^2$

・CSTR・ミカエリス-メンテンの式に従う酵素反応： 式⑤を式(4.45)に代入．
$\tau = (C_{S0} - C_S)/(-r_S) = [(C_{S0} - C_S)(K_m + C_S)]/V_{max} C_S$

・PFR・1次反応： $-r_S = k_1 C_S$ を式(4.48)に代入．
$\tau = \int_{C_S}^{C_{S0}} dC_S/(-r_S) = \int_{C_S}^{C_{S0}} dC_S/k_1 C_S = (1/k_1)[\ln C_S]_{C_S}^{C_{S0}} = (1/k_1) \ln(C_{S0}/C_S)$

・PFR・2次反応： $-r_S = k_2 C_S^2$ を式(4.48)に代入．
$\tau = \int_{C_S}^{C_{S0}} dC_S/(-r_S) = \int_{C_S}^{C_{S0}} dC_S/k_2 C_S^2 = (1/k_2)[-1/C_S]_{C_S}^{C_{S0}} = (1/k_2)(1/C_S - 1/C_{S0})$

・PFR・ミカエリス-メンテンの式に従う酵素反応： 式⑤を式(4.48)に代入．
$\tau = (K_m/V_{max}) \ln(C_{S0}/C_S) + (C_{S0} - C_S)/V_{max}$

4.3 成分Cの濃度は，
$C_C = C_{C0} + (C_{A0} - C_A) = C_{A0} + C_{C0} - C_A$

のように表現できる．これを反応速度式に代入すると，
$-r_A = kC_A C_C = kC_A(C_{A0} + C_{C0} - C_A)\cdots⑥$
となり，反応速度が最大となる反応成分濃度が存在する．よって，図4.8に示したグラフでは，下に凸のグラフになる．空間時間を最小にするには，反応速度が最大となる成分濃度まではCSTRを用いて反応し，それ以降はPFRを用いて反応すると空間時間は最も短くなる．

なお，反応速度が最大となる成分濃度は，反応速度式⑥をC_Aで微分したものが0となるC_Aであり，上流側の反応器の出口での反応成分Aの濃度は，次式で表される．
$C_A = (C_{A0} + C_{C0})/2$

4.4 式⑤を式 (4.83) に代入すると，
$(1-\varepsilon)\tau = (1-\varepsilon)(V/v) = [(C_{S0} - C_S)(K_m + C_S)]/\eta V_{max} C_S$
が得られる．$\varepsilon = 0.5$, $\eta = 1$, $C_{S0} = 1.0$ を代入した式に $\tau = 100$, $C_S = 0.5$ を代入した式と $\tau = 200$, $C_S = 0.2$ を代入した式の連立方程式を解くことにより，
$V_{max} = 0.012$ mol m^{-3} s^{-1}
$K_m = 0.1$ mol m^{-3}

4.5 式⑤を式 (4.84) に代入し，$V = 0$ のとき $C_S = C_{S0}$ の境界条件下で積分すると，
$(1-\varepsilon)\tau = (1-\varepsilon)(V/v) = (K_m/\eta V_{max})\ln(C_{S0}/C_S) + (C_{S0} - C_S)/\eta V_{max}$
が得られる．$\varepsilon = 0.5$, $\eta = 1$, $C_{S0} = 1.0$ を代入した式に $\tau = 100$, $C_S = 0.5$ を代入した式と $\tau = 200$, $C_S = 0.2$ を代入した式の連立方程式を解くことにより，
$V_{max} = 0.0224$ mol m^{-3} s^{-1}
$K_m = 0.896$ mol m^{-3}

【第5章】

第5章の練習問題は，あえて非常に基礎的な履修内容の復習と実際の数値の計算の作業を経験することを意識して作問した．特に問題5.2, 5.3はやや難しいかもしれないが，ある程度長い時間をかけて，卒業するまでにくらいにこれが大学1〜2年生のころに履修する基本内容の非常にストレートな応用であることを実感してほしい．やはり基本が大切である．

5.1 ハーゲン-ポアズイユの圧力損失の式 (5.4) をみよ．
(圧力損失) = [8(流れる流体の粘性率)(円管の長さ)(円管の平均速度)]/(円管の半径)^2
これを「流体の平均速度」について解くと，
(流体の平均速度) = [(円管の半径)^2(圧力損失)]/[8(流れる流体の粘性率)(円管の長さ)]
となる．したがって，「圧力損失」が一定であれば，「流体の平均速度」は「円管の半径」の2乗に比例する．したがって，「太い直管」ほど流体は速く流れることになる．ちなみに，上式の両辺に円管の断面積を乗ずると，
(円管の断面積)(流体の平均速度)
= [π(円管の半径)^4(圧力損失)]/[8(流れる流体の粘性率)(円管の長さ)]
となる．これは，円管を流れる流体の体積流量にほかならない．この式から，ほかの条件が不変であれば，体積流量は円管の径の4乗に比例することを理解しよう．

5.2 この問題には複数の解法がある．最も単純な考え方は次のようなものである．
1本の円管の体積と全長を変えずに，径が相異なる2つの部分に分ける．このつないだ円管に，ある体積流量で流体を流したときの圧力損失を計算する．この値を計算するためには，それぞれの部分に発生する直列の圧力損失を合計すればよい．この合計の圧力損失は，2つの部分の径が相等しくなったときに極小値をとることを示せばよい．これは，いかなる円管であろうと，その長さと内容積が一定という拘束条件の下では，その径を一定にしたときに最も圧力損失が小さくなるということを示す．このことから，太さが一定の部分を，その内容積と長さを一定にしたまま順次太さを変えていけば，必ず圧力損失が増加していくことが示される．これは，上述の操作を繰り返してい

くと次々に細い「くびれ」(ボトルネック：bottleneck) の部分が形成されていくことに起因する．ただし，ここでは応用数学の復習という視点から，下記のような変分法の利用を考えてみよう．また，実際にこちらの方が計算が煩雑ではない．今，管の軸方向に1次元位置座標 x をとる．x の変域は $0 < x < L$ である．管の内半径 r_p が x の関数 $r_p(x)$ であるとすると，円管の内容積は一定値，すなわち $\varepsilon AL/N$ である．したがって，

$$\int_0^L \pi r_p^2(x)\,\mathrm{d}x = \varepsilon AL/N$$

この数学的拘束条件の下で，下記の汎関数が極値をとる条件を求めればよい．

$$\int_0^L [8\mu(Q/N)]\,[\pi r_p^4(x)]\,\mathrm{d}x$$

この積分表現は，ハーゲン-ポアズイユの圧力損失の式 (5.4) を，「無限に小さい長さ $\mathrm{d}x$ の円管の直列和」として拡張したものであることに気がついておこう．これは式 (5.4) のごく素直な拡張であることを納得しておいてほしい．後者に前者という拘束条件の下で極値をとらせるためには，

$$[8\mu(Q/N)]\,[\pi r_p^4(x)] + \Lambda \pi r_p^2(x)$$

に対するオイラー方程式 (Euler's formula) を解けばよい．ただし，上式内の Λ は未定乗数である．ただし，簡単のため，管両端，$x=0$ と $x=L$ での管内径は，一定内径の場合の径，すなわち $\sqrt{(\varepsilon A)/(\pi N)}$ と等しいとする．解くべきオイラー方程式は，ごく単純な下記のような方程式となることを理解しよう．

$$[\partial/\partial r_p(x)]\{[8\mu(Q/N)]/[\pi r_p^4(x)] + \Lambda \pi r_p^2(x)\}$$
$$= (\partial/\partial x)\{\partial/[\partial(\partial/\partial x)r_p(x)]\}\{[8\mu(Q/N)]/[\pi r_p^4(x)] + \Lambda \pi r_p^2(x)\}$$

$[8\mu(Q/N)]/[\pi r_p^4(x)] + \Lambda \pi r_p^2(x)$ には，関数 $(\partial/\partial x)r_p(x)$ はあらわな形では全く含まれていないことから，上式の右辺は 0 になることがすぐわかる．したがって，上式左辺の偏微分を実行すると，

$$(-4)[8\mu(Q/N)]/[\pi r_p^5(x)] + 2\Lambda \pi r_p(x) = 0$$

となる．この式は，関数 $r_p(x)$ が定数であることが上記の汎関数が極値をとる条件であることを示す．したがって，$\sqrt{\varepsilon A/(\pi V)}$ という一定内径の円管のときに圧力損失 $\int_0^L [8\mu(Q/N)]/[\pi r_p^4(x)]\,\mathrm{d}x$ は極値をとることがわかった．念のため，これが極小値条件であることを確認しよう．円管のある部分を無限に細くすればするほど流路抵抗は無限に増大させることができる．すなわち，圧力損失はいくらでも大きくすることはできるので，極大値は存在しない．したがって，一定内径であることは必ず極小条件となることがわかる．コゼニー係数が 2 よりも必ず大きいはずである，ということは，「流路の太さは一定ではない」という状態を反映していると解釈してよいだろう．

さらに発展的に考えるならば，本来は，粉体層中の空隙の総体積を一定値 εAL にして各円管の内容積に統計的分布を与えるべきなのである．これについては各自，上記の手法を拡張的に応用して考察していただきたい．

5.3 今，鉛直上向きに z 座標をとり，液面を $z=0$ としよう．すると，完全に流体中に浸漬した粒子の表面上の各点に作用する静水圧の大きさは $-\rho_f gz$ である．したがって，粒子の各表面の面積要素 $\mathrm{d}S$ には表面に垂直に，粒子の外から内へ $\rho_f gz \boldsymbol{n}\,\mathrm{d}S$ の力が作用することになる．ただし，$\boldsymbol{n}$ は粒子の表面上の任意の点における外向き単位法線ベクトルである．この力を粒子表面全体で積分すると，次式のようになる．

$$\int_{\text{粒子表面全体}} \rho_f gz \boldsymbol{n}\,\mathrm{d}S = \rho_f g \int_{\text{粒子表面全体}} z \bar{\boldsymbol{I}} \cdot \boldsymbol{n}\,\mathrm{d}S$$

ただし，ここで，$\bar{\boldsymbol{I}}$ は 3×3 の単位行列である．今，$\mathrm{d}v$ を粒子の体積要素とすると，上記の面積分はガウスの発散定理により，次式のような体積積分へ書き換えられる．

$$\rho_f g \int_{\text{粒子表面全体}} z \bar{\boldsymbol{I}} \cdot \boldsymbol{n}\,\mathrm{d}S = \rho_f g \int_{\text{粒子体積全体}} \mathrm{div}(z \bar{\boldsymbol{I}})\,\mathrm{d}v$$

$\mathrm{div}(z\bar{l})$ は，次のように形式的に演算することができる．

$$\mathrm{div}(z\bar{l}) = \begin{pmatrix} (\partial/\partial x)z + (\partial/\partial y)0 + (\partial/\partial z)0 \\ (\partial/\partial x)0 + (\partial/\partial y)z + (\partial/\partial z)0 \\ (\partial/\partial x)0 + (\partial/\partial y)0 + (\partial/\partial z)z \end{pmatrix} = \begin{pmatrix} 0 \\ 0 \\ 1 \end{pmatrix}$$

これを上の積分等式へ代入すると，次式のようになる．ただし，V_p は粒子の体積を表す．

$$\rho_\mathrm{f} g \int_{粒子表面全体} z\bar{l} \cdot \boldsymbol{n} \mathrm{d}S = \rho_\mathrm{f} g \int_{粒子体積全体} \begin{pmatrix} 0 \\ 0 \\ 1 \end{pmatrix} \mathrm{d}v = \begin{pmatrix} 0 \\ 0 \\ \int_{粒子体積全体} \mathrm{d}v \end{pmatrix} \rho_\mathrm{f} g = \begin{pmatrix} 0 \\ 0 \\ V_\mathrm{p} \end{pmatrix} \rho_\mathrm{f} g$$

上式より，粒子表面に作用する静水圧の合力は，結果的に粒子に作用する鉛直上向きの力になり，さらにその大きさは，粒子の体積と等しい体積の流体にかかる重力の大きさと等しいということがわかった．これはいわゆる浮力にほかならない．やや難しかったかもしれないが，化学工学を専攻する人には，学部課程のうちに理解しておいてもらいたい基礎的な演算である．

5.4 式 (5.13) の左辺の時間微分を 0 とおくと，これが均衡速度での沈降状態の表現式となる．

$(4\pi a^3/3)(\rho_\mathrm{p} - \rho_\mathrm{f})g - 6\pi\mu a u_\mathrm{st} = 0$

これを u_st について解くと，式 (5.14) が得られる．

5.5 式 (5.14) へ実際に本文中にあるそれらの値を代入せよ．

$u_\mathrm{st} = [2(2\times10^3 - 1\times10^3)(5\times10^{-6})^2(1\times10^1)]/[9(1\times10^{-3})]$

上式への数値の代入に当たっては，単位には十分に注意すること．たとえば，水の密度は SI 単位系では約 1 000（単位：$\mathrm{kg\,m^{-3}}$）になる．

5.6 まず，式 (5.17) へ式 (5.16) を代入し，これを a について解く．

$a = \{(81)\mu k_\mathrm{B} T/[(24)\pi(\rho_\mathrm{p} - \rho_\mathrm{f})^2 g^2 t_\mathrm{lapse}]\}^{1/2}$

次に，上式へ本文中にあるそれらの値を代入する．

5.7 まず，式 (5.13)

$(\mathrm{d}/\mathrm{d}t)[(4\pi a^3 \rho_\mathrm{p}/3)u] = (4\pi a^3/3)(\rho_\mathrm{p} - \rho_\mathrm{f})g - 6\pi\mu a u$

に対応する斉次方程式

$(\mathrm{d}/\mathrm{d}t)((4\pi a^3 \rho_\mathrm{p}/3)u) = -6\pi\mu a u$

の指数関数解を求めると，

$\exp(-(9\mu/2\rho_\mathrm{p} a^2)t)$

となる．したがって，通例の定数変化法に従い，式 (5.13) の解は，

$u(t) = \Theta(t)\exp(-(9\mu/2\rho_\mathrm{p} a^2)t)$

とおくことができる．上式を式 (5.13) へ代入し，これを満たす関数 $\Theta(t)$ を決定すればよい．

$(\mathrm{d}/\mathrm{d}t)u(t) = [(\mathrm{d}/\mathrm{d}t)\Theta(t) - (9\mu/2\rho_\mathrm{p} a^2)]\exp(-(9\mu/2\rho_\mathrm{p} a^2)t)$

であるから，上2式を式 (5.13) へ代入すると，次式の関係が得られる．

$(4\pi a^3 \rho_\mathrm{p}/3)\exp(-(9\mu/2\rho_\mathrm{p} a^2)t)(\mathrm{d}/\mathrm{d}t)\Theta(t) = (4\pi a^3/3)(\rho_\mathrm{p} - \rho_\mathrm{f})g$

この式を積分して $\Theta(t)$ について解くと，次式のようになる．

$\Theta(t) = \Theta(0) + [(\rho_\mathrm{p} - \rho_\mathrm{f})/\rho_\mathrm{p}]g\int_0^t \exp((9\mu/2\rho_\mathrm{p} a^2)t')\mathrm{d}t'$

$\quad = u(0) + \{[2(\rho_\mathrm{p} - \rho_\mathrm{f})a^2 g]/9\mu\}\{[\exp(9\mu/2\rho_\mathrm{p} a^2)t] - 1\}$

ここで，$u(t) = \Theta(t)\exp(-(9\mu/2\rho_\mathrm{p} a^2)t)$ へ $t=0$ を代入することにより得られる $\Theta(0) = u(0)$ を用いた．上式を $u(t) = \Theta(t)\exp(-(9\mu/2\rho_\mathrm{p} a^2)t)$ へ代入すれば，式 (5.13) の解が次式のように得られる．これは，式 (5.18) そのものである．

$u(t) = \Theta(t)\exp(-(9\mu/2\rho_\mathrm{p} a^2)t)$

$\quad = u(0)\exp(-(9\mu/2\rho_\mathrm{p} a^2)t) + \{[2(\rho_\mathrm{p} - \rho_\mathrm{f})a^2 g]/9\mu\}[1 - \exp(-9\mu/2\rho_\mathrm{p} a^2)t)]$

【第6章】

6.1 ①図6.7（MeOH-H_2O系）と同様のグラフを，表6.1のデータに基づいて作成する．
②①で作成したグラフの液相線から沸点を，x-y線図から蒸気組成を読み取る（74.8℃，33.6%）．
③①で作成したグラフの液相線および気相線から読み取る（液相41.8%，気相54.8%）．

6.2 ①温度-組成線図を作図し，液相線より読み取る（72.3℃）．
②式（6.18），（6.19）を連立させて解くと（$q=1$），
$D=[(x_F-x_W)/(x_D-x_W)]F=[(0.4-0.1)/(0.9-0.1)](800\ \mathrm{mol\ h^{-1}})=300\ \mathrm{mol\ h^{-1}}$
$W=F-D=500\ \mathrm{mol\ h^{-1}}$
③マッケーブ-シール法に従って階段作図を行う．式（6.35），（6.36）において，還流比$R=5$とすると，濃縮部の操作線は，
$y_{n+1}=[5/(5+1)]x_n+[1/(5+1)](0.9)=(5/6)x_n+0.15$
となるので，塔頂液の組成を表す対角線上の$x_D=0.9$の点から，y切片0.15の直線をx-y線図上に引き，平衡線との間で階段作図で降りてくる．$q=1$なので，供給液組成を示す対角線上の$x_F=0.4$の点から垂直に引いたq線と濃縮部の操作線の交点と缶出液組成を示す対角線上の$x_W=0.1$の点を結んだ線が回収部の操作線である．階段が供給段を超え，缶出液組成を超えるまで，作図を行う．階段の数−1が理論段数となる．この例では，平衡線と操作線の間隔が狭いので，平衡線や階段作図の際のわずかな相違（線の太さ）などによって段数は変わる．平衡線を数値化して作図すれば，そのような問題はなくなる（おおよそ19段．比例配分して端数を読んでもよい）．
④濃縮部操作線と回収部操作線の交点をまたぐ階段の段数となる（塔頂より9段目程度）．
⑤理論段数を塔効率で割ったものが実際の段数（24段程度）．

6.3 ①題意より，$y_1=0.02$，$x_2=0$，アセトン回収率95%より，
$y_2=y_1(1-0.95)=0.001$
②塔底気相モル分率y_1に平衡な液相モル分率濃度x_1^*は，ヘンリーの法則より，
$x_1^*=y_1/m=0.02/1.6=0.0125$
したがって，式（6.71）より，
$[L_M/G_M]_{最小}=(y_1-y_2)/(x_1^*-x_2)=(0.02-0.001)/(0.0125-0)=1.52$
③式（6.70）より，
$y=(L_M/G_M)(x-x_2)+y_2=(1.52\times 2)(x-0)+0.001=3.04x+0.001$
④操作線の式より，
$x_1=(y_1-0.001)/3.04=(0.02-0.001)/3.04=0.00625$
したがって，塔頂では，
$y_1-y_1^*=0.02-mx_1=0.02-(1.6)(0.00625)=0.01$
また，塔底では，
$y_2-y_2^*=0.001-mx_2=0.001$
式（6.80）より，
$(y-y^*)_{lm}=[(y_1-y_1^*)-(y_2-y_2^*)]/\ln[(y_1-y_1^*)/(y_2-y_2^*)]=(0.01-0.001)/\ln(0.01/0.001)$
$\qquad =0.009/\ln(10)=0.00391$
式（6.79）より，
$N_{OG}=(y_1-y_2)/[(y-y^*)_{lm}]=(0.02-0.001)/0.00391=4.86$
⑤式（6.78）より，
$H_{OG}=H_G+H_L(mG_M/L_M)=0.8\ \mathrm{m}+(0.15\ \mathrm{m})(1.6/3.04)=0.879\ \mathrm{m}$
⑥式（6.77）より，
$Z=H_{OG}N_{OG}=(0.879\ \mathrm{m})(4.86)=4.27\ \mathrm{m}$

6.4 ①原溶媒は水であることに注意し，表6.2の各点をつないだ曲線を描く．次に，同表の上層と下

層の対応関係から対応点をタイラインでつなぐ．

② 三角線図上では原料の組成は座標 F(0, 0.25)，抽剤の組成は C(1, 0) に対応し，混合液の組成は，線分 FC 上の点 M の座標に対応する．点 M の縦座標は，式 (6.87) より，

$x_M = f x_F / (f+s) = [(10)(0.25)]/(10+15) = 0.1$

これにより，点 M の座標が三角線図上に決まり，ここを通るタイラインを試行錯誤的に引けば，タイラインと溶解度曲線（平衡線）の交点として，抽出液および抽残液の組成が決まる（抽残液中の C_2H_5OH 分率 = 0.14，$C_2H_5OC_2H_5$ 分率 = 0.073，抽出液中の C_2H_5OH 分率 = 0.08，$C_2H_5OC_2H_5$ 分率 = 0.880）．

続いて，式 (6.89) より，抽出液量は，

$e = (f+s)[(x_M - x_R)/(x_E - x_R)] = (10+15)[(0.1-0.14)/(0.08-0.14)] = 16.7$ kg

抽残液量は式 (6.88) より，

$r = f + s - e = 10 + 15 - 16.7 = 8.3$ kg

回収率は式 (6.91) より，

回収率 $= e x_E / f x_F = [(16.7)(0.08)]/[(10)(0.25)] = 0.53$

【第7章】

7.1 BFD および PFD を図に示す．なお，解はこれに限らず，さまざまな形がありうる．プロセスフローにおいては，蒸留塔ではなく水による抽出もありうる．

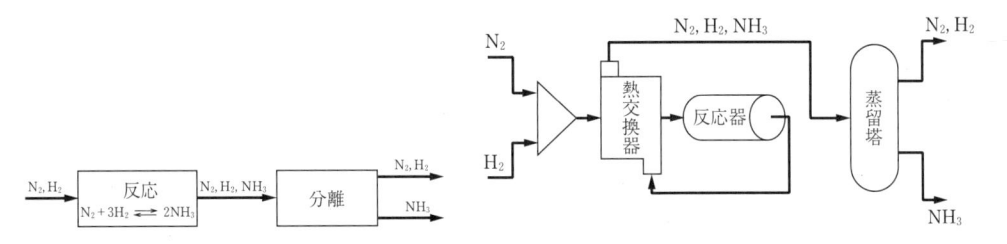

図　アンモニア合成のブロックフローダイアグラムの例（左）とプロセスフローダイアグラムの例（右）

7.2 (a) 抽出塔： 図 7.10(a) においては，抽出塔から直接出ているフローが出力となっているため，同図は入力フローから不純物となっている物質を抽出によって除去していると考えることができる．

・X： 抽出によって回収した不純物から抽出のための溶剤（抽出剤もしくは抽剤と呼ばれる）を分離精製して再度抽出塔へ出力するためのプロセス．抽出において必要となるエネルギーが，このプロセスにかかっているといえる．

・x_1： 抽出剤＋回収対象物．

・x_2： 抽出剤．

・x_3： 回収対象物．

(b) 吸着塔： 吸着において回収した不純物を吸着剤から除去するためには，脱着工程が必要になる．図 7.10(b) は，吸着塔を 2 本用意し，片方で吸着を行っている際にもう片方で脱着を行うためのプロセスといえる．

7.3 沸点を高い順から並べると，図①のようになる．沸点がヘキサン・ペンテン，C_4 留分，プロパン・プロピレン，エタン・エチレンの，大きく 4 グループに分かれていることがわかる．蒸留塔ネットワークとしては，図①および②に示すような 5 本の蒸留塔によるネットワークが考えられる．

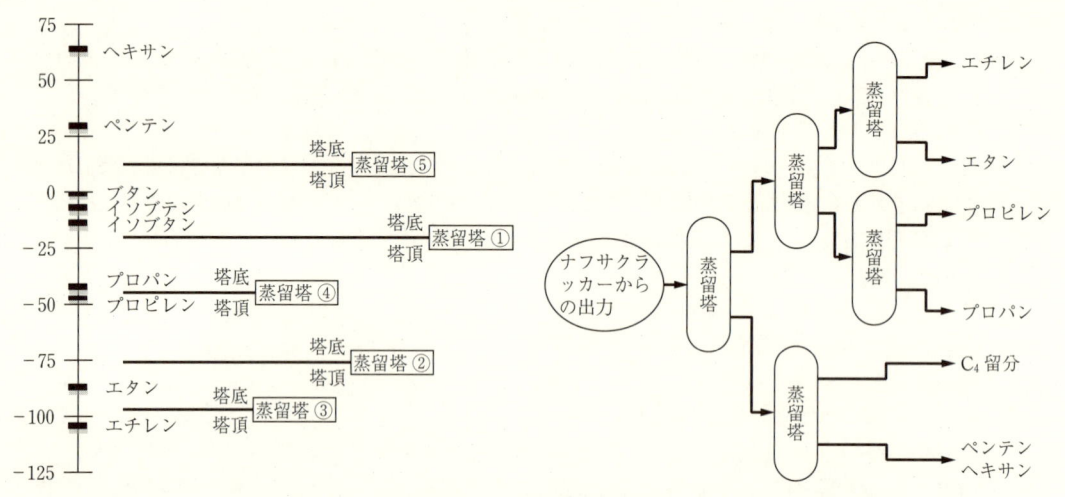

図① ナフサクラッカー出力フロー成分の沸点と蒸留ネットワークの例

図② ナフサクラッキング後の蒸留ネットワークの例

7.4 ① 断熱圧縮によって P_t [Pa] まで昇圧したときの温度を T_t [K] とすると，次式が成り立つ．
$T_t = T_0 (P_t/P_0)^{(\gamma-1)/\gamma}$
与式より，必要エネルギーは，次式のように求まる．
$W = \mu(\gamma/(\gamma-1)) R (T_0 (P_t/P_0)^{(\gamma-1)/\gamma} - T_0)$

② コンプレッサー1段の昇圧に必要なエネルギーは，次式のように表せる．
$W_1 = \mu(\gamma/(\gamma-1)) R (T_0 (P_1/P_0)^{(\gamma-1)/\gamma} - T_0)$
このとき，昇圧比が一定とすると，次式が成り立つ．
$P_1/P_0 = (P_N/P_0)^{1/N}$
これらの式から W を導くと，次式のようになる．
$W = \mu N(\gamma/(\gamma-1)) R (T_0 (P_t/P_0)^{(\gamma-1)/N\gamma} - T_0)$

③ ②より，N 段圧縮で $N \to \infty$ のとき，必要エネルギーは，次式のようになる．
$W = \mu R T_0 \ln(P_t/P_0)$
また，等温圧縮のとき，圧力 P_0 [Pa] のフローを P_t [Pa] まで昇圧するときの必要エネルギーは，次式のようになる．
$W = \int_{P_0}^{P_t} V dp = \mu R T_0 \int_{P_0}^{P_t} (1/P) dP = \mu R T_0 \ln(P_t/P_0)$
したがって，等温変化と同じ必要エネルギーとなる．

7.5 プラスチックライフサイクルの例を図に示す．ここでは例として，回収したプラスチックをリサイクルして製品製造時に樹脂として再利用するシステムを描いている．プラスチックリサイクルを効率的に行うためには，プラスチック以外の物質を分離・除去することが必要となる．プラスチックと他の物質を分離するためには，リサイクルプロセス内において比重やその他の物性の差で分離することも可能であるが，多種の異物が混入していること，また，さまざまなプラスチックが混在していることから，容易にプロセスだけで分離することができない．廃棄物としてプラスチックを出力する消費段階で分離を行うことが最も効果的といえる．

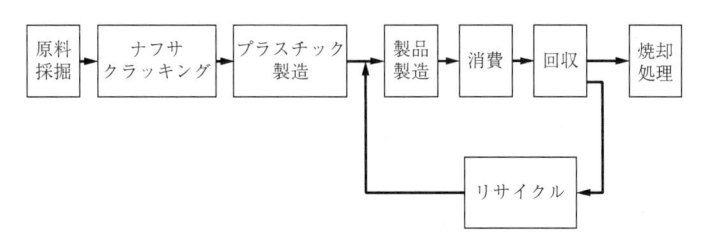

図 プラスチックライフサイクルの例

【第8章】

8.1 与えられたデータを用いてラインウィーバー-バークのプロット（L-Bプロット）を行うと，3つのプロットが1つの直線上に乗り，ミカエリス-メンテンの式に従うことがわかる．また，この直線の横軸との切片は-2，縦軸との切片は1であることがわかる．横軸切片は$-1/K_m$，縦軸切片は$1/V_{max}$にそれぞれ相当するから，$K_m=0.5$ mol m^{-3}，$V_{max}=1.0$ mol m^{-3} s^{-1}が得られる．

8.2 阻害物質Iを加えた場合の基質濃度と酵素反応速度のデータを用いて，問題8.1と同じグラフ上でL-Bプロットを行うと，やはり3つのプロットが1つの直線上に乗る．この直線と問題8.1で引いた直線とを比較すると，傾きは異なるが，縦軸との切片が同一であることから，物質Iの阻害形式は拮抗阻害であることがわかる．

8.3 式 (8.8) の両辺の逆数をとり，L-Bプロットに合わせて変形すると，次式が得られる．
$1/v = \{[K_m(1+i/K_{EI})]/V_{max}\}(1/s) + 1/V_{max}$
グラフより，プロットを結んだ直線の傾きは1であるから，次式が成り立つ．
$[K_m(1+i/K_{EI})]/V_{max} = 1$
$K_m=0.5$ mol m^{-3}，$V_{max}=1.0$ mol m^{-3} s^{-1}，$i=0.2$ mol m^{-3}を代入すれば，阻害反応の解離定数$K_{EI}=0.2$ mol m^{-3}を求めることができる．

8.4 グルコースの組成式CH_2Oと菌体の組成式から各元素数（l, m, i, n, q）がわかるので，これを式 (8.17) に代入する．
$Y_C = [(12+l+16m)/(12+i+16n+14q)] Y_{x/s}$
$\quad = [(12+2+16)/(12+1.86+16\times0.33+14\times0.24)] Y_{x/s} = (30/22.5) Y_{x/s}$
$Y_C=0.6$を代入すれば，以下のように$Y_{x/s}$が得られる．
$Y_{x/s} = (22.5/30) Y_C = (22.5/30)\times0.6 = 0.450$ kg-dry cell kg^{-1}

8.5 式 (8.23) を変形し，μ，m，$Y_{x/s}$の値を代入すれば，真の増殖収率$Y_{x/s}^*$が求められる．
$1/Y_{x/s}^* = 1/Y_{x/s} - m/\mu = 1/0.450 - 0.2/1.6 = 2.097$
$\therefore Y_{x/s}^* = 1/2.097 \fallingdotseq 0.477$ kg-dry cell kg^{-1}

【第9章】

9.1 カルノー効率の定義$\eta=1-T_L/T_H$より，300℃の場合のカルノー効率は，
$\eta = 1 - (273+15)/(273+300) = 0.497$
このとき，100 kJの熱量から得られる最大仕事量は，
$W_{max} = 100\times0.497 = 49.7$ kJ
600℃の場合，
$\eta = 1 - (273+15)/(273+600) = 0.670$
$W_{max} = 100\times0.670 = 67.0$ kJ

9.2 エネルギー保存則より，混合前後の水のエンタルピーは等しいため，
$(80\times10+40\times30)/(10+30) = 50$
したがって，50℃の温水が40 kg得られる．

80℃の水 10 kg のエクセルギーは，
$$\Delta\varepsilon = W\left\{\int_{T_1}^{T_2} C_P dT - T_1 \int_{T_1}^{T_2} (C_P/T) dT\right\} = WC_P[(T_2-T_1) - T_1\ln(T_2/T_1)]$$
$$= 10\times 4.19\{(80-20)-(20+273)\ln[(80+273)/(20+273)]\} = 227\text{ kJ}$$
同様に，40℃の水 30 kg のエクセルギーは，
$$\Delta\varepsilon = 30\times 4.19\{(40-20)-(20+273)\ln[(40+273)/(20+273)]\} = 82\text{ kJ}$$
50℃の水 40 kg のエクセルギーは，
$$\Delta\varepsilon = 40\times 4.19\{(50-20)-(20+273)\ln[(50+273)/(20+273)]\} = 241\text{ kJ}$$
これより，エクセルギー損失は，
$227+82-241 = 68\text{ kJ}$

9.3 水のエクセルギー変化は，
$$\Delta\varepsilon = \int_{T_1}^{T_2} C_P dT - T_1\int_{T_1}^{T_2}(C_P/T)dT = C_P[(T_2-T_1)-T_1\ln(T_2/T_1)]$$
$$= 4.19\{(40-20)-(20+273)\ln[(40+273)/(20+273)]\} = 2.74\text{ kJ kg}^{-1}$$
水が受け取った熱量は，水のエンタルピー変化に等しい．
$$Q = \Delta H = \int_{T_1}^{T_2} C_P dT = C_P(T_2-T_1) = 4.19(40-20) = 83.8\text{ kJ kg}^{-1}$$
これが，投入した電気のエクセルギーであるため，エクセルギー損失は，
$83.8 - 2.74 = 81.1\text{ kJ kg}^{-1}$

9.4 ギブズの自由エネルギー変化 ΔG は，
$\Delta G = \Delta H - T\Delta S$
800℃における ΔG は，
$\Delta G(800℃) = -2.4\times 10^2 - (273+800)(-40\times 10^{-3}) = -197$
したがって，
$\Delta G/\Delta H = 0.82$
80℃における ΔG は，
$\Delta G(80℃) = -2.4\times 10^2 - (273+80)(-40\times 10^{-3}) = -226$
したがって，
$\Delta G/\Delta H = 0.94$
実際の燃料電池では，反応や拡散など，不可逆過程による損失が生じる．これらの速度は，温度が高いほど大きくなり，抵抗が小さくなるため，効率は高温の燃料電池の方が高くなる．

9.5 水 400 L は 400 kg．
① $Q = 4.19\times 400\times(40-20) = 3.35\times 10^4\text{ kJ}$
② 問題 9.3 の $\Delta\varepsilon = 2.74$ より，
$2.74\times 400 = 1.09\times 10^3\text{ kJ}$
③ 水のエクセルギー変化は，
$\Delta\varepsilon = C_P[(T_2-T_1) - T_1\ln(T_2/T_1)]$
$= 4.19\{(60-5)-(5+273)\ln[(60+273)/(20+273)]\} = 20.17\text{ kJ kg}^{-1}$
$W = 20.17\times 400 = 8.07\times 10^3\text{ kJ}$

【第 10 章】

10.1 気体の状態方程式から，空間 1 m³ 中に存在する 0.1 mg のホルムアルデヒド（分子量 $M=30$）の体積を求める．
$$V = (w/M)(RT/p) = (0.0001[\text{g}]/30)[(8.314\times 298.15)/101\,300[\text{Pa}]] = 8.16\times 10^{-8}\text{ m}^3$$
これが空間 1 m³ 中にあるホルムアルデヒドの体積になる．100 万分の 1 (10^{-6}) の体積比が 1 ppm なので，

$(8.16\times10^{-8})/10^{-6}=0.0816$ ppm

10.2 塔底で平衡関係なので，$y_1=0.1$ と平衡な液相組成 x_1 は，
$0.1=27.0\times x_1$, $x_1=3.7\times10^{-3}$
吸収塔の物質収支式から塔底と塔頂では，
$SG_M[y_2/(1-y_2)-y_1/(1-y_1)]=SL_M[x_2/(1-x_2)-x_1/(1-x_1)]$
が成り立つ．$y_1=0.1$, $y_2=0.005$, $x_1=3.7\times10^{-3}$, $x_2=0$, $SG_M=5.5\times(1-0.1)=4.95$ mol s^{-1} を代入すると，
$4.95[0.005/(1-0.005)-0.1/(1-0.1)]=SL_M(-(3.7\times10^{-3})/(1-3.7\times10^{-3}))$
したがって，水の流量は，
$SL_M=141.4$ mol s^{-1}

10.3 濃度条件をまとめると，
$y_1=0.008$, $y_2=0.07$
$x_1=0$, $x_2=0.09$
吸収塔の物質収支式から塔底と塔頂では，
$SG_M[y_2/(1-y_2)-y_1/(1-y_1)]=SL_M[x_2/(1-x_2)-x_1/(1-x_1)]$
となるので，
$G_M/L_M=[x_2/(1-x_2)-x_1/(1-x_1)]/[y_2/(1-y_2)-y_1/(1-y_1)]$
$=[0.09/(1-0.09)-0]/[0.07/(1-0.07)-0.008/(1-0.008)]$
$=0.099/(0.075-0.0081)=1.48$

注： 希薄なので，
$SG(y_2-y_1)=SL(x_2-x_1)$
として，
$G/L=(x_2-x_1)/(y_2-y_1)=0.09/(0.07-0.008)=1.45$
でもよい．

次に，ガス側基準の総括 HTU を求める．式 (10.20) より，
$H_{OG}=H_G+(mG/L)H_L$
なので，$G/L\fallingdotseq G_M/L_M=1.48$ とすると，
$H_{OG}=1.1+0.05\times1.48\times0.6=1.144$
次にガス側の総括移動単位数（総括 NTU）は，式 (10.21) であり，
$y_1^*=mx_1=0.05\times0=0$
$y_2^*=mx_2=0.05\times0.09=0.0045$
なので，
$(y-y^*)_{lm}=[(0.008-0)-(0.07-0.0045)]/\ln[(0.008-0)/(0.07-0.0045)]=0.0273$
したがって，NTU は，
$N_{OG}=\int_{y_2}^{y_1}dy/(y-y^*)=(y_1-y_2)/(y-y^*)_{lm}=(0.07-0.008)/0.0273=2.27$ m
したがって，吸収塔の高さは，
$Z=H_{OG}N_{OG}=1.144\times2.27=2.6$ m

10.4 0.32 kg-BOD kg^{-1}-MLSS d^{-1}

10.5 ① 約 91%
② 7.5 d
③ 1 600 mg L^{-1}
④ 0.36
⑤ 1.8 d^{-1}

10.6 ① $CH_3OH + H_2O \longrightarrow CO_2 + 3(H_2)$

② 0.714 g-C/g-N

10.7 無酸素槽および硝化槽それぞれの窒素収支式を立てて，式を整理する．

10.8 放射性同位元素の崩壊は1次反応なので，Xの濃度をC_Xとすると，
$$-dC_X/dt = kC_X$$
これを解くと，
$$C_X = C_{X0}\exp(-kt)$$
半減期とは半分まで減少する時間なので，
$$(1/2)C_{X0} = C_{X0}\exp(-kt_{1/2}) \longrightarrow t_{1/2} = \ln(2)/k$$
平均寿命は$1/e$になるまでの時間なので，
$$(1/e)C_{X0} = C_{X0}\exp(-k\tau) \longrightarrow \tau = 1/k$$
したがって，半減期と平均寿命の関係は，
$$t_{1/2} = \ln(2)\tau$$

10.9 CFC-12の速度式は放出と光解離速度の和になるので，
$$V(dC/dt) = E - VkC$$
ここで，Eは放出速度，CはCFC-12の大気中の濃度 [kg m^{-3}]，Vは大気の体積 [m^3] である．この式を変形すると，
$$E = [(1/C)(dC/dt) + k]CV$$
$(1/C)(dC/dt)$ は蓄積速度であり，0.04 年$^{-1}$となる．CVは大気中の全CFC-12の質量なので，400 pptはモル分率に直すと 400×10^{-12} であり，
$$CV = CFCモル分率 \times 全大気のモル数 \times 分子量 = 400\times10^{-12}\times1.8\times10^{20}\times0.121 = 8.7\times10^9 \text{ kg}$$
また，解離速度定数は平均寿命から，
$$k = 1/\tau = 1/100 = 0.01 \text{ 年}^{-1}$$
したがって，放出速度は，
$$E = [(1/C)(dC/dt) + k]CV = (0.04+0.01)\times8.7\times10^9 = 4.35\times10^8 \text{ kg 年}^{-1} \text{ となる．}$$

索 引

欧 文

ANAMMOX 微生物　187
A2O 法(嫌気-無酸素-好気法)　188
ASM(活性汚泥モデル)　183

bCOD(生物分解性化学的酸素要求量)　185
BFD(ブロックフローダイアグラム)　128, 131
BOD(生物化学的酸素要求量)　183, 185

CFC(クロロフルオロカーボン)　195
cgs 単位系　11
CSTR(連続槽型反応器)　56, 59, 60, 67, 128, 152

GWP(地球温暖化係数)　195

HETP(理論段相当高さ)　101, 123
HETS　123
HRT(水理学的滞留時間)　182
HTU(移動単位高さ)　101, 114, 123, 177, 178

K 値　89

L-B プロット(ラインウィーバー–バークのプロット)　142, 145
LCA(ライフサイクルアセスメント)　135

MF 膜(精密濾過膜)　184
MLSS(汚泥混合液浮遊物質濃度)　183

NEWater　189
NTU(移動単位数)　114, 177, 178

PCB(ポリ塩素化ビフェニル)　191

PEFC(固体高分子形燃料電池)　163
PFD(プロセスフローダイアグラム)　129
PFR(管型反応器)　55, 57, 59, 60, 67, 128
P&ID(配管と計装図)　132
PLC(プラントライフサイクル)　126, 131
PM 10　173
PM 2.5　173
PSE(プロセスシステム工学)　5, 6, 126
P-V 線図　159, 167

q 線　97

R&D(研究開発)　131
RI(放射性同位元素, ラジオアイソトープ)　195

SI 接頭辞　10
SI 単位系(国際単位系)　9
SI 誘導単位　9
SOFC(固体酸化物形燃料電池)　163
SPM(浮遊粒子状物質)　173
^{90}Sr　195
SRT(固形物滞留時間)　182

UASB 法(上向流式嫌気汚泥床法)　181

x-y 線図　90, 98

あ 行

アインシュタインの関係式　78
アクティビティモデリング　136
圧力エネルギー　31, 155
圧力損失　29, 73, 74
アフィニティークロマトグラフィー　153
アレニウスの式　54, 141

アレニウスプロット　55
アンダーウッドの方法　100
アントワン式　91
アントワン定数　91

位置エネルギー　31, 155
一方向拡散　45
遺伝子組換え技術　146, 147
移動現象論(移動速度論, 輸送現象論)　4, 6, 25
移動単位数(NTU)　114, 177, 178
移動単位高さ(HTU)　101, 114, 123, 177, 178

ウィーンの変位則　40
運動エネルギー　31, 88, 155
運動量流束　26, 44

栄養塩類除去　184
液液抽出　115, 116, 118
液ガス比　112
液境膜　106
液境膜物質移動係数　107
液体　25
エクセルギー　160, 161
エクセルギー損失　161
エタノール　87, 91, 101
エチレン　3
越境汚染　173
エネルギー化学工学　5, 6
エネルギー損失　162, 165, 166
エネルギーの変換効率　157
エネルギーの有効利用　161
エネルギー保存則(熱力学の第一法則)　31, 156, 159, 161
遠心分離　83, 119
エンタルピー　13, 14, 157, 161
エントロピー　13, 14, 16, 156, 158, 160, 161, 168
エントロピー増大の法則──熱力学の第二法則

押し出し流れ 57
汚染物質の平均寿命 194
オゾン層 173, 195
汚泥 188
汚泥混合液浮遊物質濃度（MLSS） 183
オームの法則 73
オリフィス流量計 33
温室効果ガス 135

か 行

灰色体 41
階段作図 99
回転円板塔 119
回分式システム 126
回分蒸留 94
回分操作 55, 85, 92, 94, 119
回分培養 151
回分反応器 55, 59, 61, 66, 128
　――の設計方程式 59
開放系 156
化学エネルギー 155, 163
化学工業 2
化学熱力学（化学平衡論） 4, 6, 13
化学反応速度論 6
化学プロセス開発 126
化学平衡 13, 19
化学平衡論→化学熱力学
化学ポテンシャル 18
可逆過程 158, 161
核エネルギー 155
拡散 26, 42, 43, 84, 190
拡散係数 26, 44, 64, 109
拡散速度 43
拡散反射 41
拡散流束 43, 46
撹拌槽（ミキサー） 118
ガス吸収 83, 103
ガス吸収装置 110
　――の設計方程式 175
ガス境膜物質移動係数 106
カスケード操作 86
ガソリン 3, 87
活性汚泥法 181, 188
活性汚泥モデル（ASM） 183
活性中間体 51, 50
活量 22
活量係数 23, 90
過電圧 165
火力発電 162

カルノー効率 160, 162, 163
カルノーサイクル 159
管型反応器（PFR） 55, 57, 59, 60, 67, 128
　――の設計方程式 60
環境汚染物質の処理技術 172
環境化学工学 5, 6, 172
環境技術 85, 172
環境システム工学 198
環境調和型化学プロセス 190
環境配慮型プロセス設計 135
環境負荷 136
完全混合型反応器 152
完全混合流れ 55, 59
完全混合モデル 193
完全乱流領域 29
還流 94
還流比 97, 99, 100

気液界面を通じた物質移動 105
気液分配比 89
気液平衡 88
機械的エネルギー 167
機械的エネルギー収支式 31
基質 52
基質消費速度 150
基質特異性 52
基質濃度 142
擬塑性流体 26
気体 25
　――の化学平衡 19
拮抗阻害 143, 145
擬定常状態 63
揮発度 89
ギブズの自由エネルギー 14, 15, 18, 19, 21
ギブズの相律→相律
気泡塔 110, 175
逆カルノーサイクル 167
吸収 40, 103
吸収塔 104, 111, 173
吸着 83
球レイノルズ数 79
強制対流 36, 46
共沸 101
共沸蒸留 101
境膜 64, 106, 173
鏡面反射 41
キルヒホッフの法則 41
菌体収率 147, 182

空隙率（空間率） 67, 73
組立単位（誘導単位） 9
グラスホフ数 37, 46
クリーピングフロー 79
クロロフルオロカーボン（CFC） 195

形態係数 41
ケモスタット 152
嫌気-好気活性汚泥法 187
嫌気性処理 181
嫌気的アンモニア酸化 187
嫌気-無酸素-好気法（A2O法） 188
研究開発（R&D） 131
健康被害 171
懸濁物質の分離 153
限定反応成分 54
原溶媒 115

公害 5, 171
公害対策基本法 171
公害病 171
光化学スモッグ 5, 173
好気性処理 180
抗生物質 146, 147
酵素 52, 146
　――の工業的利用 140
酵素-基質複合体 52
酵素反応 52, 140
酵素反応速度 141, 142
高度経済成長期 171
高度処理 184, 189
酵母 146, 147
向流充塡塔 111, 113
向流接触型吸収塔 176
向流多段抽出 118, 121
固液抽出 115
国際単位系（SI単位系） 9
黒体 40
固形物滞留時間（SRT） 182
コジェネレーション（熱電併給） 162
コゼニー-カルマンの式 75
コゼニー定数 75
固相・液相の共存 20
固体高分子形燃料電池（PEFC） 163
固体酸化物形燃料電池（SOFC） 163
固体触媒反応 63
固体触媒を用いた反応器の設計方程式 67
固体内の定常熱伝導 34

さ 行

細菌　146
最小液ガス比　113
最小還流比　100
最小理論段数　99
再生水　189
最大比増殖速度　149
再沸比　97
三角線図　116, 119, 120, 122, 123
酸化物イオン　166
酸性雨　195

磁気分離　83
次元　11
次元解析　12
糸状菌　147
自然対流　36, 46
質量拡散流束　43
質量濃度　42
質量分率　42
質量平均速度　43
質量流束　43
シミュレーション　134
シャーウッド数　12, 46
充填塔　93, 101, 110, 118, 123, 175
重力　76
重力加速度　37
シュミット数　46
循環型社会　136
循環式硝化脱窒法　186
昇華　83
上向流式嫌気汚泥床法（UASB法）　181
硝酸イオン　185
晶析　83, 189
醸造　87, 145
蒸発　83
蒸留　82, 86, 87, 101, 115
蒸留塔　3, 88, 93, 94
触媒有効係数　66
迅速平衡近似法（律速段階近似法）　51, 53
振動板塔　119

水素イオン　163
水素結合引力　88
水理学的滞留時間（HRT）　182
ステファン-ボルツマン定数　40
ステファン-ボルツマンの法則　40
ストークスの流体抵抗式　76, 78
スプレー塔　175

精製　82
生成物成分　49
静置槽（セトラー）　118
生物化学工学　3, 6, 140
生物化学的酸素要求量（BOD）　183, 185
生物学的窒素除去　185
生物学的廃水処理　180
生物分解性化学的酸素要求量（bCOD）　185
精密沪過膜（MF膜）　184
精留　94
積分　62
積分型抽出装置　123
石油化学工業　3
セトラー（静置槽）　118
線形常微分方程式　77
せん断応力　25, 28, 29
せん断力　25, 28
全放射能　40

槽型反応器　55, 56
総括移動単位数（総括NTU）　114
総括移動単位高さ（総括HTU）　114
総括伝熱係数　39
総括物質移動係数　107, 175
総括物質移動容量係数　114
双極子引力　88
操作線　97-100, 112
増殖速度　149, 152
相対揮発度（比揮発度）　89, 99
相律　89, 92
層流　26
藻類　147
阻害物質　143
速度過程　82
速度境界層　37
素反応　50

た 行

ダイオキシン　191
大気汚染　104, 173
代謝物生成速度　150
体積膨張　16
代替フロン　195
体膨張係数　37
タイライン　117, 119, 121, 123

ダイラタント流体　26
対流　33, 46
対流伝熱　36, 38
多回抽出　120
多孔板塔　94
ダーシーの式　73, 74
多成分系の蒸留　101
多層構造体内の熱伝導　35
多段蒸留　93
多段操作　86
多段抽出　118, 120, 122
多段フラッシュ蒸留　93
脱有機溶媒　190
棚段接触型装置　86
棚段塔　93
単位操作　2, 6, 127, 128
単一反応　49
段効率　100
単蒸留　92
単色放射能　40
単色放射率　41
単抽出　119
断熱圧縮　159, 167
断熱膨張　159, 167
タンパク質　141
単離　82

地球温暖化　5, 104, 147, 173
地球温暖化ガス　195
地球温暖化係数（GWP）　195
地球環境問題　171, 192
逐次反応　49, 56
逐次並列反応　49
窒素　188
抽剤　115
抽残液　115
抽出　83, 115, 190
抽出蒸留　103
超臨界水　191
超臨界二酸化炭素　190
超臨界流体　190
チーレ数　65
沈降分離　83

定圧反応熱　13
抵抗係数　80
定常状態　59
定常状態近似法　51
定常沈降速度　77
定常流れ系のエネルギー収支式

索引

156
定容系 57
定容系反応器 58
てこの原理 117
電気泳動 83
電気エネルギー 163
電気分解 163
伝導伝熱 33, 38
伝熱係数（熱伝達係数） 37
伝熱と物質移動のアナロジー 47
伝熱量 169

等温圧縮 159, 167
等温膨張 159, 167
統合化工学 136
塔効率 101
動粘度 26, 34, 37, 44
同伴ガス 105, 111
等モル相互拡散 44
特定フロン 195
トムソンの原理 157

な 行

内部エネルギー 31, 155, 156
内部摩擦力 25
流れ系のエネルギー収支 30
流れ系の物質収支 30
ナノテクノロジー 5

二酸化炭素 104, 135
二重管型熱交換器 39
二重境膜説 106, 109, 176
ニュートンの粘性法則 26
ニュートンの冷却の法則 37
ニュートン流体 26, 28

ヌセルト数 37

熱 156
熱エネルギー 155, 167
熱拡散率 34, 44
熱機関 158
　　——の理論効率 162
熱交換器 129
熱効率 159, 160
熱サイクル 159
熱収支（ヒートバランス） 95, 132
熱伝達係数（伝熱係数） 37
熱伝導率 33
熱電併給（コジェネレーション）

162
熱ふく射 40
熱分解炉 3
熱力学の第一法則（エネルギー保存則） 31, 156, 159, 161
熱力学の第二法則 13, 84, 157, 158, 160, 161, 168
熱流束 44
粘性底層 29
粘性率（粘度） 11, 26, 73, 77
燃料電池 163
　　——の理論効率 164

濃縮 82
濃度境界層 46

は 行

バイオエタノール 147
バイオ生産物の分離・精製 153
バイオプロセスの設計・制御 140
バイオリアクター 151
倍加時間 149
配管と計装図（P&ID） 132
廃棄物の資源化 191
廃水処理技術 178
ハーゲン-ポアズイユ流れ 74
ハーゲン-ポアズイユの法則 28
八田数 109
ハーバー-ボッシュ法 2
バルキング 184
バルク 106
半回分操作 55, 57
半回分培養（流加培養） 151
半回分反応器 57, 61
　　——の設計方程式 61
反拮抗阻害（不拮抗阻害） 144, 145
半減期 62
反応器（リアクター） 49, 55, 151
反応吸収 109
反応係数（反応促進係数） 109
反応工学 3, 6, 49
反応成分 49
反応促進係数→反応係数
反応速度 50, 54, 141
反応速度解析法 61
反応速度式 61
反応速度定数 50, 54
反応速度論 49
反応中間体 50
反応熱 13

非 SI 単位 11
非拮抗阻害 144, 145
比揮発度（相対揮発度） 89, 99
微生物 146, 180
　　——を利用した工業生産物 146
微生物反応 147
微生物反応速度 149
微生物利用プロセス 145, 150
比増殖速度 149
ヒートアイランド 173
ヒートインテグレーション 132
ピトー管流速計 32
ヒートバランス（熱収支） 95, 132
ヒートポンプ 167
非ニュートン流体 26
微分 61
微分接触型装置 86
標準エントロピー 15
標準生成エンタルピー 14
標準生成ギブズ自由エネルギー 15
非理想性 22
非理想溶液 90
ビンガム流体 26

ファニングの式 30
ファンデルワールス力 88
フィックの拡散の法則 43, 64, 109, 166
富栄養化 184
フェンスケの式 99
不可逆過程 158, 161, 165, 166
フガシティー 22
不活性ガス 130
不拮抗阻害（反拮抗阻害） 144, 145
複合反応 49
ふく射 33, 40
ふく射伝熱 40
物質移動 42
物質移動係数 46, 109
物質収支 8, 92, 95, 113, 121, 122, 132, 176
物質収支式 58
浮遊粒子状物質（SPM） 173
ブラシウスの式 30
フラックス（流束） 8, 106, 113
フラッシュ蒸留 92
プランクの法則 40
プラントライフサイクル（PLC） 126, 131
プラントル-カルマンの 1/7 乗則 29

索　引

プラントル数　37
フーリエの法則　34, 37, 169
プレイトポイント　117
プロセス安全　134
プロセス工学　5
プロセス最適化　133
プロセスシステム　127
プロセスシステム工学（PSE）　5, 6, 126
プロセスフローダイアグラム（PFD）　129
プロセスモデル　134
ブロックフローダイアグラム（BFD）　128, 131
フロン　191
分縮　94
粉体工学　4, 6, 69
分離　82, 84
分離係数　89
分離工学　153
分離操作　82, 85

平均比揮発度　90
平衡　53
平衡過程　82
平衡曲線──→溶解度曲線
平衡状態　13
平衡組成　13
平衡比　89
閉鎖系　130, 156
並流多段抽出　118, 120
並列反応　49
ペニシリン　3, 119, 147
ベルヌーイの式　31, 33
ヘンリー定数　89, 105, 108
ヘンリーの法則　89, 105-108, 173, 175, 178

放散　110
放散塔　104
放射　40
放射性同位元素（ラジオアイソトープ, RI）　195
放射率　41
泡鐘塔　94, 110
放線菌　146
ボックスモデル　193, 195
ポドビルニアク抽出機　119
ポリ塩素化ビフェニル（PCB）　191
ボルツマン定数　78

ま　行

マイクロリアクター　192
膜分離　83
摩擦係数　29
摩擦速度　29
摩擦損失　29
摩擦抵抗　159
マスバランス──→物質収支
マッケーブ-シール法　96, 99, 100
マーフリーの段効率　100

ミカエリス定数　53, 54, 142
ミカエリス-メンテンの式　53, 142, 143
ミキサー（撹拌槽）　118
ミキサーセトラー　118, 120
水処理技術　178
水処理副生物の利用　188

無機栄養塩類　188
無次元数　12

メタノール　91
メタン　195

モノー型増殖速度　182
モノーの式　149
モル拡散流束　43
モル濃度　42
モル平均速度　43
モル密度　42
モル流束　43

や　行

ヤード・ポンド法　11

有害物質の分解・無害化　191
誘電泳動　83
誘導単位（組立単位）　9
輸送現象論（移動現象論，移動速度論）　4, 6, 25

溶液の化学平衡　21
溶液反応の平衡定数　22
溶解度曲線　117, 119, 121-123
溶質　115
　──の回収率　120, 121
溶存物質の分離・精製　153

ら　行

ライフサイクルアセスメント（LCA）　135
ラインウィーバー-バークのプロット（L-Bプロット）　142, 145
ラウールの法則　21, 89
ラジオアイソトープ（放射性同位元素, RI）　195
乱流　26

リアクター（反応器）　49, 55, 151
力学エネルギー　155
リサイクル　130, 136, 191
理想溶液　21, 99, 100
律速　53
律速段階近似法（迅速平衡近似法）　51, 53
リービッヒ冷却器　92
流加培養（半回分培養）　151
粒子　75, 76
流束（フラックス）　8, 106, 113
流速　32
流体　25
流体抵抗力　76
流体力学　80
流通反応器　55, 57, 60
流動　25
流量　33
量論式　49, 148
理論段数　96, 98, 99, 101
理論段相当高さ（HETP）　101, 123
リン　188
リン酸イオン　187
リン除去　187

レイノルズ応力　27
レイノルズ数　12, 27, 33, 37, 46, 79
レイノルズの可視化実験　27
レイリーの式　93
連続式システム　126, 128
連続蒸留　94
連続槽型反応器（CSTR）　56, 59, 60, 67, 128, 152
連続操作　55-57, 85, 94
連続の式　31
連続培養　152
連続分解法　3

濾過　83

基礎から理解する化学 4
化学工学

定価はカバーに表示

2012 年 4 月 19 日　初版第 1 刷発行

著　者　　関　　実・松村幸彦・塚田隆夫・
荻野博康・車田研一・菊池康紀・
常田　聡・福長　博・原野安土・
渡邉智秀

発　行　　株式会社 みみずく舎
〒169-0073
東京都新宿区百人町 1-22-23　新宿ノモスビル 2F
TEL：03-5330-2585　　　FAX：03-5389-6452

発　売　　株式会社 医学評論社
〒169-0073
東京都新宿区百人町 1-22-23　新宿ノモスビル 2F
TEL：03-5330-2441(代)　FAX：03-5389-6452
http://www.igakuhyoronsha.co.jp/

印刷・製本：中央印刷　／　装丁：安孫子正浩

ISBN 978-4-86399-142-2　C3043

4桁の原子量表（2011）

（元素の原子量は，質量数12の炭素（^{12}C）を12とし，これに対する相対値とする。）

　本表は，実用上の便宜を考えて，国際純正・応用化学連合（IUPAC）で承認された最新の原子量に基づき，日本化学会原子量専門委員会が独自に作成したものである。本来，同位体存在度の不確定さは，自然に，あるいは人為的に起こりうる変動や実験誤差のために，元素ごとに異なる。従って，個々の原子量の値は，正確度が保証された有効数字の桁数が大きく異なる。本表の原子量を引用する際には，このことに注意を喚起することが望ましい。

　なお，本表の原子量の信頼性は有効数字の4桁目で±1以内であるが，例外として，*を付したものは±2，**を付したものは±3である。また，安定同位体がなく，天然で特定の同位体組成を示さない元素については，その元素の放射性同位体の質量数の一例を（ ）内に示した。従って，その値を原子量として扱うことは出来ない。

原子番号	元素名	元素記号	原子量	原子番号	元素名	元素記号	原子量
1	水素	H	1.008	57	ランタン	La	138.9
2	ヘリウム	He	4.003	58	セリウム	Ce	140.1
3	リチウム	Li	6.941*,†	59	プラセオジム	Pr	140.9
4	ベリリウム	Be	9.012	60	ネオジム	Nd	144.2
5	ホウ素	B	10.81	61	プロメチウム	Pm	(145)
6	炭素	C	12.01	62	サマリウム	Sm	150.4
7	窒素	N	14.01	63	ユウロピウム	Eu	152.0
8	酸素	O	16.00	64	ガドリニウム	Gd	157.3
9	フッ素	F	19.00	65	テルビウム	Tb	158.9
10	ネオン	Ne	20.18	66	ジスプロシウム	Dy	162.5
11	ナトリウム	Na	22.99	67	ホルミウム	Ho	164.9
12	マグネシウム	Mg	24.31	68	エルビウム	Er	167.3
13	アルミニウム	Al	26.98	69	ツリウム	Tm	168.9
14	ケイ素	Si	28.09	70	イッテルビウム	Yb	173.1
15	リン	P	30.97	71	ルテチウム	Lu	175.0
16	硫黄	S	32.07	72	ハフニウム	Hf	178.5
17	塩素	Cl	35.45	73	タンタル	Ta	180.9
18	アルゴン	Ar	39.95	74	タングステン	W	183.8
19	カリウム	K	39.10	75	レニウム	Re	186.2
20	カルシウム	Ca	40.08	76	オスミウム	Os	190.2
21	スカンジウム	Sc	44.96	77	イリジウム	Ir	192.2
22	チタン	Ti	47.87	78	白金	Pt	195.1
23	バナジウム	V	50.94	79	金	Au	197.0
24	クロム	Cr	52.00	80	水銀	Hg	200.6
25	マンガン	Mn	54.94	81	タリウム	Tl	204.4
26	鉄	Fe	55.85	82	鉛	Pb	207.2
27	コバルト	Co	58.93	83	ビスマス	Bi	209.0
28	ニッケル	Ni	58.69	84	ポロニウム	Po	(210)
29	銅	Cu	63.55	85	アスタチン	At	(210)
30	亜鉛	Zn	65.38*	86	ラドン	Rn	(222)
31	ガリウム	Ga	69.72	87	フランシウム	Fr	(223)
32	ゲルマニウム	Ge	72.63	88	ラジウム	Ra	(226)
33	ヒ素	As	74.92	89	アクチニウム	Ac	(227)
34	セレン	Se	78.96**	90	トリウム	Th	232.0
35	臭素	Br	79.90	91	プロトアクチニウム	Pa	231.0
36	クリプトン	Kr	83.80	92	ウラン	U	238.0
37	ルビジウム	Rb	85.47	93	ネプツニウム	Np	(237)
38	ストロンチウム	Sr	87.62	94	プルトニウム	Pu	(239)
39	イットリウム	Y	88.91	95	アメリシウム	Am	(243)
40	ジルコニウム	Zr	91.22	96	キュリウム	Cm	(247)
41	ニオブ	Nb	92.91	97	バークリウム	Bk	(247)
42	モリブデン	Mo	95.96*	98	カリホルニウム	Cf	(252)
43	テクネチウム	Tc	(99)	99	アインスタイニウム	Es	(252)
44	ルテニウム	Ru	101.1	100	フェルミウム	Fm	(257)
45	ロジウム	Rh	102.9	101	メンデレビウム	Md	(258)
46	パラジウム	Pd	106.4	102	ノーベリウム	No	(259)
47	銀	Ag	107.9	103	ローレンシウム	Lr	(262)
48	カドミウム	Cd	112.4	104	ラザホージウム	Rf	(267)
49	インジウム	In	114.8	105	ドブニウム	Db	(268)
50	スズ	Sn	118.7	106	シーボーギウム	Sg	(271)
51	アンチモン	Sb	121.8	107	ボーリウム	Bh	(272)
52	テルル	Te	127.6	108	ハッシウム	Hs	(277)
53	ヨウ素	I	126.9	109	マイトネリウム	Mt	(276)
54	キセノン	Xe	131.3	110	ダームスタチウム	Ds	(281)
55	セシウム	Cs	132.9	111	レントゲニウム	Rg	(280)
56	バリウム	Ba	137.3	112	コペルニシウム	Cn	(285)

†：市販品中のリチウム化合物のリチウムの原子量は6.938から6.997の幅をもつ。

元素の周期表(2011)

© 2011日本化学会 原子量専門委員会

注1: 元素記号の右肩の*は安定同位体が存在しないことを示す。そのような元素については放射性同位体の質量数の一例を( )内に示した。ただし、Bi, Th, Pa, Uについては最新の原子量が示されている。
注2: この周期表には最新の原子量(原子量表(2011))が示されている。原子量は単一の数値あるいは変動範囲で示されている10元素には変動範囲が示されているので原子量値が与えられない。その他の74元素については、原子量の不確かさは示された数値の最後の桁にある。

備考: 原子番号104番以降の超アクチノイドの周期表の位置は暫定的である。